国家电网有限公司
技能人员专业培训教材

装表接电

国家电网有限公司　组编

中国电力出版社
CHINA ELECTRIC POWER PRESS

图书在版编目（CIP）数据

装表接电/国家电网有限公司组编. —北京：中国电力出版社，2020.6（2025.11重印）
国家电网有限公司技能人员专业培训教材
ISBN 978-7-5198-4361-8

Ⅰ. ①装… Ⅱ. ①国… Ⅲ. ①电工–安装–技术培训–教材 Ⅳ. ①TM05

中国版本图书馆 CIP 数据核字（2020）第 029069 号

出版发行：中国电力出版社
地　　址：北京市东城区北京站西街 19 号（邮政编码 100005）
网　　址：http://www.cepp.sgcc.com.cn
责任编辑：丁　钊（010-63412393）
责任校对：黄　蓓　常燕昆
装帧设计：郝晓燕　赵姗姗
责任印制：杨晓东

印　　刷：北京天泽润科贸有限公司
版　　次：2020 年 6 月第一版
印　　次：2025 年 11 月北京第八次印刷
开　　本：710 毫米×980 毫米　16 开本
印　　张：17.5
字　　数：331 千字
定　　价：59.00 元

本书编委会

主　任　吕春泉

成　员　董双武　张　龙　杨　勇　张凡华

　　　　王晓希　孙晓雯　李振凯

编写人员　沈　毅　周长华　任继潮　王　军

　　　　冀永芳　秦　楠　曹爱民　战　杰

　　　　孟　伟　陶红鑫

前　言

为贯彻落实国家终身职业技能培训要求，全面加强国家电网有限公司新时代高技能人才队伍建设工作，有效提升技能人员岗位能力培训工作的针对性、有效性和规范性，加快建设一支纪律严明、素质优良、技艺精湛的高技能人才队伍，为建设具有中国特色国际领先的能源互联网企业提供强有力人才支撑，国家电网有限公司人力资源部组织公司系统技术技能专家，在《国家电网公司生产技能人员职业能力培训专用教材》（2010 年版）基础上，结合新理论、新技术、新方法、新设备，采用模块化结构，修编完成覆盖输电、变电、配电、营销、调度等 50 余个专业的培训教材。

本套专业培训教材是以各岗位小类的岗位能力培训规范为指导，以国家、行业及公司发布的法律法规、规章制度、规程规范、技术标准等为依据，以岗位能力提升、贴近工作实际为目的，以模块化教材为特点，语言简练、通俗易懂，专业术语完整准确，适用于培训教学、员工自学、资源开发等，也可作为相关大专院校教学参考书。

本书为《装表接电》分册，由沈毅、周长华、任继潮、王军、冀永芳、秦楠、曹爱民、战杰、孟伟、陶红鑫编写。在出版过程中，参与编写和审定的专家们以高度的责任感和严谨的作风，几易其稿，多次修订才最终定稿。在本套培训教材即将出版之际，谨向所有参与和支持本书籍出版的专家表示衷心的感谢！

由于编写人员水平有限，书中难免有错误和不足之处，敬请广大读者批评指正。

目　录

第四部分　电能表现场校验

第一部分

电能计量装置安装与调换

第一章

低压电能计量装置的安装

▲ 模块 1　安装工艺（Z27E1001 I ）

【模块描述】本模块包含安装工艺一般概念、安装程序及注意事项。通过安装步骤介绍、图解说明，掌握安装工艺操作程序、工艺要求及质量标准。

【正文】

一、概述

本模块包含电能计量装置安装工艺一般概念、安装技术以及安装工艺的通用要求，通过电能计量装置安装及工艺要求的介绍，掌握电能计量装置安装施工中的工艺操作程序、技术要求及质量标准。

基本要求是：按图施工、接线正确；电气连接可靠、接触良好；电能计量装置布局合理、配线整齐美观；导线无损伤、绝缘良好。

二、低压电能计量装置安装工艺

1. 计量箱、柜部分

（1）电力用户处的电能计量点应采用标准规范的电能计量柜（箱），应满足运行安全、封闭可靠的条件，低压计量柜（箱）应紧靠电源进线处。

（2）居民用户的计费电能计量装置，应采用满足装、换、抄表方便，维护安全简单，封闭可靠的计量箱。

（3）变电站模式主要是站用电计量涉及低压计量装置安装，其安装方式由设计部门按照标准设计选择。

（4）电源线进入计量箱应穿管并与出线分开敷设。

2. 电能表部分

（1）电能表应安装在电能计量柜（屏）上，每一回路的有功和无功电能表应垂直排列或水平排列，无功电能表应安装在有功电能表下方或右方，安装在变电站的电能表下端应加有回路名称的标签，两只三相电能表相距的最小距离应大于80mm，单相电能表相距的最小距离为30mm，电能表与屏、柜边的最小距离应大于 40mm。

（2）室内电能表宜装在 0.8～1.8m 的高度（表水平中心线距地面尺寸）。

（3）电能表安装必须垂直牢固，表中心线向各方向的倾斜不大于 1°。

（4）在具有明显机械振动的场所不选用机电式电能表。

（5）无腐蚀性气体、易蒸发液体的侵蚀，无非自然磁场及烟灰影响。

（6）环境温度应不超过电能表规定的工作温度范围，电子式电能表应避免阳光直射。

（7）电能表原则上应装于室外的走廊、过道内及公共的楼梯间，或装于专用配电间内。高层住宅户表宜集中安装于公共楼梯间配电装置内，装置内电能表部分应能抄读方便、封闭可靠。

3. 互感器部分

（1）同一组的电流互感器应采用额定电流变比、准确度等级、二次容量均相同的互感器。

（2）两只或三只电流互感器进线端极性符号应一致，以便确认该组电流互感器一次回路及二次回路电流的正方向。

（3）互感器实际二次负荷应在 25%～100%额定二次负荷范围内，电流互感器额定二次负荷的功率因数应为 0.8～1.0。

（4）计量装置选用减极性电流互感器。

（5）互感器二次回路宜安装试验接线盒，便于实负荷校表和带电换表。

（6）低压穿心式电流互感器应采用固定单一的变比，以防发生互感器倍率差错。

（7）电流互感器的安装位置应尽可能使铭牌向外，便于投入运行后的检查管理。

4. 一次回路部分

主要指直接接入式电能表一次回路。

（1）导线应按表计容量选择。施工配线中不得使用钳口弯曲绝缘导线，导线进出计量箱柜时，金属板开孔要做护口处理，防止导线被金属板材切压绝缘引起导线绝缘损伤。

（2）若选配的导线过粗时，应采用断股后再接入电能表端钮盒的方式。

（3）当导线小于端子孔径较多时，应在接入导线压接部分加扎直径适当的裸铜线后再接入电能表。

5. 二次回路部分

（1）二次回路接线应注意电流互感器的极性端符号和一次负载电流潮流方向，保证按照减极性关系连接电能表。分相接线的电流互感器二次回路宜按相色逐相接入，如图 1-1-1 所示。

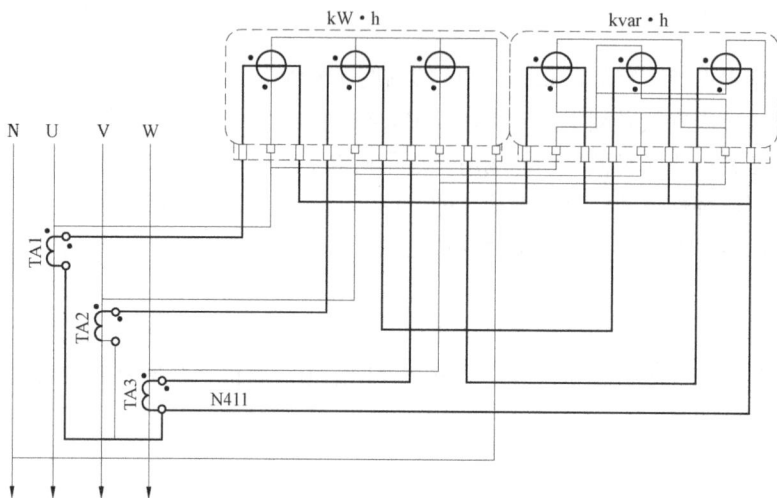

图 1-1-1　低压三相四线经 TA 有、无功电能表联合接线图

（2）电流互感器二次回路每只接线螺钉只允许接入两根导线。

（3）当导线接入的端子是接触螺钉，应根据螺钉的直径将导线的末端弯成一个环，其弯曲方向应与螺钉旋入方向相同，螺钉（或螺母）与导线间、导线与导线间应加镀锌垫圈。

（4）互感器二次回路的连接导线应采用铜质单芯绝缘线。对电流二次回路，连接导线截面积应按电流互感器的额定二次负荷计算确定，至少应不小于 4mm²。对电压二次回路，连接导线截面积应按允许的电压降计算确定，至少应不小于 2.5mm²。

（5）二次回路接好后，应进行接线正确性检查。

【思考与练习】

1. 电能表安装的基本要求是什么？

2. 绘制低压三相四线经 TA 有、无功电能表联合接线图。

3. 互感器二次回路的连接导线连接要求是什么？

◢ 模块 2　单相电能表安装（Z27E1002 Ⅰ）

【**模块描述**】本模块包含单相电能表的一般概念、安装程序及注意事项。通过安装步骤介绍、图解说明，掌握单相电能表的安装操作程序、工艺要求及质量标准。

【正文】

一、概述

本模块包含单相电能表安装的一般概念、安装程序、营销管理及注意事项；通过安装操作步骤及工艺要求介绍，掌握单相电能表的安装操作程序、营销管理、工艺要求及质量标准。

本模块主要涉及现场安装的管理和技术流程。

二、现场工作

1. 营销管理

（1）装接现场工作一般不应少于二人，装表接电员工作时应出示证件或挂牌。

（2）在客户处安装电能表时，应事先与客户预约，避免工作组到现场后，因客户的原因不能开展工作。

因特殊原因不能正常开展装接工作时，除向客户说明外，还应向派工人汇报。

（3）装表接电员在现场应先按工作传票（工单）核对客户基本信息和工作内容，检查安装现场是否满足技术规程要求，条件具备时方可开展装接工作。

（4）发现计量装置有传票（工单）中未列出的事项或计量方式配置不合理等异常时，应做好检查记录报业务部门后续处理，必要时，向客户说明。

（5）发现传票（工单）信息与实际不符或现场不具备装接条件时，应终止工作，及时向派工人或相关部门报告，做好现场记录并向客户解释清楚，待处理正常后再行作业。

（6）所安装的计量器具具备有效检定合格标志并与传票（工单）给定信息一致。

（7）发现客户有违约用电或窃电时应停止工作保护现场，通知和等候用电检查（稽查）人员处理。

2. 技术管理

（1）安装工艺应符合规程和规范要求。单相电能表规范接线如图 1-2-1 所示。

（2）进户线必须经过表前熔断器或开关转接后，进入电能表。出表导线也应遵守先接入负荷开关，再接入负载原则，这种配置可方便后期计量管理的表计更换。

（3）大容量电能表安装时，可采用"T"接的方式将中性线接入电能表。安装时，中性线也应与相线同时从电能表配电箱内进出，不得将电能表中性线引至表箱外与主中性线"T"接。接线如图 1-2-2 所示，中性线的压接必须可靠。

3. 工作终结

（1）通电前检查，表计安装是否牢固，导线连线是否正确、可靠，电能表前后开关（熔断器）配置及功能是否完好。

（2）端钮盒电压连接片压接是否可靠。

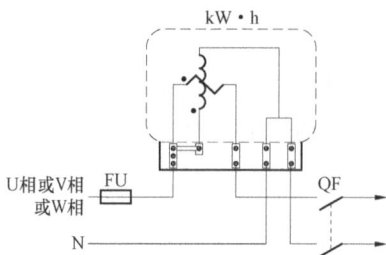

图 1-2-1　单相电能表规范接线图　　图 1-2-2　大容量电能表安装中性线处理示意图

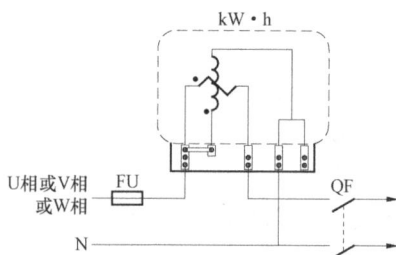

（3）通电后进行表内开关跳合闸和户表关系对应核查，防止串户。

（4）再次确认装接数据的完整、正确，客户检查核对并签字确认。

（5）清扫施工现场，对电能表接线盒、计量柜门、二次连线回路端子盒等应加封部位加装封印。

（6）通电带负载检查，电能表能否正常运行。上电指示及转盘转动趋势、脉冲闪烁频率是否与负载大小对应。

（7）对具有复费率及智能电能表还要检查时钟偏差，时段设置是否符合要求。

（8）检查、整理、清点施工工具和装接现场材料。

【思考与练习】

1. 单相电能表安装前的准备工作有哪些？

2. 单相电能表安装工作中的危险点有哪些？

3. 单相电能表安装后还应完成哪些工作。

◢ 模块 3　三相四线电能计量装置安装（Z27E1003Ⅰ）

【模块描述】本模块包含三相四线电能计量装置一般概念、安装程序及注意事项。通过安装步骤介绍、图解说明，掌握三相四线电能计量装置安装操作程序、工艺要求及质量标准。

【正文】

一、概述

本模块包含三相四线电能表安装的一般概念、安装程序、营销管理及注意事项；通过安装操作步骤及工艺要求介绍，掌握三相四线电能表的安装操作程序、营销管理、工艺要求及质量标准。

模块包括三相直接接入式电能表和经电流互感器接入电能表的安装，主要涉及现场安装的管理和技术流程。

二、现场工作

1. 直接接入式电能表的安装

如图 1-3-1 所示，三相四线电能表标准接线为：I_U、I_V、I_W 分别通过三个元件的电流线圈，电压 U_U、U_V、U_W 分别并接于三个元件的电压线圈，这种接线广泛运用于中性点直接接地系统，不论三相电压、电流是否对称，均能准确计量。

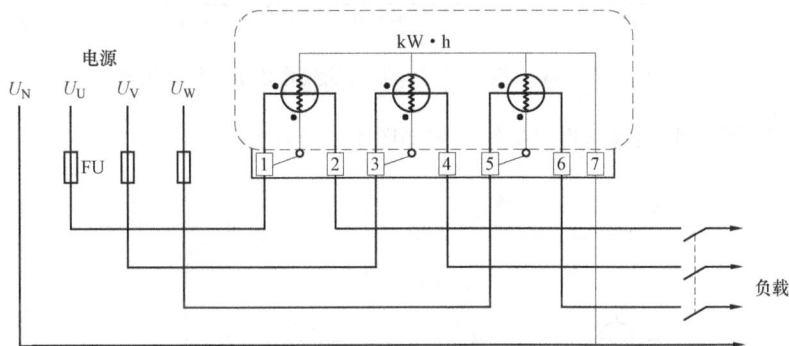

图 1-3-1　直接接入电能表接线方式

（1）本模块所指导线的连接，只包含表前开关（熔断器）到电能表、表后开关到电能表之间的导线安装。

（2）进户线必须经过表前熔断器或开关转接后，进入电能表，出表导线也必须遵守先接入负荷开关，再接入负载的原则。

（3）电能表的主中性线不得断开后进、出电能表。正确的做法是在主中性线上"T"接或经过零母排接取中性线接入电能表，防止由于主中性线在电能表连接部位断路，引起在三相负载不平衡时发生零点漂移而引发供电事故。

（4）金属外壳的直接接通式电能表，如装在非金属盘上，外壳必须接地。

（5）三相电能表必须按正相序接线，以减少逆相序运行带来的附加误差。

（6）进表线导体裸露部分必须全部插入接线端钮内，并将端钮螺钉逐个拧紧。线小孔大时，应采取有效的补救措施（绑扎、加股等方式）；线大孔小时，在保证安全载流量的前提下，允许采用断股的方法接入电能表。

（7）带电压连接片的电能表，安装时应确保其接触良好。

2. 经电流互感器接入电能表的安装

TA 不经过试验接线盒直接进表接线方式如图 1-3-2 所示。

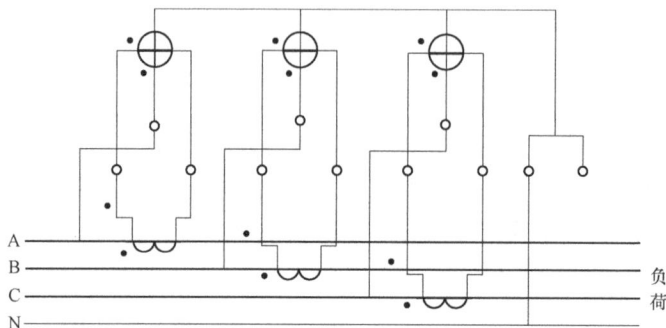

图 1-3-2　TA 二次不经过试验接线盒直接进表接线方式

TA 经联合试验接线盒进表接线方式如图 1-3-3 所示。

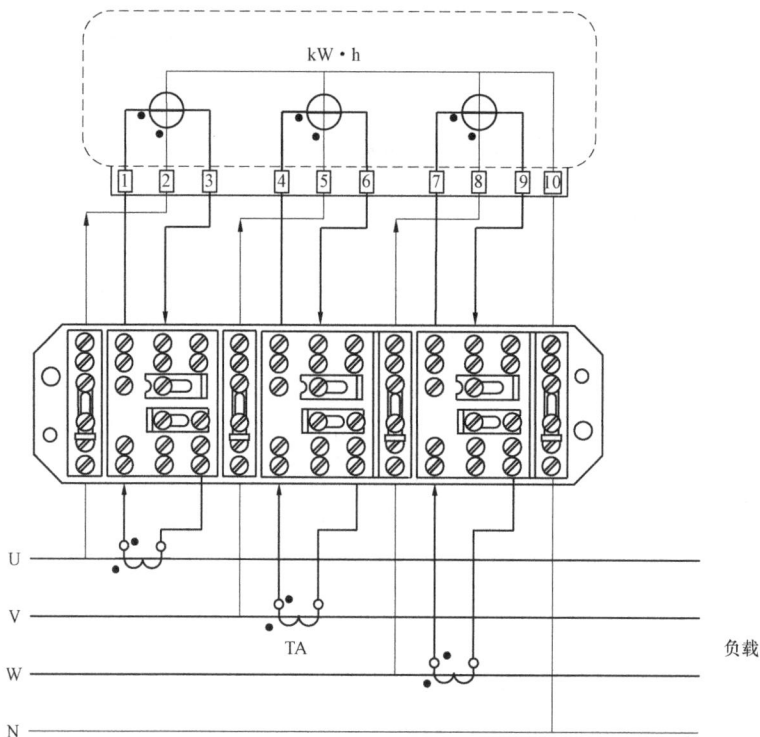

图 1-3-3　TA 二次经联合试验接线盒进表接线方式

除应遵循直接接入电能表安装的第（1）、（3）、（4）项外，还应遵守以下要求：

（1）经电流互感器接入的计量装置，每组互感器二次回路应采用分相接法（六线制），使每相电流二次回路完全独立。

（2）各相导线应分相色，穿编号管。

（3）低压电流互感器的二次侧不接地。

（4）电压线应单独接入，不得与电流线公用。电压引入应接在电流互感器一次电源侧，导线不得有接头。

（5）经联合试验盒接入的计量装置，所有螺钉和连片应压接可靠，试验盒接线如图 1-3-4 所示。

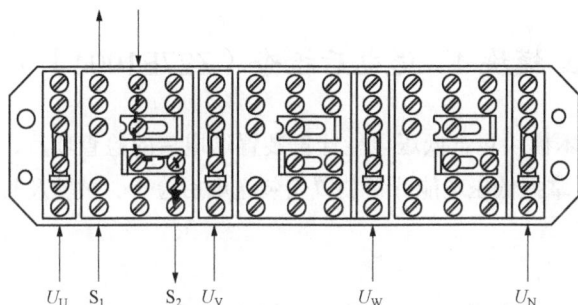

图 1-3-4　联合接线盒接线示意图

（6）计量互感器二次回路属于专用，其他仪表、设备不应接入。

（7）当使用散导线连接时，线把应绑扎紧密、均匀、牢固。尼龙绑扎带直线间距 80～100mm，线束弯折处绑扎应对称，转弯对称 30～40mm 处应做绑扎处理。

（8）如果配置有无功电能表，则遵循电流串联、电压并联，按照顺相序连接的原则。

（9）对执行力调考核的计量装置，还应检查电容补偿装置接入系统的位置，防止补偿装置连接在计量装置前侧的错误发生。

三、工作终结

（1）通电前检查，表计安装是否牢固，导线连线是否正确、可靠，电能表前后开关（熔断器）配置及功能是否完好。

（2）端钮盒电压连接片压接是否可靠。

（3）再次确认装接数据的完整、正确，客户检查核对并签字确认。

（4）清扫施工现场，对电能表接线盒、计量柜门、二次连线回路端子盒等应加封部位加装封印。

（5）通电带负载检查，电能表能否正常运行。上电指示及转盘转动趋势、脉冲闪烁频率是否与负载大小对应。

（6）对具有复费率及智能电能表还要检查时钟偏差、时段设置是否符合要求。

（7）检查、整理、清点施工工具和装接现场材料。

【思考与练习】

1. 对于经电流互感器接入的计量装置，电能表电压与母线的连接有何技术要求？

2. 绘制直接接入式电能表的接线图。

3. 直接接入式电能表的安装要求是什么？

▲ 模块 4 送电后检查（Z27E1004Ⅰ）

【模块描述】本模块包含低压电能计量装置送电后的检查项目、条件和方法。通过检查步骤介绍，掌握低压电能计量装置安装送电后检查、试验及验收规范。

【正文】

一、概述

电能计量装置安装完成后，经检查确认接线无误，将计量装置投入运行。送电后的电能计量装置必须在接入实际负荷的状态下进行检查，以防止表计本身存在异常或电源、负载侧回路错误而导致计量装置不能正常工作。本模块包含低压电能计量装置送电后的检查项目、条件、方法；通过检查的工作步骤介绍，掌握低压电能装置安装送电后检查、试验及验收规范。

二、检查的方法

1. 直接接入式电能表

（1）通电前，应断开电能表出线侧开关。首先检查电能表前开关（保险器）、电源侧各相电压是否正常。

（2）通电后，合上负荷侧开关测量电能表接入电压、负载电流，观察电能表带负载转盘转速（脉冲闪烁频率）与负载大小的对应关系，以此判定电能表工作状态。

2. 经电流互感器接入式电能表

（1）在不带负载的条件下，在电能表接线端测量接入相电压、线电压是否正常。

（2）使用相序指示器，检查电能表接入相序是否满足顺相序要求。

（3）合上负荷侧开关，带负荷观察电能表转盘转速（脉冲闪烁频率）与负载大小的对应关系，以此判定电能表工作状态。

（4）对于计量装置接入极性、断流、分流、断压等错误检查，可通过现场检验装置检查或抄录智能电能表相关参数进行判断。

【思考与练习】

1. 直接接入式电能表怎样开展送电后的检查？

2. 经电流互感器接入式电能表怎样开展送电后的检查？

3. 描述低压电能计量装置送电后的检查项目、条件、方法以及检查步骤。

第二章

低压电能计量装置的调换

▲ 模块 1　调换前后运行参数检查（Z27E2001 Ⅱ）

【模块描述】本模块包含低压电能计量装置调换前后运行参数检查、分析和纠正安装工作中可能出现的错误接线。通过操作技能训练，掌握低压电能计量装置调换前后运行参数检查方法。

以下重点介绍运行中的电能表调换前后运行参数检查。

【正文】

一、概述

对运行中的计量装置做电能表调换是装表接电工的基本工作技能，当需要进行电能表更换时，对待换计量装置的状态进行确认，更换工作完成后，还需要对已换表计在实负荷状态下的运行状况进行确认。防止计量故障发生，对电能表换表前后进行运行参数的检查，是技术管理的必要程序。

二、调换前运行参数检查

对于低压电能计量装置，其装置配置主要包括单相电能表三相四线直接接入式电能表和三相四线经电流互感器接入式电能表，换表前后对表计的运行参数进行检查的方法主要有以下两种：

（一）常规手段检查

1. 单相电能表

常规的检查手段是使用验电笔检查相线与中性线的接入关系，使用钳形多用表测试电能表的运行参数。

换表前后，要在检查计量装置外观无异常的条件下，测试接入电能表的电压、电流并观察电能表转动趋势（脉冲闪烁频率）与所接入的负荷量是否正常。

对于复费率电能表、智能电能表要检查时段设置和日历时钟偏差等是否正常。

只有在对电能表本身的计量精度产生怀疑时，才需要做进一步测试工作，比如利用单相电能表现场校验仪做现场检验。

2. 三相四线电能表

换表前后，应使用钳形多用表检查表计接入相电压、线电压、相电流关系。对于经电流互感器接入的三相电能表，还应检查电压与电流的对应关系，保证每一元件接入同相电压、电流。也可以利用伏安相位仪测试电能表的运行参数，检查电能表在已知负载条件下，每一个功率元件电压、电流及之间的相位关系。

3. 电子式多功能电能表以及智能表

换表前后，应检查确认电能表运行界面的相关信息，主要信息有：功率元件接入电压、电流，有、无功潮流方向，功率因数以及时段设置、日历时钟。

当需要确认电能表基本误差时，一般采用拆表送检，也可采用现场实负荷检验的方法。

（二）使用专用仪器检查

单相、三相电能表现场校验仪是电能计量现场开展检验的专用仪器，它能测量电能表单、三相电压，电流，有、无功功率，功率因数，相位角等运行参数，借助此类仪器，可方便地对在线运行的计量装置运行参数进行测试供技术分析。

【思考与练习】

1. 对运行中的电能表调换前后要采取什么检查手段？

2. 简述单相、三相电能表现场校验仪的工作原理。

3. 运行中的智能电能表怎样采取抄录相关参数的办法简单判断运行状态？

模块 2 低压电能计量装置带电调换（Z27E2002Ⅱ）

【模块描述】本模块包含低压电能计量装置调换前准备工作、安全和技术措施、操作项目、工作程序及相关注意事项。通过操作流程介绍，熟练掌握低压电能计量装置带电调换操作步骤、方法和要求。

以下重点介绍运行中的电能表调换。

【正文】

一、概述

低压带电换表是一项具有较大安全风险的工作，特别是更换三相四线电能表，除操作的规范外，还应严格遵守安全规范的要求。

二、现场作业要求

（1）操作人员着装满足"安规"要求，采取专人监护。

（2）换表作业具有可靠的安全操作空间，操作人员不允许直接接触任何带电物体。

（3）换表前，现场核对工作对象、工作范围、工作内容是否与传票或工作任务单一致，检查换表现场有无违约用电、窃电、隐藏故障、不合理结存电量等异常，如存在异常应停止换表作业，保护好现场，及时上报处理。

（4）与客户共同做好作业前准备和安全措施后，按传票或工作任务单要求实施换装作业。

（5）对二次回路配置有联合接线盒的计量装置，可采用"间断计量"的方式开展带电换表作业（一次系统不停电时应在试验盒上短接电流，断开电压，终止计量，测量短接前客户用电功率和记录短接时间，计算停止计量期间应补电量，记录在工作票指定位置交客户签字确认）。

对二次回路没有专用接线盒的计量装置，换装作业应确保电能计量装置出线侧负荷开关在断开位置。

三、计量装置带电调换

（1）拆除电能表进、出线，依次为：先拆除进线、后拆除出线，先相线、后中性线，从左到右。

（2）拆除电能表固定螺钉，取下电能表。

（3）安装电能表时，应把电能表牢固地固定在计量柜（箱）内，电能表显示屏应与观察窗对准。本地费控电能表电卡插座应与插卡孔对准。

（4）按照"先出后进、先零后相、从右到左"的原则进行接线。接线顺序为先接负荷侧中性线，后接负荷侧相线，再接电源侧中性线，最后接电源侧相线。

（5）所有布线要求横平竖直、整齐美观、连接可靠、接触良好。导线应连接牢固、螺栓拧紧，导线金属裸露部分应全部插入接线端钮内，不得有外露、压皮现象。

（6）电能表采取多股绝缘导线，应按表计容量选择。若选择的导线过粗时，应采用断股后再接入电能表端钮盒的方式。

（7）当导线小于端子孔径较多时，应在接入导线上加扎线后再接入。

（8）计量柜（箱）内布线，进线出线应尽量同方向靠近，尽量减小电磁场对电能表产生影响。

（9）计量柜（箱）内布线应尽量远离电能表，尽量减小电磁场对电能表产生影响。

四、工作终结

换装工作结束，还应做好以下工作：

（1）清扫施工现场，对电能表接线盒、专用接线盒、计量柜前后门、互感器箱前后门、TV隔离开关把手、二次连线回路端子盒等应加封部位加装封印并与使用单位（人员）共同确认签字。

（2）检查、整理、清点施工工具和拆下的计量装置。

（3）做好应通知客户或需客户签字确认的其他事宜。

【**思考与练习**】

1. 低压电能计量装置带电调换安全要求是什么？

2. 采用"间断计量"的方式开展带电换表作业的要点是什么？

3. 简述带电调表的步骤。

第三章

高压电能计量装置的安装

◢ 模块 1　高压电能计量装置安装（Z27E3001Ⅱ）

【模块描述】本模块包含高压电能计量装置的安装程序及注意事项。通过安装步骤介绍、图解说明，掌握高压电能计量装置安装操作程序、工艺要求及质量标准。

【正文】

一、概述

高压电能计量装置的定义是 1000V 以上电压等级的计量装置。

本模块主要针对 10、35kV 电压等级的专用变压器系统电能计量装置的安装。

在电力系统中，高压电能计量装置的安装形式主要有两种：① 户外计量方式；② 变电站方式。户外计量方式在 10kV 配网得到广泛运用，其表计与组合互感器距离相对较近。变电站形式在多年的运用中也有较快的发展，常见的有箱式变电站、室内变电站等，其计量装置组合安装在进线柜后侧的专用计量柜中。计量柜有多种形式，如手车式、中置柜式、常规式（一次母线经计量 TA 穿越计量柜，在柜中经熔断器并联计量 TV，柜前上方为电能表、二次端子安装柜）等，还有互感器在户外，计量表计安装在室内的方式，如互感器在一次设备场地，而电能表在主控制电能表屏、柜中。

二、安装前的准备工作

（1）新增或变更计量装置。应通过营销管理系统形成电子工单，按业务流程传递至装表接电工班。工单信息（包括现场工作工单、电子工单，下同）必须完整、规范。除事故抢修外，无工单不得配表、装表。

（2）核对工单所列的计量装置是否与用户的供电方式和申请容量相适应，如有疑问，应及时向有关部门提出。

（3）凭工单到表库领用电能表、互感器，并核对所领用的电能表、互感器是否与工单一致，是否满足技术规程的配置要求。

（4）检查计量器具的检定合格证、封印、资产标记是否齐全，外观是否完好。

（5）检查所需的材料及工具、仪表等是否配足带齐。

（6）电能表在运输途中应注意防震、防摔，必要时放入专用防震箱内；在路面不平、震动较大时，应采取有效措施减少震动。

（7）现场查勘作业场所是否满足安全要求（必要时，查勘工作可在派工前单独进行）。

（8）计量装置装接作业条件是否符合要求，现场设备，供、配电系统是否与工单所列的信息一致。

（9）对先期随一次设备安装的互感器现场检查铭牌、极性标志是否完整、清晰，检定合格证是否齐全有效，变比是否与工单一致，二次回路配置是否满足技术要求，接线螺钉是否完好，对应用在需要封闭的场所，其封闭功能是否满足要求。

（10）对所有发生的不符合项，应提出整改意见或方案，当整改项没有完成时，应停止计量表计的安装，同时向主管部门报告原因以及向客户解释清楚。

三、计量屏（箱、柜）的安装

1. 户外式计量装置的安装

常见安装方式有两种：① 组合互感器安装在专用变压器（专线）电源侧，电能表箱吸附在组合互感器箱的侧面，电能表一般距地面较高且距高压带电部分很近，抄表可采用遥控、遥测方式，但是对电能表的现场检验以及更换带来不便；② 组合互感器与电能表箱分离，通过二次电缆引下，在距地面 1.8m 处安装表箱。这种方式既便于抄表与监视，又方便现场检验和电能表更换。需要注意的是由于电流互感器二次负载容量相对较小，故电能表与组合互感器之间电缆不宜过长。必要时二次电缆应穿入钢管或硬塑管内加以保护，以满足计量装置的封闭管理要求。

2. 户内计量装置的安装

一般是设置专用计量柜，柜体的安装由电气设备安装方随一次设备安装完成，装表接电工只需检查计量柜的安装位置是否满足技术管理要求和封闭的要求，检查互感器、高压熔断器、母线走向及安装位置是否满足技术管理和安全管理要求。

还有箱式变电站模式，箱内整体设置有计量间隔，高压互感器及配套设备安装在一次间隔，电能表、二次端子安装在二次间隔，与户内高压计量柜模式相近。

四、电能表的安装

1. 电能表的安装场所

（1）周围环境应干燥明亮，不易受损、受震，无自然磁场之外的磁场干扰及烟灰影响。

（2）无腐蚀性气体、易蒸发液体的侵蚀。

（3）运行安全可靠，抄表读数、校验、检查、轮换方便。

（4）表位置的环境温度应不超过电能表规定的工作温度范围，即对 AB 组别为−20～+50℃。

2. 电能表的一般安装规范

（1）电能表的型号与互感器的连接方式与一次系统接地方式相对应。中性点非有效接地系统选用电能表的标定电压应为3×100V。中性点有效接地系统选用电能表的标定电压应为 3×57.7/100V。

（2）户外安装的电能表应避免阳关直射，减小高温引起的附加误差，降低电子式电能表因环境温度过高而引发的运行故障。

五、互感器的安装

互感器的安装一般应遵循以下安装规范：

（1）互感器安装必须牢固。互感器外壳的金属部分应可靠接地（安装在金属构架上时，互感器外壳允许不做接地，但要求构架接地可靠）。

（2）油浸式组合互感器安装时，呼吸器要由运输位置恢复到运行位置，呼吸油管法兰安装耐油橡胶垫，玻璃罩完整，吸潮剂应干燥，盛油碗倒入合格的变压器油并保持合适的油位，隔绝油箱内变压器油与空气的接触。

（3）专用变压器安装户外组合互感器时，其一次 U、W 相连接桩头应使用热缩导管将裸露的金属包裹，推荐使用通信电缆外层辐射交联热缩管。该型管热缩比高，热缩后具有相当的硬度，防窃电效果更好（此处应用，不需要考虑绝缘性能）。不推荐使用用于电力电缆头制作的热缩管，该型产品含有硅橡胶（满足绝缘性能），热缩比低，热缩后，具有一定的弹性。

（4）一般户外组合互感器生产厂商都要求安装时，在互感器线路侧安装一组避雷器，互感器安装时，应检查避雷器安装位置是否满足厂家技术要求，其接地装置及连接是否满足技术要求。

（5）户内安装电压互感器，一次侧都配置有电压互感器专用熔断器，此类产品为限流式熔断器，主要是保护 TV 内部短路，应选用正规厂家的产品。保险器支撑绝缘子及架构应牢固可靠，保险管卡簧应具有弹性，确保可靠接触。

（6）同一组电流互感器应采用型号、额定电流比、准确度、二次容量相同的互感器，按同一方向安装，以保证该组电流互感器一次及二次回路电流的正方向均为一致。

（7）对多二次侧（多绕组）互感器只用一个二次回路时，其余的二次绕组应可靠短接并接地，如图 3−1−1 所示。如果计量之外的绕组接有负载（如电流表等），应检查回路的完整性，防止计量绕组完整而测量绕组开路的故障发生。

对二次多抽头的电流互感器，则只能连接 S1 和选用的绕组抽头（S2、S3、S4 等），其余绕组抽头不得连接任何导线及回路，其连接如图 3−1−2 所示。

所有电流互感器二次绕组的一点接地，应选择在非极性端。

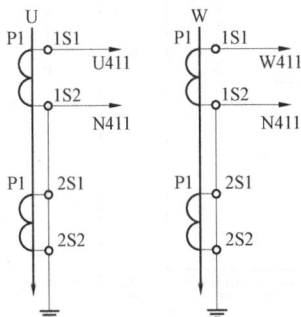

图 3-1-1 多二次侧（多绕组）
互感器接线示意图

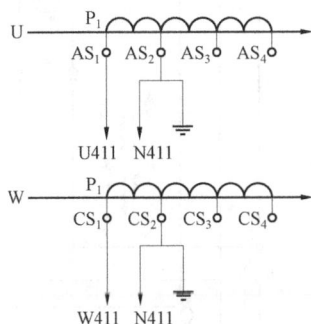

图 3-1-2 二次多抽头电流
互感器接线示意图

（8）对于 V/v 接线，TV 二次回路的接地点应在"v"相出口侧，如图 3-1-3 所示；对于 Y/y$_0$ 接线，则应在二次绕组中性点接地，如图 3-1-4 所示。

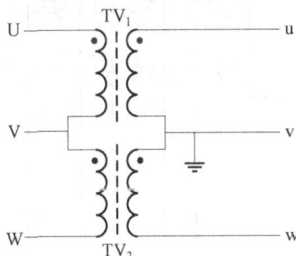

图 3-1-3 V/v 接线 TV 二次回路
接地位置示意图

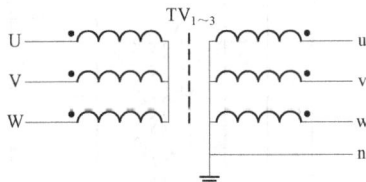

图 3-1-4 Y/y$_0$ 接线 TV 二次回路
接地位置示意图

六、二次回路的安装

（1）电能计量装置的一次与二次接线，应根据批准的图纸施工。不同的电力系统采用相应的计量方式，对于中性点非有效接地系统，应采用 V/v 型接线，其接线原理如图 3-1-5 所示。该型接线方式广泛运用于 10、35kV 系统。

对于中性点有效接地系统，应采用 Y$_0$/y$_0$ 型接线，其接线原理如图 3-1-6 所示。该接线方式广泛应用于 110kV 及以上系统。

当前电网公司大量运用电子式多功能电能表，由于该形式电能表是有、无功一体化，实际工作中，只需要将上述两类计量装置中的电能表配置改为电子式多功能电能表，3×100V、3×1.5（6）A 和 3×57.7/100V、3×1.5（6）A，去除图中无功电能表，按照有功电能表接线即可满足技术要求。

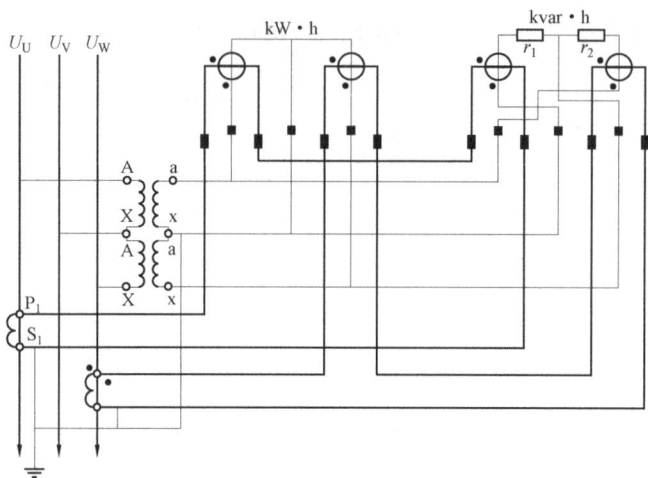

图 3-1-5　中性点不接地系统计量方式接线图

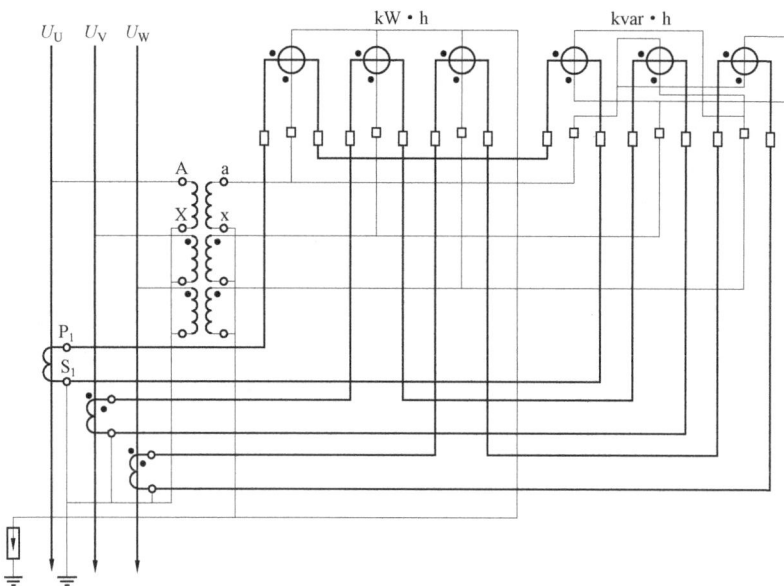

图 3-1-6　中性点接地系统计量方式接线图

（2）电能表和互感器二次回路应有明显的标志，采用导线编号管或采用颜色不同导线，一般用黄、绿、红、黑色分别代表 U、V、W、N 相导线。

对于互感器在场地、电能表在控制室的安装模式，两者之间可能相隔几十米甚至上百米，需要采用足够长的导线来连接互感器和电能表，而连接导线的阻抗大小，直接影响到互感器的实际二次负载，进而影响到计量装置的准确度。为满足计量准确度的要求，必要时，应根据现场实际，合理选择二次导线截面。

（3）二次回路走线要合理、整齐、美观。对于成套计量装置，二次导线两端应有字迹清楚与图纸相符的端子编号。

（4）二次导线接入端子如采用压接螺钉，应根据螺钉直径将导线末端弯成一个环，其弯曲方向应与螺钉旋入方向相同，螺钉（或螺母）与导线间应加镀锌垫圈。导线芯不能裸露在接线桩外。

（5）导线绑扎应紧密、均匀、牢固，尼龙带绑扎直线间距 80～100mm，线束弯折处绑扎应对称，转弯对称 30～40mm。

（6）二次回路的导线绝缘不得有损伤，不得有接头，导线与端钮连接必须拧紧，接触良好。弯角要求有弧度，不得出现死角或使用钳口弯曲导线。

（7）对于手车型（中置型）计量柜，互感器与电能表箱之间需要经过带锁紧（闭锁）装置的专用插头或手车定位机构辅助触头转接，不论采用何种型号接点转接，其可靠性是决定计量准确性的关键点，也是装表接电工作需要检查的重点之一。通常，二次回路进出此类转换接点时，选用绝缘软铜导线，该导线两侧需要先压接铜质镀银接线鼻，压接的接线鼻其压接部位必须做镀锡处理后，方可连接转接开关（互感器）。

（8）根据 DL/T 448 的规定，"35kV 以上贸易结算用电能计量装置中电压互感器二次回路，应不装设隔离开关辅助接点，但可装设熔断器；35kV 及以下贸易结算用电能计量装置中电压互感器二次回路，应不装设隔离开关辅助接点和熔断器"。该规定主要适用于变电站模式。

在变电站模式中，也有利用 10kV 分段电压互感器柜一次隔离开关辅助触点控制中间继电器，利用中间继电器触点（采用多接点并联，以减小接触电阻）串接在电压互感器二次出口侧，利用继电器接点接触的可靠性，既解决了隔离开关辅助触点接触的不稳定，又满足断开电压互感器一次隔离开关时，同时断开互感器二次回路的技术要求。

对于 35kV 及以下专变客户高压计量装置，均不在计量装置二次回路安装隔离开关辅助接点和熔断器。

【思考与练习】

1. 描述高压电能计量装置安装前的准备工作。
2. 描述高压电能计量装置计量柜的安装要求。
3. 描述高压电能计量装置电能表的安装要求。
4. 描述高压电能计量装置互感器的安装要求。
5. 描述高压电能计量装置二次回路的安装要求。

◢ 模块 2　送电后验收（Z27E3002 Ⅱ）

【模块描述】本模块包含高压电能计量装置投运后验收项目、试验方法、工作程序及注意事项。通过验收流程介绍，熟练掌握投运后验收的准备工作及相关安全和技术措施、装置验收项目及其操作步骤、方法和要求。

【正文】

一、概述

按照 DL/T 448《电能计量装置技术管理规程》的要求，电能计量装置安装后，应做通电检查、验收，这是装表接电工作的最后一个步骤。通过管理规程的学习，结合现场运用，掌握验收项目、试验方法、工作程序及注意事项。

二、验收项目

对于通过投运前验收的电能计量装置，还应做通电后的检查验收，确认装置在实负荷条件下，各项参数满足技术管理要求。其项目有：

（1）测试接入计量装置的二次电压。

（2）检测电能表电压接入相序。

（3）带负荷测试装置接线向量图。

（4）测试电能表在实负荷条件下的基本误差。

（5）检查电能表的走字是否正常。

（6）核查投运后的各项记录是否满足营销管理的要求。

三、验收内容

（1）将检查无误的计量装置接入供电系统。计量装置带电后，暂停后续操作，利用电压表测量电能表功率元件的接入电压。

对于三相三线 V/v 接线系统，三个电压接入端应保持 $U_{UV} = U_{WV} = U_{UW} = 100V$ 左右。三相四线 Y_0/y_0 型接线除测量相电压外，还应检测线电压，标准值 57.7V/100V。实际量值随系统电压波动，如果任何一组电压距 100V（57.7V）出现较大偏差时，装置可能存在电压缺相或其中一组电压互感器极性接反的故障，应停电核查，直至排除故障再行送电。

（2）利用相序指示器（相序表）检查电能表电压是否为顺相序接入。当接入顺序为逆向序时，应断开计量装置电源（也可断开二次试验端子电压），将接入电能表的导线接入关系更正为顺相序。更正相序的原则是将两个功率元件电压、电流二次连接导线同时交换（对三相四线制，将任意两个元件电压、电流二次导线同时交换）。

（3）用现场校验仪检查计量装置接线的正确性。此项试验受条件限制，如果仅是通过向量关系确认接线的正确性，负载电流只要接近二次标定电流的 0.2%，校验仪即可分辨向量关系，但前提是接入的负载功率因数应高于 0.5。其原因是：目前电力系统广泛使用的现场校验仪在向量关系运算时，只有在负载性质确定且功率角小于±60°时，得出唯一的结论；当接入负载功率角大于±60°时，逻辑分析会出现 2～3 个结论，反映在显示界面上会出现误判断，导致向量分析错误。

（4）对新接入的电能表做实负荷现场检验。本项验收需要具备一定条件，只有满足规程、规范的条件，检验值才可作为投运后验收的技术资料。

在实际运用中，常常是负载百分数不能满足规范要求的数值，如果仅是现场对电能表基本误差做趋势性检测时，计量装置二次电流只要大于二次标定电流的 0.2%，校验仪即可获取电能表的误差数值。该数值可判断表计误差的基本趋势，作为验收项目的管理数据，但不宜作为电能表现场检验的正式数据。

新投运的计量装置有可能不能及时接入有效负荷，致使投运后的验收缺项，对此类计量装置，测量计量装置元件电压和相序非常重要，按照 DL/T 448《电能计量装置技术管理规程》的要求，新投运或改造后的Ⅰ、Ⅱ、Ⅲ、Ⅳ类高压电能计量装置应在一个月内进行首次现场检验。应结合现场首检，完善计量装置送电后的验收项。

四、验收管理

（1）经验收合格的电能计量装置应由验收人员及时实施封印，并由运行人员或客户对计量装置封印的完好签字认可。封印的位置为互感器二次回路的各接线端子、电能表接线端子、计量柜（箱）门等。

（2）经验收合格的电能计量装置应由验收人员填写验收报告，注明"计量装置验收合格"或"计量装置验收不合格"，对不合格项应提出整改方案。

（3）验收不合格的电能计量装置禁止投入使用，整改后再行验收，直至合格。

（4）现场检验电能表的误差均应在其等级允许范围内，将检验结果和有效期等有关项目填入检验证（单）。

（5）电能表现场检验原始记录填写应用签字笔或钢笔书写，不得任意修改。

（6）验收报告及验收资料及时归档以便于管理。

【思考与练习】

1. 高压三相三线计量装置逆向序接入时，应如何处理？

2. 使用现场校验仪对计量装置进行现场校验时，当负载功率因数低于 0.5 时，会出现什么结果？

3. 高压电能计量装置投运后验收项目包括哪些内容？

4. 描述高压电能计量装置投运后的试验方法。

第四章

高压电能计量装置的调换

▲ 模块 1　调换前后运行参数的核查（Z27E4001Ⅱ）

【模块描述】本模块包含高压电能计量装置调换前后运行参数的核查工作程序及相关安全注意事项。通过核查步骤介绍、图解说明，培养能及时发现、纠正安装工作中可能出现错误接线的能力，熟练掌握核查各种设备的调试工艺标准和质量要求。

【正文】

一、概述

高压电能计量装置中配置的电能表存在一个运行周期的管理，当运行到期或因其他原因，需要对电能表进行更换时，要对待换装置的状态进行确认，更换工作完成后，还需要对已换表计在实负荷状态下的运行状况进行确认。这样做，可避免计量装置或表计已处于异常状态，因盲目换表而破坏现场导致电量退补缺乏技术支撑，同时避免因为更换电能表而发生装置异常运行的隐患。对电能表换表前后进行运行参数的检查，是技术管理的必要程序。

二、运行参数核查

鉴于各电网公司现场校验仪的配置属于基本配置，直接运用该型仪器，对计量装置运行参数进行判定是高压电能计量装置核查的通用方法。

1. 电能表更换前运行参数核查步骤

（1）外观检查待换计量装置的完好性。

（2）检查待换计量装置的负荷状态能否满足现场测试运行参数的条件。

（3）使用电能表现场校验仪接入计量装置二次回路，对装置接线完好性进行确认。

（4）使用电能表现场校验仪功能，对待换电能表进行换表前误差测试。

（5）将电能表从运行状态退出，撤出原表，安装新表。

（6）将新表接入计量回路，在实负荷状态下，确认新表运行参数，同时检验新表的工作误差。

2. 运行参数核查技术要求

（1）接线方式确认。主要是运用校验仪相关功能，检查计量装置相量图应符合接线方式所应有的向量关系，三相三线 V/v 型接线计量装置相量图应基本符合图 4-1-1 所示关系。三相四线 Y_0/y_0 型接线计量装置相量图应基本符合图 4-1-2 所示关系。

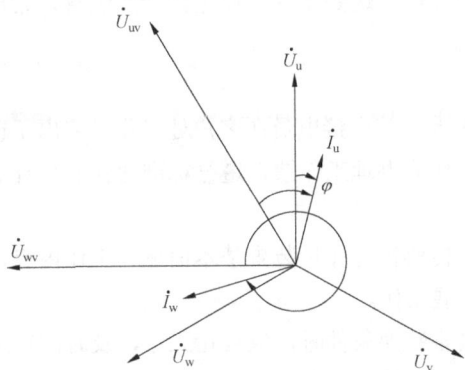

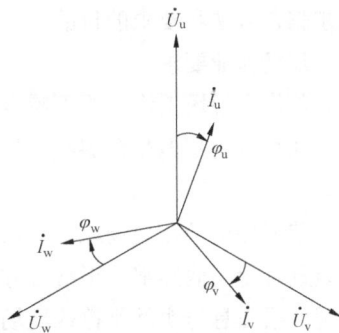

图 4-1-1　三相三线 V/v 型接线　　　　图 4-1-2　三相四线 Y_0/y_0 型接线
　　　　计量装置相量图　　　　　　　　　　　　计量装置相量图

相量图中电能表功率元件的夹角 φ，随负载功率因数变化而变化。当相量图出现明显不对称趋势或向量关系异常时，必须确定原因，防止因校验仪运用不当造成误判断。

（2）对于电子式多功能电能表，更换前后，应检查确认电能表运行界面的相关信息，主要检查项有：功率元件接入电压、电流值；有、无功潮流方向；实时功率因数以及时段设置、日历时钟等信息。对于只具有复费率功能的电能表要检查时段设置和日历时钟偏差是否正常。

【思考与练习】

1. 描述电能表更换前运行参数核查步骤。

2. 运行参数核查技术要求是什么？

3. 运行中的多功能电能表以及智能电能表怎样采取抄录相关参数的办法来简单判断运行状态？

▲ 模块 2　高压电能计量装置带电调换（Z27E4002Ⅱ）

【模块描述】本模块包含高压电能计量装置调换前准备工作、安全和技术措施、操作项目、工作程序及相关注意事项。通过操作流程介绍、例题计算，熟练掌握高压电能计量装置带电调换操作步骤、方法和要求，以下重点介绍电能表带电调换相关事项。

【正文】

一、概述

本模块包含高压电能计量装置调换前准备工作、安全和技术措施、操作项目、工作程序及相关注意事项；通过工作流程的介绍，达到掌握高压电能计量装置，带电调换操作步骤、方法和要求的目的。

二、现场作业要求

（1）装换表现场工作一般不应少于 2 人，装表接电员在客户处工作时应出示证件或挂牌。在系统内变电站开展装、换表工作应办理工作票，遵循标准化作业指导书开展工作。

（2）装表接电员在现场应首先按工作传票核对计量装置基本信息和工作内容，检查计量装置有无其他异常，正常时方可开展工作。

发现传票信息与实际不符或现场不具备装换条件时，应终止工作，及时向班组长或相关部门报告，做好停止换表原因记录，必要时向客户解释清楚，待具备条件后再行安排换表作业。

（3）现场发现计量装置有违约用电或窃电嫌疑时，应停止工作并保护现场，通知和等候用电检查（稽查）人员处理。

（4）对运行中的高压电能计量装置做带电调换工作时，应根据现场负荷条件，做换表前、后的电能表实负荷检验。确认待换表的计量装置运行状态是否正常，同时确认新换表在实负荷状态下是否满足技术管理要求。

（5）发现计量装置有运行故障、接线错误、倍率差错等异常时，应停止工作、保护现场，做好检查记录交客户签字确认并报业务部门进行后续处理。对涉及电量退补的装置，应向营销管理部门报告，配合相关部门做好电量退补的技术支持工作。

（6）对换表工作涉及登高、与带电部位处于最小安全距离等危险工作时，应做好保证安全的组织措施和技术措施，方可开始作业。

三、计量装置调换

高压计量装置带电换表按对计量的影响可分为间断计量和不间断计量两种方式。当计量装置所接入的负荷相对稳定且对称平衡时，可采用间断计量方式；对于负荷状态不稳定的计量装置，应采用不间断计量方式换表。

1. 间断计量方式

（1）做好作业前准备和安全措施后，按传票或工作任务单要求实施换装作业。

（2）换表前，使用电能表现场校验仪测量计量装置的运行参数，包括三相电压、电流、负载功率因数等。

（3）利用电流、电压试验端子（电能计量联合试验盒）短接二次电流，断开二次电压，记录计量装置停止计量起始时间。

（4）对退出运行的电能表进行更换，换装新表，恢复计量回路。

（5）检查无误后接通二次电压，打开二次电流短接片（短接线），将新表接入计量装置。

（6）记录恢复计量时间。利用公式计算换表期间实际电量，经客户确认后，传递到营销业务部门，进入电费系统一并收取。换表期间电量计算如下

$$\Delta A = \sqrt{3}UIKt\cos\varphi/1000\,(\text{kW}\cdot\text{h}) \qquad (4\text{-}2\text{-}1)$$

式中　K——倍率，无单位；

　　　t——换表间断时间，h。

【例 4-2-1】一高压计量装置，V/v 连接，做间断计量换表，期间运行参数及装置信息如下：倍率为 K=400，二次电压为 U=98V，二次电流为 I=2.5A，功率因数为 $\cos\varphi$=0.92，换表停止计量时间为 28min，期间为平时段，试计算换表停计电量。

解： 换表停止计量时间为 28min，折合为 0.47h，代入计算式为

$$\Delta A = \sqrt{3}UIKt\cos\varphi/1000 = \sqrt{3}\times98\times2.5\times0.92\times400\times0.47/1000 = 73.394\,(\text{kW}\cdot\text{h})$$

换表期间产生平时段电量为 73.394kW·h（无功电量计算略）。

2. 不间断计量方式

将换表期间电量转移到一临时计量电能表上，待换表结束，新表进入运行状态后，将临时计量表计所记录的有、无功电量抄读出来，经客户确认后，传相关部门一并收取。

（1）选择一只与待换表规格相同、经检定合格的电子式多功能电能表作为临时计量表，抄断记录的电量信息作为起始电量。

（2）将临时计量表按照电流回路串联、电压回路并联的原则，在试验端子处接入待换电能表的二次回路，在检查接线正确无误的前提下，利用试验端子的电流连接片，使临时计量表接入回路，开始工作。

（3）确认临时计量表运行状态无误后，断开待换表电流回路，全部二次电流经临时计量表与电流互感器构成回路。

（4）换表工作完成后，再次确认连接的正确性，恢复试验端子电流连片，将临时计量表退出二次回路，抄断电量止数，撤下临时计量表。

（5）换装计量装置装拆时间、资产编号、装拆示数等数据信息应以适当方式（如当面签字、发通知单等）及时通知客户检查核对。

（6）不间断换表的条件。计量装置二次回路必须配置二次电流、电压端子或电能计量联合试验盒。对二次回路没有配置试验端子的高压计量装置，不得进行实负荷换表作业。

（7）当计量装置一次出线侧开关断开，电能表与高压带电部位的安装距离符合安全规定时，允许在计量装置二次回路上进行零负荷带电换表作业。

（8）计量装置如果带有远方抄表或负荷控制管理装置（负控终端），换表后应予恢复。如待换表与新表不是同一厂家、同一款式，则可能需要重新设置相关参数，换表之后，要及时通知负荷管理控制中心，由相关技术人员对换表后的负控终端参数进行重新设置。

（9）对于二次回路配置的是常规电流、电压端子的计量装置，临时计量表的接入方式有一定区别，其接线方式如图 4-2-1 所示。

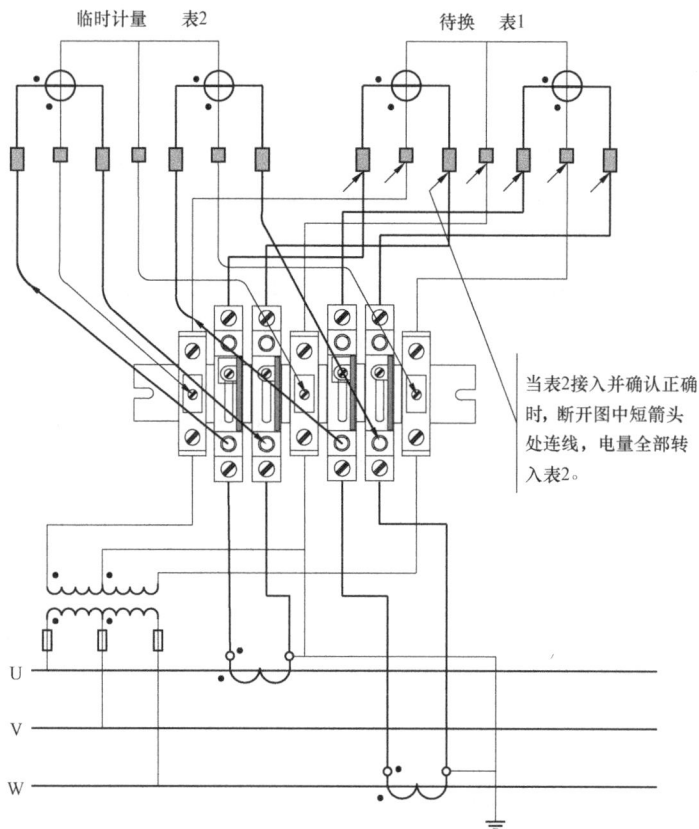

图 4-2-1 配置常规电流、电压端子的计量装置换表接线图

现场操作流程为：在待换表电压、电流回路中并接一只临时计量表→首先接入电压回路，抄断临时计量表起始电量，再接入电流回路→两表电流分别计量→断开待换表

电压（做绝缘临时包扎）、电流→电量全部转入临时表→撤出待换表→换装新表→恢复二次连接线→检查确认正确性→撤出临时计量表电流回路，抄断电量数据→撤出电压回路，结束换表工作。

通常临时计量表的连接导线是采用分相色的成套试验软铜线，该导线两头连接有带锁紧功能的标准插头，与一般的试验端子可做插入连接。

操作安全提示为：准备三段绝缘胶带，逐相松开待换表电压接入导线，做临时绝缘包扎，松开第一相电流接入导线，应没有开路火花产生，此时如果有开路火花产生，应迅速将导线恢复并压紧，停止撤线换表，待查明原因后，再继续工作。

（10）对于使用联合接线盒的计量装置，对电流回路的接法有技术要求，这是由联合接线盒的结构决定的。

接线盒的设计，主要是满足现场检验时，将标准表（现场校验仪）接入计量装置二次回路，其接线原理如图 4-2-2 所示。接线盒电流回路只需要满足流入和流出有一

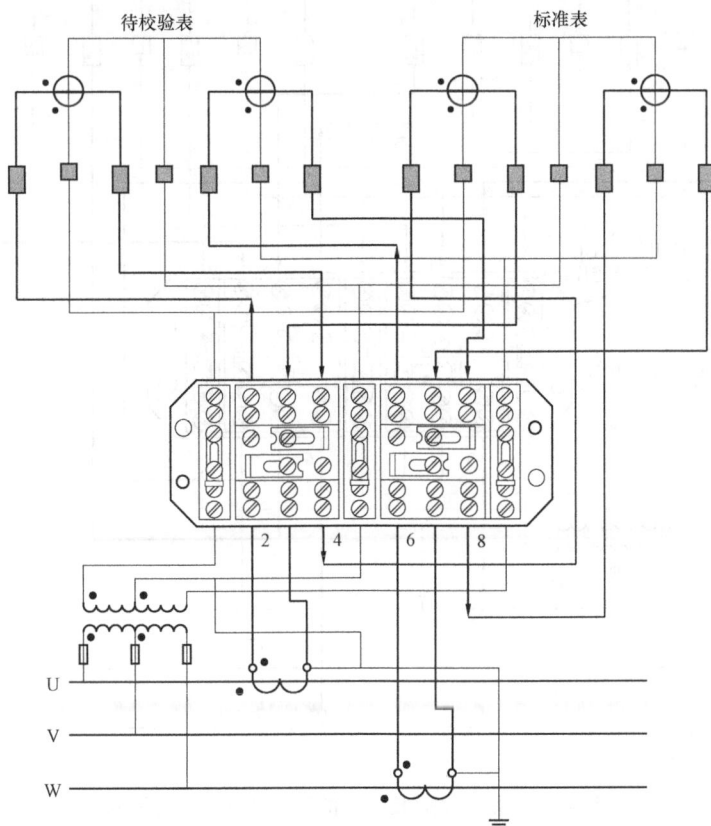

图 4-2-2　配置联合接线盒的计量装置现场校表接线图

相错开即可。例如 TA 与接线盒 2、4 相连接，则电能表与 2、3 或 3、4 连接，如果 TA 与接线盒 2、3 相连，则电能表只能与 2、4 相连接方可满足接入标准表（现场校验仪）的条件。

如果要利用联合接线盒完成不间断换表，则必须按照图 4-2-3 所示接线，即 TA 二次回路与接线盒的连接在电流 2、4 和 6、8 端，如图 4-2-3 所示，否则，不能实现不间断换表功能。

在利用接线盒换表时，临时计量表的电压是采用带绝缘护套的鱼嘴夹从接线盒电压回路获取。

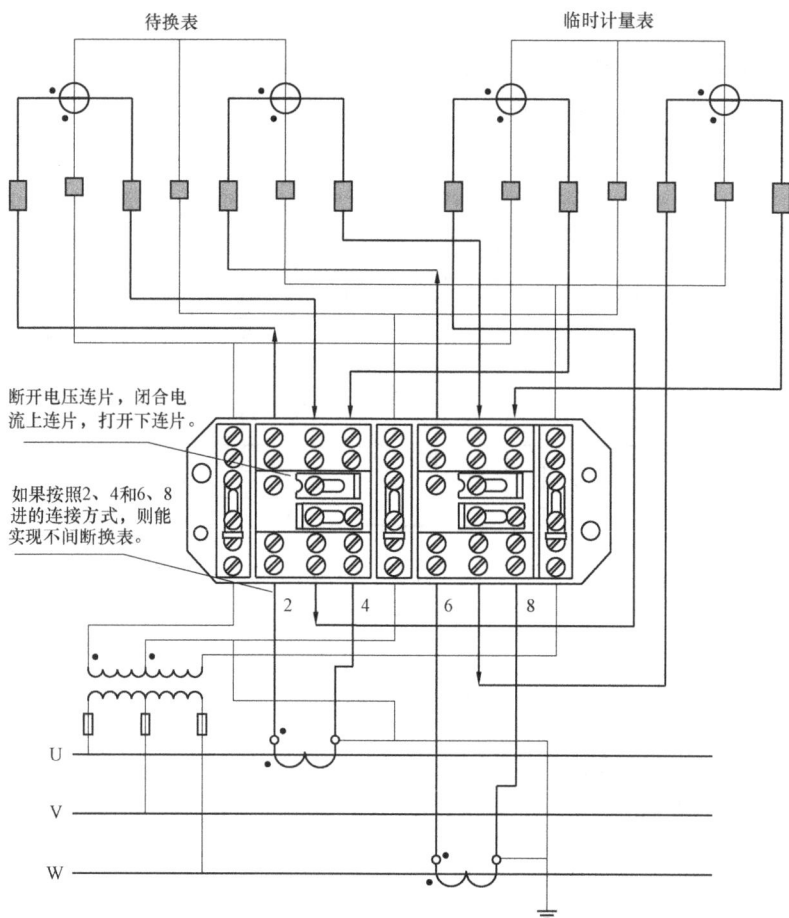

图 4-2-3　配置联合接线盒的计量装置换表接线图

（11）在电能计量装置接线方式中，还存在一种电流回路简化接线计量模式，这种接线方式，在非结算电费的计量系统中有比较广泛的运用。简化接线计量模式电能表更换接线图如图 4-2-4 所示。

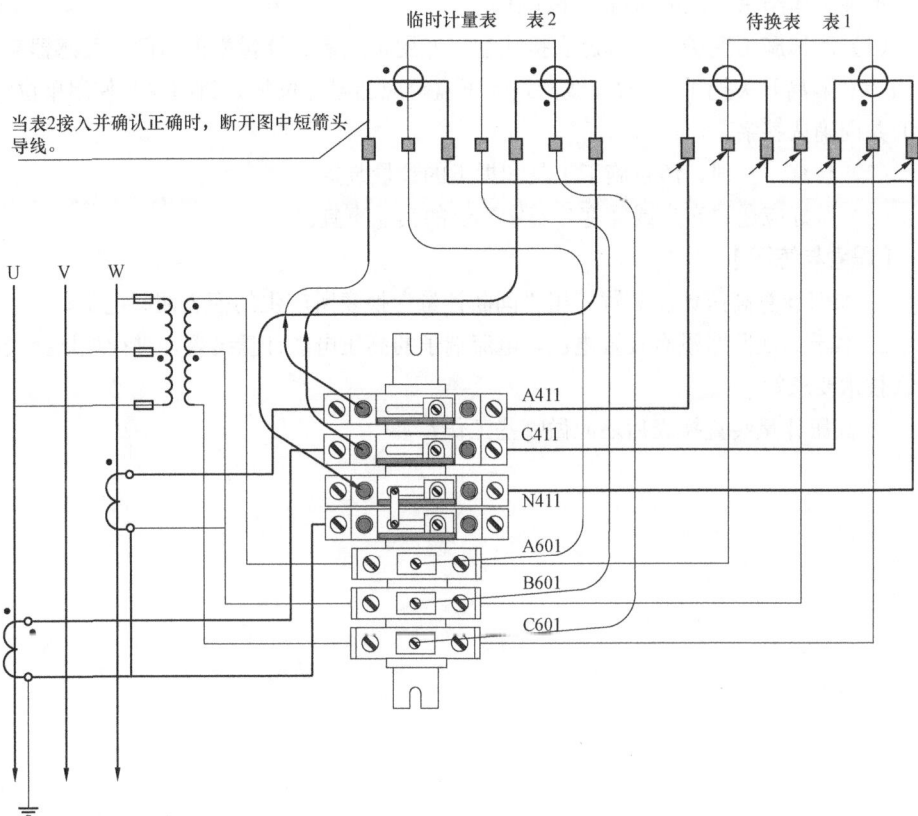

图 4-2-4　电流回路简化接线的计量装置换表接线图

四、计量装置拆除

（1）现场核对工作对象、工作范围、工作内容是否与传票或工作任务单一致，检查有无违约用电、窃电、隐藏故障、不合理结存电量等异常，如出现异常应及时上报处理。

（2）切除负荷和电源，确认计量装置脱离电源后，按传票或工作任务单内容拆除计量装置。

（3）拆除计量装置时间、计量装置基本信息、拆表示数等数据信息应以适当方式（如当面签字、发通知单等）及时通知客户。

（4）对现场需拆除或需处理的空接线路、设备等应通知客户或相关部门与人员做好电气安全防护和相应后续处理。

五、工作终结

换装工作结束，还应做好以下工作：

（1）清扫施工现场，对电能表接线盒、专用接线盒、计量柜前后门、互感器箱前后门、TV 隔离开关把手、二次连线回路端子盒等应加封部位加装封印并与使用单位（人员）共同确认签字。

（2）检查、整理、清点施工工具和拆下的计量装置。

（3）做好应通知客户或需客户签字确认的其他事宜。

【思考与练习】

1. 如何计算高压计量装置采用"间断计量"换表所产生的换表期间电量？

2. 对于二次回路没有设置电压、电流端子的高压电能计量装置，进行现场换表有什么技术要求？

3. 高压计量装置换表后还应做哪些工作？

第五章

营 销 系 统 操 作

◢ 模块 1 营销业务应用系统中的装表接电业务
（Z27E5001 Ⅱ）

【模块描述】本模块包含"SG186 工程"营销业务应用系统中与装表接电工作有关的业务子项，如周期轮换、关口新装、设备更换、设备拆除、关口计量异常处理和故障、差错处理以及终端安装、更换、拆除等内容。通过框图讲解、截图介绍，掌握营销业务应用系统中的装表接电业务流程及具体操作方法。

【正文】

SG186 中的 SG，是国家电网有限公司英文缩写，1 代表建设成一体化企业级信息化集成平台，8 代表八大应用模块（财务资金、营销管理、安全生产、协同办公、人力资源、物资管理、项目管理、统合管理），6 代表六大保障体系（安全防护体系、标准规范体系、管理调控体系、评价考核体系、技术研究体系、人才队伍体系）。SG186 工程营销业务应用系统，可实地检验营销系统业务功能的完整性，业务处理的正确性，系统的可靠性、安全性和各项效率与性能指标。

营销业务应用流程需要各个部门之间的配合衔接，装表接电人员的工作主要体现在计量点管理中的周期轮换管理、故障差错处理、电能计量装置改造等几个方面。

一、周期轮换管理

周期轮换是按照 DL/T 448《电能计量装置技术管理规程》的要求将现场运行的设备定期拆回实验室检定，以确保设备的计量准确性和运行可靠性，包括轮换计划制订、调整、审批以及轮换的执行情况。

1. 周期轮换流程

周期轮换流程如图 5-1-1 所示。

2. 具体操作方法

（1）周期检定（轮换）计划制订人员定期编制周期检定（轮换）计划（电能表轮

换、互感器轮换），提交计划审批人员进行审批。周期检定（轮换）计划界面如图 5-1-2 所示，选择电能表轮换计划年、月、用户类别，点击〈制定轮换计划〉按钮，系统将按照年、月自动制订计划。

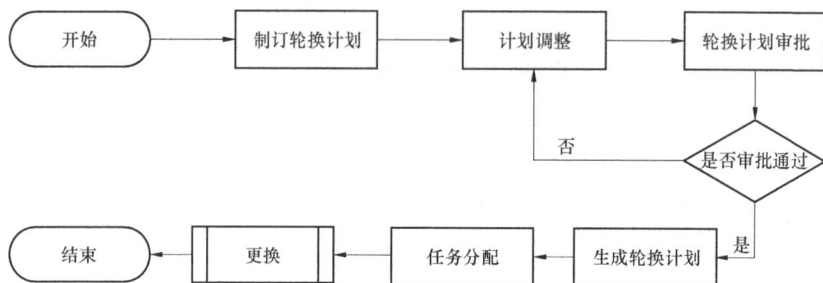

图 5-1-1 周期轮换流程图

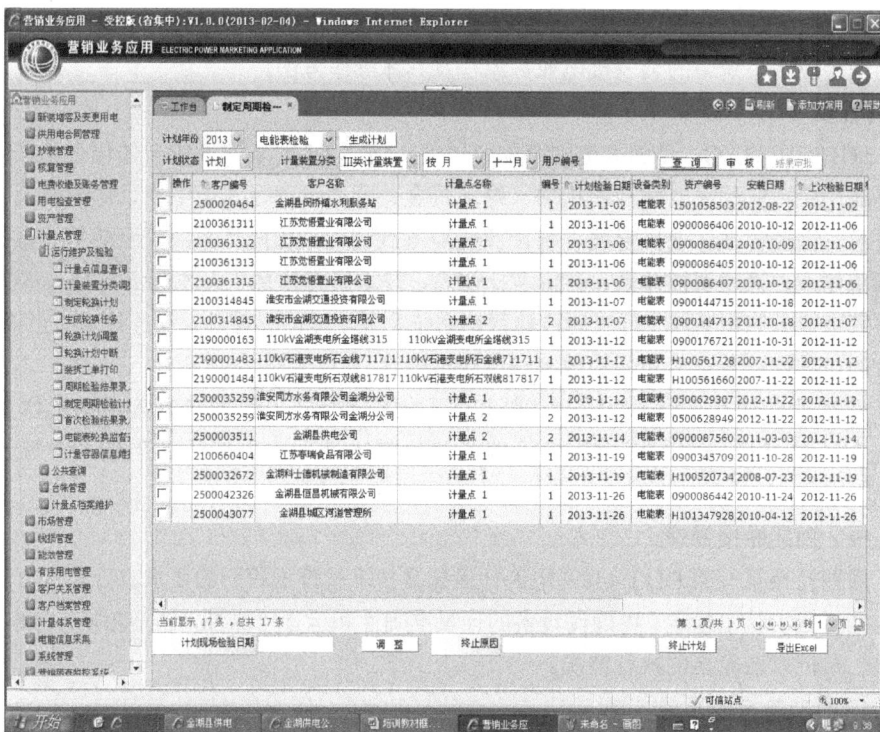

图 5-1-2 制订周期检定（轮换）计划

（2）计划审批人员对周期检定（轮换）计划进行审批，输入审批意见，审批同意后计划生效，对轮换计划资料进行归档，形成台账。

（3）计划不同意则需要将计划返回给制订人员重新修改。

（4）执行已经审批通过的年度周期轮换计划，由现场检验派工人员根据工作人员现有工作情况，将任务安排给现场检验人员，并将工作单传送到现场工作受理。

（5）选择计划年份、选择电能表轮换计划年、月、用户类别，点击查询按钮，所有符合条件的周期轮换计划明细。

（6）选择将要执行的周期轮换计划，点击<执行>按钮，则所选计划被执行。点击<中止>按钮可将计划永久终止。点击<审核>按钮出现执行界面，如图5-1-3所示。

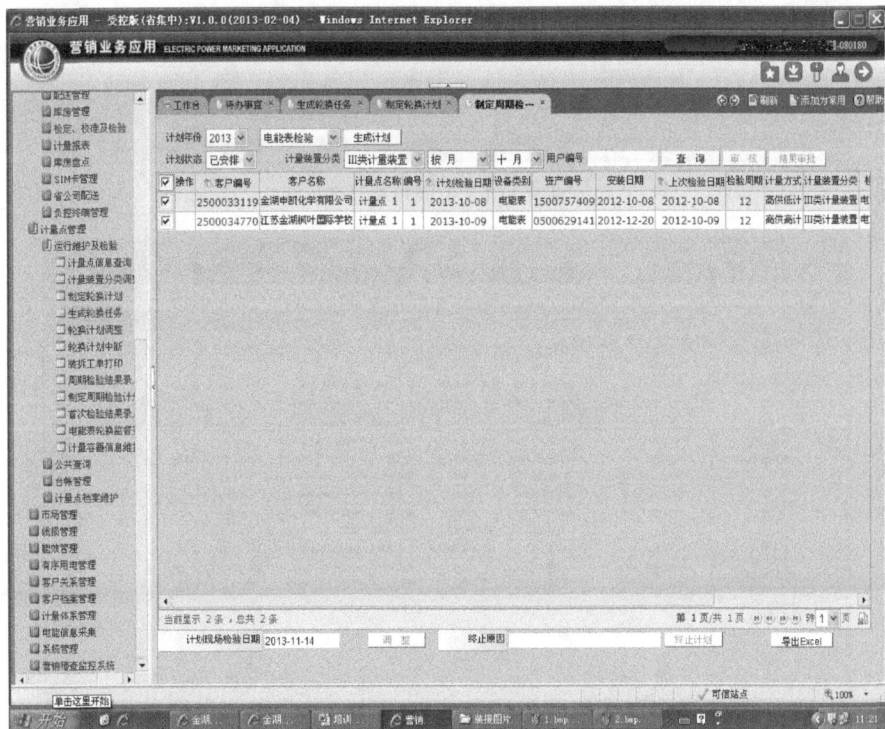

图 5-1-3　轮换审核

（7）点击<生成计划>按钮出现执行界面，如图5-1-4所示；流程将推到配表、出库环节，如图5-1-5和图5-1-6所示。

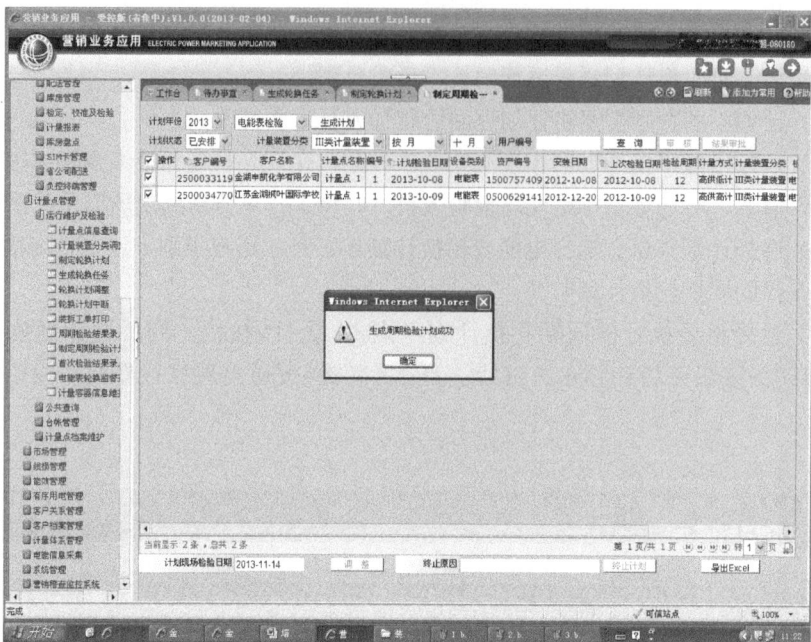

图 5-1-4 生成轮换计划

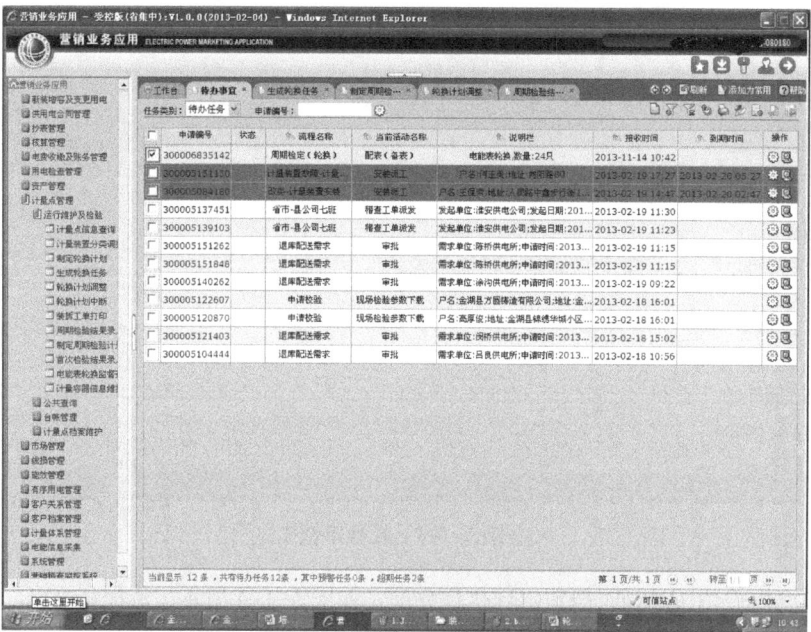

图 5-1-5 配表

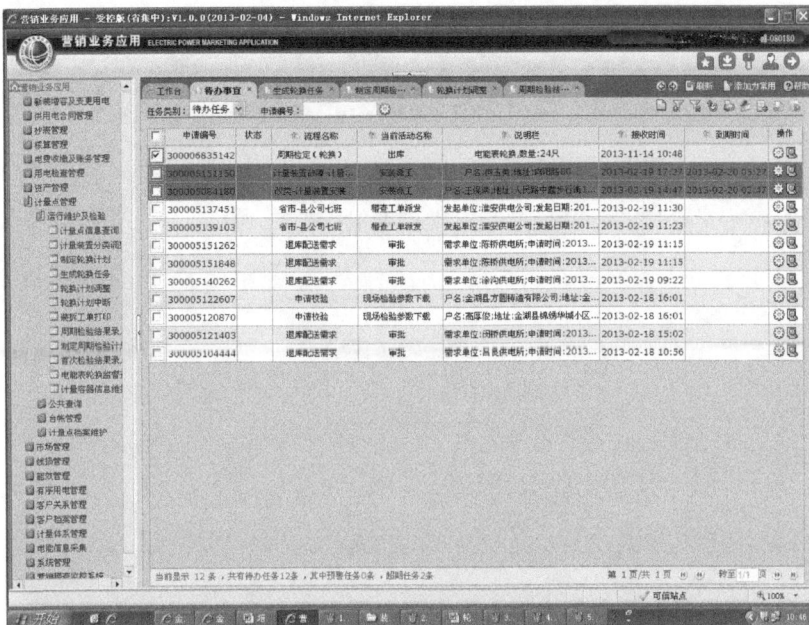

图 5-1-6　出库

（8）点击<待办事宜>按钮进入周期轮换计划派工、拆回示数录入环节，如图 5-1-7
和图 5-1-8 所示。

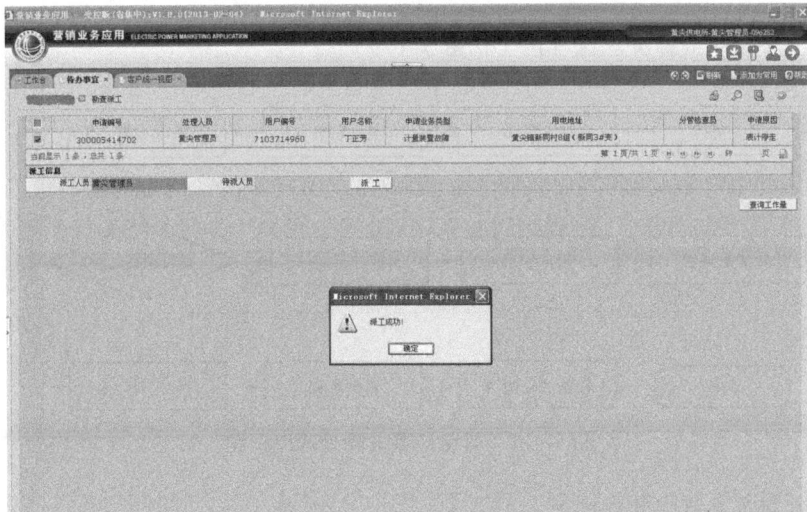

图 5-1-7　轮换计划派工

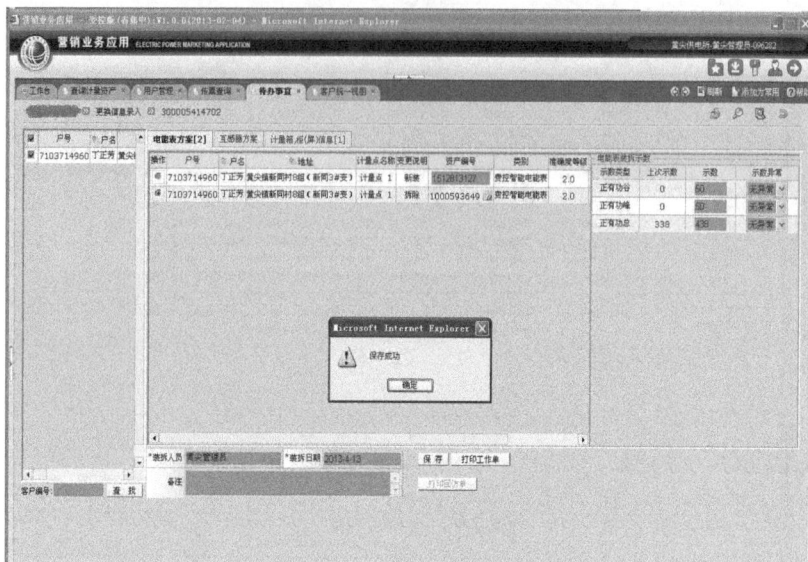

图 5-1-8 拆回示数录入

（9）周期轮换的整个工作流程资料和数据进行归档，形成台账。

二、故障差错处理

故障差错处理是对关口计量点和用电客户计量点的电能计量装置故障差错进行故障处理。

1. 计量装置故障处理流程图（见图 5-1-9）

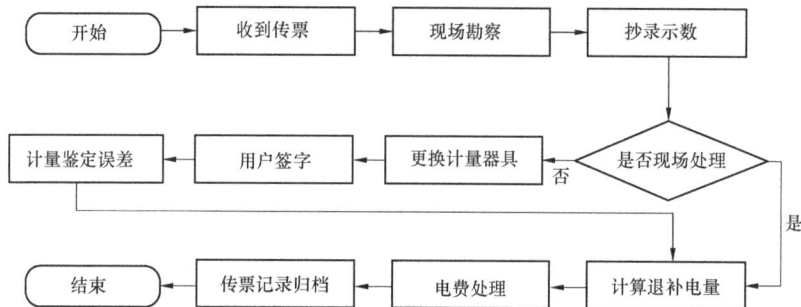

图 5-1-9 计量装置故障处理流程图

2. 计量装置故障处理流程

（1）现场故障处理人员在收到电能计量装置故障工作传票后，在规定的时限到达现场处理。现场勘察时对确认为故障的情况应立即进行处理。现场勘察内容及处理方法如下：

1）计量互感器、电能表的误差超出允许范围时应更换计量器具。

2）35kV 及以上电压互感器二次回路电压降超出允许范围时，应了解并检查电压二次回路接入负载情况，采取减少二次回路接触阻抗的措施。对于现场不能简单处理的应进行二次回路压降改造，提请客户停电，并采取更换符合要求的专用电缆，另约时间测试。

3）发现非人为因素致使计量记录不准，如烧表、停走等应查明原因并更换相应计量器具。

4）电压互感器回路熔丝熔断应更换新的熔丝。

5）计量装置接线错误应立即更正错误接线。

6）计算电量的倍率或铭牌与实际不符，应更正电量计算倍率。

（2）现场故障处理人员抄录电能表示值，请客户签字确认。

（3）确认故障能否现场处理。

1）能处理（现场修复或无故障）的进入退补电量流程或归档。

2）不能处理，进入计量器具更换流程。对无法当场处理的情况，更换计量器具，保证客户正常用电。客户无人在场，可不开展更换工作，应开具故障处理通知单放置客户处。

（4）计量器具故障更换流程。

1）现场故障处理人员将拆回计量器具交资产管理员。

2）资产管理员接受电能表时应核对电能表底度并在传票上盖章确认。

3）资产管理员交检定员并办理移交手续（下级库房将拆回旧表送一级库房）。

4）检定员对拆回计量器具进行鉴别并将检定结果输入营销信息管理系统。如客户要求出具检定报告，则出具"检定证书"或"检定结果通知书"。

5）上述 4 个步骤在 3 个工作日内完成。

6）拆回的电能表应在表库中至少存放一个抄表周期（15 天），以便客户提出异议时复检。

7）对烧坏、卡字、表停等故障计量器具可不需经计量中心检定，对故障情况不明和客户要求检定的计量器具，计量中心必须进行检定。

（5）计量装置退补电量流程。

1）低压用户由故障处理人员提供推度意见，电费组推度。

2）高压用户原则由计量中心负责推度意见，电费组负责复核。

3）计量技术负责人、营业部/主任或计量专（兼）职人员审核处理结果。对电量退补数值复核和处理。

（6）业务人员、计量装置运行装表接电班组、现场检验班组、用电检查班组、现场故障处理人员、资产管理员、检定员将相关资料整理归档。

【思考与练习】

1. 简述周期轮换的流程。

2. 简述故障处理的流程。

3. 哪些计量装置故障可现场恢复？

模块 2 计量工作中的营销系统操作流程（Z27E5002Ⅱ）

【模块描述】本模块包含营销装接子系统操作流程。通过实际操作掌握相关流程的应用。以下重点介绍电能计量装置现场检测的工作流程。

【正文】

营销业务应用系统是按照国家电网有限公司营销业务应用标准化设计的最新修订成果，结合各省公司实际情况，实施系统软硬件数据化管理，所有数据和应用集中到省公司统一部署，更好地满足"大营销"体系组织构架。

营销业务应用流程需要各个部门、岗位之间的配合衔接，装表接电人员的工作主要体现在计量点管理中的周期轮换管理、故障差错处理、电能表现场检测、互感器二次测试等几个方面。本章节主要就电能表装置现场检测流程进行学习。

（1）现场校验必须有两人同时进行，其中一人持工作票并担任工作负责人。两人必须经过专门的技术培训并取得计量检定员证。

（2）现场校验用标准器应在检定有效期内，准确度等级至少应比被检品高两个准确度等级，其他指示仪表的准确度等级应不低于 0.5 级，量限应配置合理。电能表现场校验标准应至少每三个月在试验室比对一次。

（3）现场校验电能表应采用标准电能表法，利用光电采样控制或被试表所发电信号控制开展检验。宜使用可测量电压、电流、相位和带有错接线判别功能的电能表现场校验仪。现场校验仪应有数据存储和通信功能。

（4）由于电能表、互感器、电压互感器二次回路压降超出允许范围或其他非人为原因造成计量失准时，按《供电营业规则》第 80 条处理；计量装置接线错误、熔丝熔断、倍率不符等原因出现计量差错时，按《供电营业规则》第 81 条处理。

一、电能计量装置现场检测流程

电能计量装置现场检测是按照 DL/T 448《电能计量装置技术管理规程》的要求将现场运行的设备定期进行现场检定，以确保设备的计量准确性和运行可靠性。

电能计量装置现场检测流程如图 5-2-1 所示。

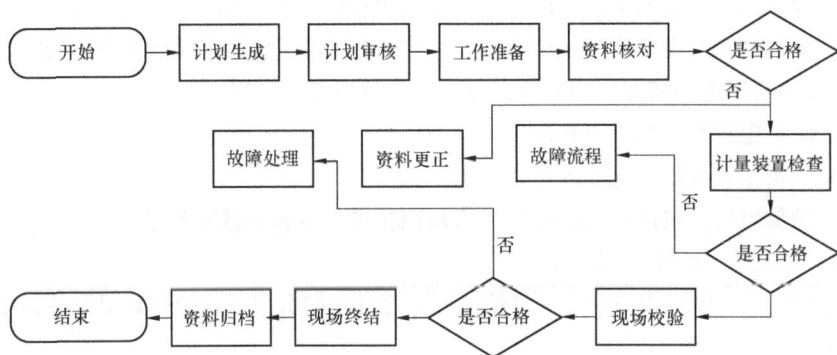

图 5-2-1 电能计量装置周期现场检测流程图

二、具体操作方法

（1）装接班、现校（外勤）/班长。班长在每月最后一个工作日生成下一月现场校验计划。

（2）营业部/主任（专职）、计量中心/技术负责人。其负责审批现场校验计划，营销部备案。

（3）装接班/现场校验人员。班组长每天根据"现场校验计划"将工作任务下达到每个工作小组，工作负责人在接受工作任务后根据当天的工作任务和性质，打印校验工单，填写工作票，同时通知工作组成员携带必要的工作器具，并交代安全注意事项。

（4）装接班/现场校验人员。现场校验人员核对被检电能计量装置的互感器变比、容量、二次回路、表型号等信息与工作单信息是否一致。

（5）现场校验组/现场校验人员。

1）资料核对合格，进入计量装置检查过程。

2）资料核对不合格，现场校验人员在工作单上做好记录并签字，通知业务组在一天内修正电力营销系统数据。

（6）装接班/现场校验人员。

1）工作负责人在工作现场分配每个现场校验人员任务，担任数据核验工作的人员兼任监护人，要求按照仪器设备的操作说明书进行正确作业。

2）检查电能表、联合接线盒、计量箱（柜）的封印是否完整。

3）检查多功能电能表的参数设置是否正确、是否有错码等。如有错误，现场直接调整，并做好记录。

4）检查多功能电能表时钟的正确性。若 $\Delta t \leqslant 10\text{min}$，可现场调整电能表时间，否则应视为故障，不能马上调整时间，应检查并查明原因后再行决定。

5）检查多功能表的电池使用时间，如需更换应及时更换，并做好记录。

6）首次现场校验应核对互感器变比，对电能计量装置进行接线检查。如有接线错误、违章违约用电等情况，应立即报办，转入故障处理流程。

7）测量电压相序应为正相序。

8）测量三相电压、电流应基本平衡。

9）测量电压、电流相位，绘制"六角图相量"分析接线正确性。

（7）装接班/现场校验人员。

1）电能表、联合接线盒、计量箱（柜）的封印如有损坏，应做好记录并请电力客户签字。

2）检查发现的故障现场校验人员能处理的现场处理，现场不能处理的则转入《故障处理流程》，并告知用户。

3）如果发现窃电现象应保护现场，并向稽查人员报告。

（8）现场校验组/现场校验人员。现场校验人员进行现场校验，应按如下规定：

1）电能表的现场校验按《交流电能表现场校准技术规范》（JJF 1055—1997）执行。

2）现场校验时不允许打开电能表罩壳现场调整电能表误差。

3）电流互感器的现场检定按《测量用电流互感器》（JJG 313—2010）执行。

4）电压互感器的现场检定按《测量用电压互感器》（JJG 314—2010）执行。

5）电压互感器二次回路压降测试及高压互感器二次回路负荷的测试按国家电网有限公司生产输电（2003）21 号，2003 年 4 月 9 号印发的《电能计量装置现场校验作业指导书》进行校验。

（9）装接班/现场校验人员、业务受理部门。

1）判断Ⅰ、Ⅱ类电能计量装置中电压互感器二次回路电压降不大于其额定二次电压的 0.2%；其他电能计量装置中，电压互感器二次回路电压降不大于其额定二次电压的 0.5%。

2）判断互感器实际二次负荷应在 25%～100%额定二次负荷范围内。

3）电能表、互感器误差应在规定的等级允许误差范围内。

4）如果电能表校验不合格，现场校验人员当场查明原因，并在工作单上加以注明，并告知用户。

5）当天上报业务受理部门，保证电能表故障在 3 天内更换，互感器误差超差，二次回路电压降超差和互感器额定二次负荷超差时应在 1 个月内处理完毕。

（10）装接班/现场校验人员。

1）计量装置加封，并请客户确认。

2）清扫现场。

（11）装接班记录检定人员，核验人员。电能计量装置的现场校验数据、接线检查情况和测试环境条件等记录检定人员和核验人员必须签字，并且当日在营销系统"大客户现场校验工单返回""大客户二次压降（含二次负荷）测试工单返回""大客户接线检查工单返回"模块中将数据输入并保存。

【思考与练习】

1. 简述电能计量装置的流程。

2. 现场校验工作中的危险点有哪些？

3. 营销系统中对哪些设备有现场校验要求？

第二部分

电能计量装置检查与处理

第六章

低压电能计量装置检查与处理

▲ 模块 1　低压直接接入式电能计量装置检查、
分析和故障处理（Z27F1001Ⅰ）

【模块描述】本模块包含直接接入式低压电能计量装置常见故障的现场操作程序、检查内容、分析方法等，通过要点讲解、图解说明、案例分析，掌握常见低压电能计量装置错误接线等异常现象分析、判断方法，并进行故障处理。

以下重点介绍单相、三相四线两种直接接入式电能表的常见故障以及现场检查的方法。以下内容还涉及现场工作中安全注意事项，以及工器具的使用。

【正文】

低压直接接入式计量装置一般安装在客户端，环境条件相对复杂。在运行中经常会发生一些电能表接线开路、短路、接错、接线盒烧坏等现象，造成电能表因失压、极性接反、分流等情况，影响正确计量。

低压直接接入式电能表分为单相和三相四线两种，接线图如图 6–1–1、图 6–1–2所示。

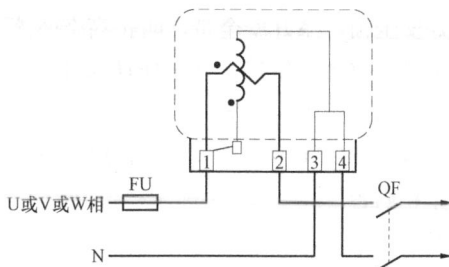

图 6–1–1　直接接入式单相电能表接线图

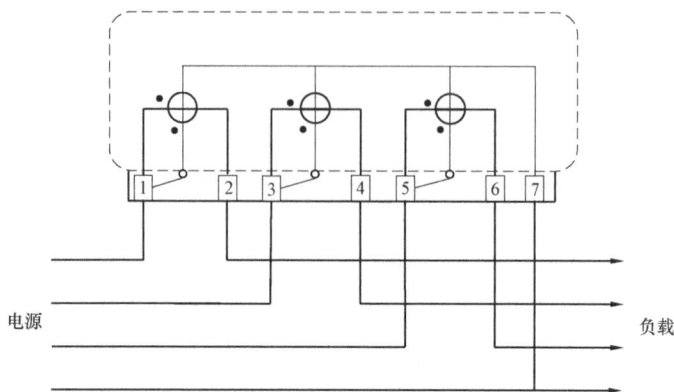

图 6-1-2 直接接入式三相四线电能表接线图

一、作业人员、使用设备和安全措施

1. 作业人员

工作班成员至少 2 人，其中工作负责人 1 人、工作班成员 1 人、客户相关人员等。

2. 使用设备

秒表、万用表、钳形电流表等。

3. 安全措施

本工作属于带电作业，进行低压计量装置接线检查时，应根据《电力安全工作规程》要求，做好安全措施，要特别注意：

（1）保持与带电部位的安全距离。

（2）使用梯子时，要检查其安全性，应有专人扶护，有防止梯子滑动措施。

（3）使用登高工具（如脚扣、踏板等）时，检查登高工具是否完好并正确使用。

（4）高处作业应戴好安全帽，系好安全带，防止高空坠落。

（5）工作所使用的工具和仪表表笔等，其金属裸露部分应做好绝缘处理，防止误碰带电体，以保证工作人员的人身安全。

（6）工作人员按规定着装，要穿绝缘鞋，并站在绝缘垫上工作。

二、作业项目、程序和内容

1. 办理工作许可手续

根据"安全管理"有关规定办理工作许可手续，做好现场安全措施。按要求规范着装，戴安全帽，着棉质工作服，穿绝缘鞋，戴棉质线手套。

2. 现场直观检查

观察客户进户接线是否正常，排除电能表前私拉乱接等不规范用电现象，了解客户实际负载情况，以便核对电能表运行状况。

3. 计量装置箱（柜）外观及铅封检查

检查电能表外观是否完好，封铅数量、印迹等是否完好，核对铅封标记与原始记录是否一致，做好现场记录，排除有人为破坏和窃电现象。

4. 计量装置箱（柜）内铅封及接线检查

检查电能表进出线排列是否正确，接线有无松动、发热、锈蚀、碳化等现象。检查电能表接线盒封印、电能表封印（有其他功能的电能表还要检查功能设置、编程部分封印）是否完好，并详细记录异常现象及封印数量、印痕质量等。

5. 电能表接线盒内检查

检查电能表电压连片（挂钩）及接线端子螺钉有无松动等现象，进出线有无短路过桥等异常现象。

6. 电能表运行状态及功能记录检查

对机电式电能表，观察电能表转盘转速，用秒表测定当前负载下电能表每转所用时间；对电子式电能表，观察电能表脉冲闪烁频率，用秒表测定 10 个或更多脉冲所用时间。用瓦秒法判断电能表运行是否正常。

此外，还应检查有无异常报警信息，失压、失流记录，电能表当前运行时段、日历时钟、电量示数等信息。

7. 计量装置接线带电检查

使用万用表、钳形电流表等仪表，在电能表接线端子测量电能表电压、电流等参数，用秒表记录电能表走字时间，运用瓦秒法计算分析、判断电能表接线、电能量记录是否正确。

8. 计量装置故障处理

如发现计量装置有故障，首先分析造成故障原因，确定故障性质、范围，提出初步处理意见，经客户认可签字后，报相关关管理人员审核处理。如需现场更换电能表，按故障流程办理有关手续并采取安全措施后方能进行作业。

9. 工作终结

现场作业结束，如封印已经打开，重新加封并做好记录，清理工作现场，收拾好工器具，按规定办理工作终结手续，撤离现场。

10. 电量追补

如发现计量装置接线错误，需进行电量退补，以其实际记录的电量为基数，按正确与错误接线的差额率退补电量，退补时间从上次校验或换装投入之日起至接线错误更正之日止。对于无法获得电量数据的，以客户正常用电时月平均电量为基准进行追补。

三、检查分析方法（常见故障及分析）

（一）检查方法

计量装置检查一般分为停电检查和带电检查。

停电检查是对新装或电能表后的计量装置，在投入运行前在停电的情况下进行的检查，具体方法将在以后科目中逐一介绍。

带电检查是计量装置投入使用后的整组检查，运行中的低压计量装置根据需要也可进行带电检查，以保证接线的正确性。带电检查的方法有实负荷比较法、逐相检查法、电压电流法、力矩法、相量图法（六角图法）及综合分析法等。低压直接接入式计量装置接线比较简单，本模块主要介绍实负荷比较法、逐相检查法和电压电流法。力矩法、相量图法（六角图法）及综合分析法等方法将在以后模块中详细介绍。

1. 实负荷比较法（瓦秒法）

将电能表反映的功率与计量装置实际所承载的功率比较，也可根据线路中的实际功率计算电能表转动一定圈数所需的时间与实际测得时间进行比较，以判断计量装置是否正常，这种方法就是实负荷比较法，一般称为瓦秒法。

具体检查方法是：用一只秒表记录电能表转盘转动 N 转（电子式电能表为 N 个脉冲）所用的时间 t（秒），然后根据电能表常数求出电能表计量功率，将计算的功率值与线路中负荷实际功率值相比较，若二者近似相等，则说明电能表接线正确；若二者相差甚远，超出电能表的准确度等级允许范围，则说明计量装置接线有错误。运用实负荷比较法时，要求负荷功率在测试期间相对稳定，波动过大会降低判断的准确性

负荷功率的计算公式为 $$P = \frac{3600 \times 1000 N}{CS}$$ (6-1-1)

式中　C——电能表常数，kWh/脉冲数；

　　　S——时间，s；

　　　N——脉冲数；

　　　P——电能表功率，当电能表经互感器接入时应乘以互感器倍率。

2. 逐相检查法

在电能表三相接入有效负载的条件下，断开另外两个元件的电压连片，让某一元件单独工作，观察电能表转动或脉冲闪烁频率，若正常，则说明该相接线正确，这种现场检查方法就是逐相检查法。具体步骤如下：

首先检查 U 相（第一组件），接线如图 6-1-3 所示。断开电能表的 V、W 相电压连片，使第二、三元件失压，此时电能表转动趋势明显减慢且正转，则说明 U 组元件

接线正确；若电能表反转，则该组件接线错误；若电能表不转，又排除了 U 相负载为零或非常小的情况，就说明第一组件存在问题。

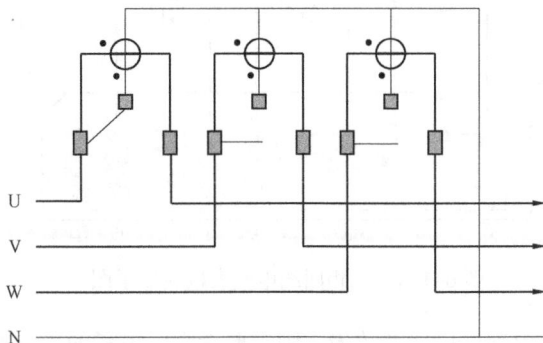

图 6-1-3　逐相检查法检查 U 相

依此类推，检查 V 相时，应断开电能表的 U、W 电压连片；检查 W 相时，断开电能表的 U、V 电压连片。判断方法与 U 相相同。

上面介绍的两种方法都属于定性判断，不能确定错误形式对电量的影响量，在模块 2　三相四线计量装置简单错误接线检查、分析和故障处理（Z27F1002Ⅱ），相量图法（六角图法）中将介绍一种定量计算的方法。

3. 电压电流法

使用万用表和钳形电流表测量电能表接入电压、电流，通过与正常运行状态下电压、电流值比较，从而判断计量装置是否正常，这种方法就是电压、电流法。

下面以三相四线电能表为例进行说明。

先将万用表置于适当的电压挡位，然后用测试表笔在三相四线有功电能表的电压接线端子（见图 6-1-4）分别对一、二、三元件进行采样。因一元件的电压是从三相有功电能表端子①引入，二元件的电压是从端子③引入，三元件的电压是从端子⑤引入，电压线圈的公共端及 U_n 为⑦，故一元件的电压应在端子①—⑦上采样，二元件的电压即应在端子③—⑦上采样，三元件的电压即应在端子⑤—⑦上采样。

（1）在正常情况下三个元件相电压采样结果均应为 220V 左右，①—③、①—⑤、⑤—③为线电压一般在 380V 左右，如果测得的各相电压相差较大，说明电压回路存在断线或回路阻抗异常的情况。

（2）三相电压有零值时，可能是电压回路断相，回路处于缺相运行状态。

（3）当三相负载基本平衡时，电能表总计量 $P = P_1 + P_2 + P_3$，如发生断相故障，会影响客户正常用电，不会影响电能表计量。

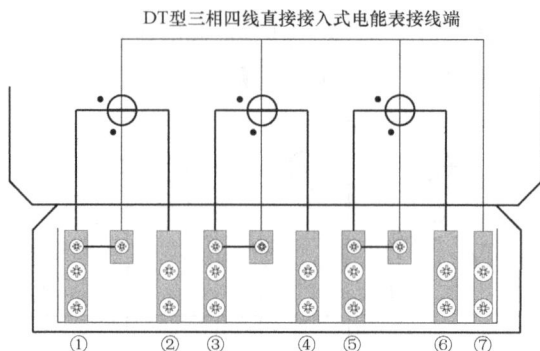

图 6-1-4 三相四线电能表接线端子图

（4）如果电能表内部电压元件故障，则需要考虑对电量的影响量。只有当三相负荷相对平衡时，才存在一个元件影响量为 33.33% 的关系。现场需要根据具体情况，采取相应的手段，确认差错电量，进行电量退补。

（5）无论系统中性点连接正常与否，电能表中性线断线，对计量装置准确性影响不大，可不予考虑。

将钳形电流表置于适当的挡位，然后将电流钳分别夹在三相四线有功电能表端子①、③、⑤引入线上，此时显示的测试结果即为一元件、二元件、三元件的电流有效值。此时，并不能判定元件电流方向，可根据电流值估算负荷功率再结合瓦秒法分析电能表是否正常。

当电流极性接反时（某一相或两相进出线接反），接线如图 6-1-5 所示。如一相接反，当三相负载相对平衡时，电能表只记录实际用电量的三分之一；如两相接反，电能表反转，故障期间，倒退的电量数为正确用电量计数的三分之一（不计反转的附加误差）。

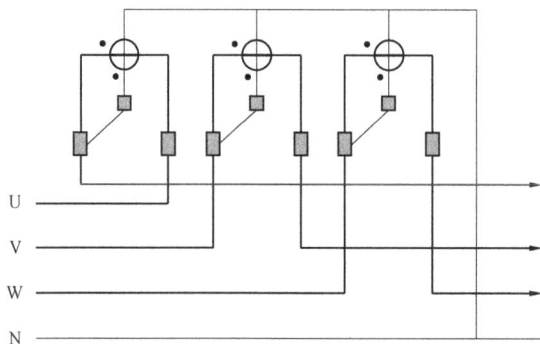

图 6-1-5 电流极性反（某一相或两相进出线接反）

（二）常见故障及分析

1. 通过直观检查可能发现的故障

（1）电能表潜动。断开电能表输出电路，使负载电流为零，电能表仍然转动超过一转或在规定的时间内，电子式电能表仍然有脉冲输出（相关规定参见 JJG 596），则判断为电能表潜动。

（2）电能表过负荷或雷击烧坏。观察电能表窗口和接线盒，当窗口出现明显雾状或电能表接线端子过热变形、碳化等现象，判断电能表烧坏。

（3）电能表脉冲输出异常。根据电能表所接负载大小判断。当电路接入正常负载，电能表脉冲指示无响应，或脉冲输出频率与负载大小不成比例（用瓦秒法），则判断电能表脉冲输出异常。

（4）电能表时钟偏差。当电能表时钟与北京时间出现超过 ±5min 的偏差时，判断为时钟超差。

以上故障均需要更换电能表。影响电量要根据故障发生的实际时间和用户正常负荷进行计算。当故障时间无法确定时，按照《供用电营业规则》等规定，取上次换表（抄表、检查）正确状况到消除故障时间的 1/2 时间为计算更正电量的时间。

2. 需要打开接线盒或检查电能表接线才能发现的故障

（1）电能表接线盒电压挂钩打开或接触不良。以单相表为例，如图 6-1-6 所示，可导致电能表不走字，或时走时停。

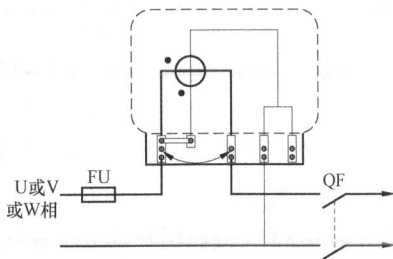

（2）电能表接线盒或表内有电流短接线。以单相表为例，如图 6-1-7 所示，短接起到分流作用，可导致电能表少计（对电子式电能表影响较小）。

（3）单相电能表相线反接。以单相表为例，如图 6-1-8 所示，可导致电能表反走，故障期间电能表示数为负，在不考虑反向转的附加误差时，倒走的电量就是实际用电量，有些电能表有反走正计功能，相线反接不影响电能表计量。

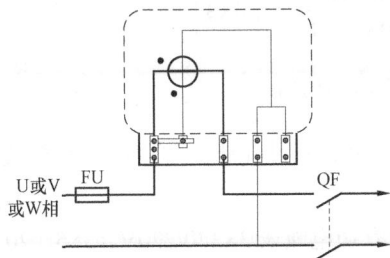

图 6-1-6　接线盒电压挂钩打开或接触不良　　图 6-1-7　接线盒或表内有电流短接线

（4）单相电能表相线与中性线互换如图 6-1-9 所示。电能表电流回路流进负电流，电压回路加反向电压，电压、电流同时相反，其相位差仍为 φ，理论上不影响正确计量。但此种接线不规范，当在表后相线接入负载，负载的另一端直接接地，会造成不计量故障。

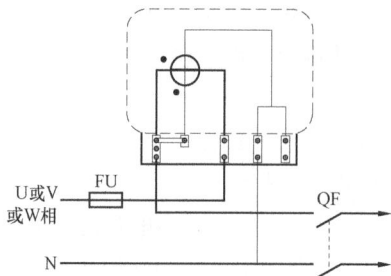

图 6-1-8   机电式单相电能表相线反接   图 6-1-9   单相电能表相线与中性线互换

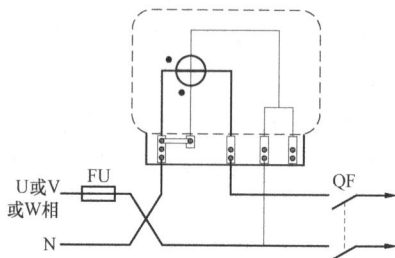

四、案例分析

【例 6-1-1】有一只 2.0 级电能表，电能表常数 2500r/kW·h，额定电压 3×380/220V，电流 3×3（6）A，接入负荷 1000W，当电能表脉冲数记录 5 个时，记录时间为 12s，试问该电能表计量是否准确？并分析原因。

解： 根据实测时间计算电能表计量功率

$$P = \frac{3600 \times 1000 N}{Ct} = \frac{3600 \times 1000 \times 5}{2500 \times 12} = 600（\text{W}）$$

$$r = \frac{600 - 1000}{1000} \times 100\% = -40\%$$

也可根据线路负荷功率计算电能表冲数记录 5 个要多少时间 t'。

根据
$$P = \frac{3600 \times 1000 N}{Ct}$$

得
$$t' = \frac{3600 \times 1000 N}{CP} = \frac{3600 \times 1000 \times 5}{2500 \times 1000} = 7.2（\text{s}）$$

$$r = \frac{7.2 - 12}{12} \times 100\% = -40\%$$

可见，该计量装置不准确，产生的原因可能有：接线错误，可能有短路分流现象或电能表内部故障。

【例 6-1-2】某低压用户安装一只三相四线有功电能表 3×380/220V、3×5（20）A，一个抄表周期电能表记录电量 200kW·h，供电公司工作人员发现电量比该用户正常平均用电量偏低，并了解到该用户用电负荷无减少，要求计量维护人员进行现场检查和故障处理。

解： 现场检查情况如下：

（1）工作人员现场检查，表计封印完好，发现 V 相电压连片松脱，导致电能表 V 相无工作电压。

（2）检查三相负载基本平衡。

（3）现场人为打开 U 相电压挂钩，观察电能表转盘转动速度，打开前慢一半，说明 U、W 相正常。

（4）现场恢复 V 相电压挂钩，观察电能表转盘转动速度（或脉冲闪烁频率），比打开前快约 30%，说明恢复正常。

现场处理程序如下：

（1）抄断电量示数，现场恢复 V 相电压连片，按规定对计量装置、计量箱等进行加封。

（2）根据三相四线有功电能表计量原理，故障期间，电能表少计 1/3 电量；因为电能表实际记录电量为 200kW·h，因此，推算该期间用户实际用电量为 300kW·h，故应向该客户追收 100kW·h 的电量。

（3）完成相应工作记录，客户签字认可。

五、注意事项

低压直接接入式电能表是电网中数量最大最简单的计量装置，因接线方式相对简洁，检查难度较小，现场故障主要是安装质量隐患、负荷过度波动造成接触发热、表计过载受损、雷击等引起故障较多，此类故障大多涉及电量退补，处理时要特别注意：

（1）注意现场故障形态的保全和责任确认（用户签字），避免电量流失。

（2）接线错误类计量故障的检查要确保安全，谨防误碰其他带电体，威胁人身安全。需停电，按程序停电。

（3）依据表计的接线原理，选择适当的方法，确认故障原因，按照营销管理程序处理故障电量。

【思考与练习】

1. 一居民用户电能表常数为 3000r/kW·h，测试负荷为 100W，电能表 1 个脉冲需要的时间是多少？如果测得电能表 1 个脉冲的时间为 11s，其误差应是多少？

2. 某低压用户安装一只三相四线有功电能表 3×380/220V、10（40）A，因用户原因，实际将一相进出线接反，期间电能表记录电量 1580kW·h，供电公司计量维护人员发现，如何进行故障处理和电量更正？

3. 某低压用户安装一只三相四线有功电能表 3×380/220V、10（40）A，因用户原因，实际将一相进出线接反，期间电能表记录电量 1580kW·h，供电公司计量维护人员发现，如何进行故障处理和电量更正？

4. 运行中的电能表发生潜动怎样判定？

◢ 模块2 经互感器的低压三相四线电能计量装置
检查、分析和故障处理（Z27F1002Ⅰ）

【**模块描述**】本模块包含经互感器的低压三相四线电能计量装置常见故障的现场操作程序、检查内容、分析方法等。通过要点讲解、图解说明、案例分析，掌握常见低压电能计量装置错误接线等异常现象分析、判断方法，并进行故障处理。

以下重点介绍经电流互感器接入的低压三相四线计量装置的工作原理、常见故障以及向量图的绘制。以下内容还涉及现场工作中安全注意事项，以及工器具的使用。

【**正文**】

经电流互感器（以下简称为TA）接入的低压三相四线计量装置一般安装在客户端，由于安装环境的多样化，此类计量装置的运行环境复杂，在安装和运行中会发生一些常见的故障，如计量装置三相电压与电流不同相，二次电流回路短路、开路、分流、极性反接，电压开路，互感器变比错误等，由此造成电能表故障，影响正确计量。

经TA接入三相四线计量装置分为经联合接线盒接入和不经联合接线盒接入两种，其接线图分别如图6-2-1、图6-2-2所示。

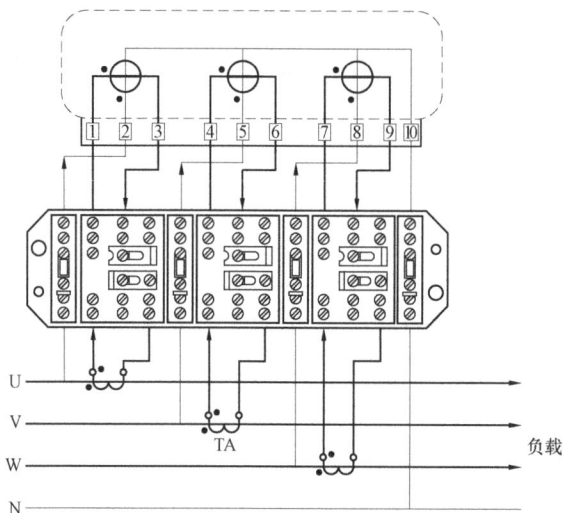

图6-2-1 经TA及联合接线盒接入三相四线电能表接线图

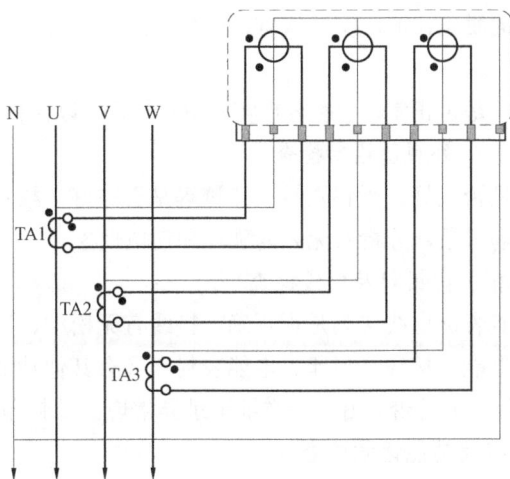

图 6-2-2　经 TA 接入三相四线有电能表接线图

一、作业人员、使用设备和安全措施

1. 作业人员组成

工作班成员至少 2 人，其中工作负责人 1 人，工作班成员 1 人，客户相关人员等。

2. 使用设备

相位伏安表或电能表现场校验仪、钳形电流表、相序表、万用表、秒表等。

3. 安全措施

本工作属于带电作业，进行低压计量装置接线检查时应根据《电力安全工作规程》要求做好安全措施，办理工作票（作业书），还要特别注意：

1）现场查勘计量装置安装位置及工作环境，保持与带电部位的安全距离。谨防误碰其他带电体，威胁人身安全。如果 TA 安装在变压器出线侧（桩头），则必须将变压器停电，做好安全措施，再进行检查工作。

2）使用梯子时，要检查其安全性，应有专人扶护，有防止梯子滑动措施。

3）工作所使用的工具和仪表表笔等，其金属裸露部分应做好绝缘处理，防止误碰带电体，以保证工作人员的人身安全。

4）工作人员按规定着装，穿绝缘鞋，并站在绝缘垫上工作。

5）当计量装置元件或回路上有过热、绝缘碳化痕迹时，要小心谨慎，防止因检查动作引起碳化点发生接地、短路事故。

二、作业项目、程序和内容

1. 办理工作许可手续

根据"安全管理"有关规定办理工作许可手续，做好现场安全措施。按要求规范着装，戴安全帽，着棉质工作服，穿绝缘鞋，戴棉质线手套。

2. 现场直观检查

观察客户计量装置是否正常，了解客户实际负载情况，以便核对电能表运行状况。

3. 计量装置箱（柜）外观及铅封检查

检查电能表外观是否完好，封铅数量、印迹等是否完好，核对铅封标记与原始记录是否一致，做好现场记录，分析有无人为破坏和窃电现象。

4. 计量装置箱（柜）内铅封及接线检查

检查互感器、电能表进出线排列是否正确，接线有无松动、发热、锈蚀、碳化等现象。检查互感器、电能表接线盒封印、电能表封印（有其他功能的电能表还要检查功能设置、编程部分封印）是否完好，并详细记录异常现象及封印数量、印痕质量等。

5. 电能表运行状态及功能记录检查

对机电式电能表，观察电能表转盘转速，用秒表测定当前负载下电能表每转所用时间；对电子式电能表，观察电能表脉冲闪烁频率，用秒表测定 10 个或更多脉冲所用时间。用瓦秒法判断计量装置运行是否正常。

此外，还应检查有无异常报警信息，失压、失流记录，电能表当前运行时段、日历时钟，电量示数等信息。

6. TA 变比

1）检查三只 TA 铭牌变比是否一致，若不一致，应根据 TA 实际变比分别计算三相计费倍率。

2）检查 TA 实际变比是否与铭牌变比相符。先根据运行中 TA 一、二次电流大小，选择两只合适的钳形电流表，然后分别测量 TA 一、二次电流，将测得的一、二次电流数值之比与 TA 铭牌变比核对，判断是否一致。

3）如发现 TA 实际变比与铭牌变比不一致，应查证 TA 更换时间，确认故障时间和故障期间用户负荷情况，按实际变比和已计收电量，进行电量退补。

4）如发现 TA 实际变比或铭牌变比与用户档案资料不符，应初步判断不符的原因，并立即向主管部门报告，工作人员在现场守候，等待相关部门共同处理。现场如果有人为更换 TA 变比痕迹，应启动窃电等相关程序查证处理。

5）当 TA 为穿芯式多变比时，一次导线实际穿芯匝数与铭牌不一致，会导致计量倍率差错，因此对此类 TA 还要检查一次导线匝数是否正确，要注意导线穿过 TA 圆心的根数而不是 TA 外导线根数。

7. TA 接线端子

检查 TA 一、二次接线端子以及二次回路电流、电压端子连接是否可靠，如果发现明显缺陷点，应保全现状，按照营销管理相关程序确认，差错电量处理程序完成后，再开展计量故障处理。

8. TA 与电能表电压线连接方式

检查电能表电压是否接在 TA 的 P1 侧，接触是否良好。如接在 TA 的 P2 侧，由于 TA 一次绕组两侧存在电位差（理论上 P2 侧电位低于 P1 侧电位），因此有可能增大电能表电压附加误差。

9. TA 与电能表元件对应关系

将钳形电流表置于适当的电流挡位，电流钳夹在三相四线有功电能表某一相电流输入端子引入线上，同时使用专用短接线，可靠短接 TA 二次侧输出端子 S_1、S_2，当短接某一相 TA 二次端时，钳形电流表指示值发生明显变化（比如趋于零），说明该相 TA 接入该元件电流，做好标记后用同样的方法确定另外两相的对应关系。有条件时，也可采用本模块第四部分介绍的相量图法进行检查。

10. TA 与电能表电流极性对应关系

对于互感器本体极性判断，可参见模块"互感器极性判断"。这里只需要检查 TA 与电能表电流端子极性是否一致。在电压接入正确、三相电流对称平衡前提下，可利用三相电流和为零的原理，在电能表将三根电流进线同时卡入钳形电流表，测量三相合成电流。若合成电流为零，电能表正转，电流无反接；若合成电流为零，电能表反转，三相电流均反接。若出现其他情况或前提条件不成立，最好采用本模块第四部分介绍的相量图法进行检查。

11. 联合接线盒（电压、电流二次试验端子）

检查联合接线盒到电能表接线端连接导线是否规范（如按黄、绿、红排列）和正确。电流极性是否正确，三相工作电压和电流是否同相。接线盒螺钉是否紧固，电流回路连片（试验连片、旋钮）位置是否正确可靠。联合接线盒规范接线图如图 6-2-3 所示。

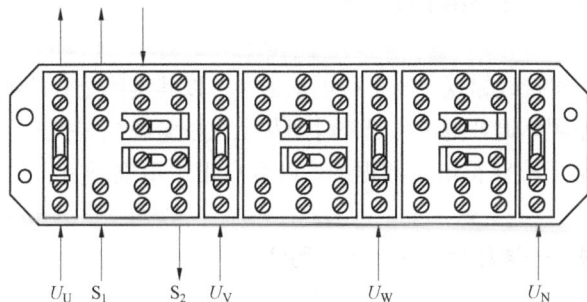

图 6-2-3　联合接线盒规范接线图

12. 计量装置接线带电检查

使用相位伏安表或电能表现场校验仪、万用表、钳形电流表等仪表，在电能表接线端子测量电能表电压、电流等参数，判断电能表接线、电能量记录是否正确。

（1）电能表各元件电压与电流同相接入。将万用表置于交流 500V 挡位，表笔一端接在某相 TA 一次的电源侧，另一只表笔分别连接三相四线有功电能表三个电压输入端子，应得到两个 380V 左右，一个 0V，示值为零的相，表笔两侧为同相；再结合电流回路的判定，确认电能表元件是否接入同一相电压、电流。

（2）电能表各元件电压与电流相位关系。用相位伏安表在电能表接线端子处测量电能表电压、电流及相位，运用相位法分析判断接线是否正确，具体方法将在本模块第四部分详细介绍。

（3）电能表接入电压相序。将相位表的两个电压输入端，分别接到电能表 U_{UN} 与 U_{VN} 电压端，相位表显示 120° 为正向序，相位表显示 240° 为逆向序。

若为逆相序，对不同电能表有不同的处理方式。对于电子式三相四线有功电能表，能正确计量，不属于故障，但是有些电能表会有报警显示或错误代码，所以尽可能改正成正向序接线。

13. 计量装置故障处理

如发现计量装置有故障，首先分析造成故障原因，确定故障性质、范围，提出初步处理意见，经客户认可签字后，报相关关管理人员审核处理；如需现场更换互感器、电能表，按故障流程办理有关手续并采取安全措施后方能进行作业。

对于经接线盒接入计量装置，如需现场改正错误接线，可采用不停电方式进行接线更正，具体操作参照模块"低压电能计量装置的调换"实施。

14. 工作终结

现场作业结束，如封印已经打开，重新加封并做好记录，清理工作现场，收拾好工器具，按规定办理工作终结手续，撤离现场。

15. 电量追补

如发现计量装置接线错误，需进行电量退补，以其实际记录的电量为基数，按正确与错误接线的差额率退补电量，退补时间从上次校验或换装投入之日起至接线错误更正之日止。对于无法获得电量数据的，以客户正常用电时月平均电量为基准进行追补。

三、分析方法——逐相检查法和相量图法

1. 逐相检查法

在电能表三相接入有效负载的条件下，断开电能表联合接线盒两个元件的电压连接片，让某一元件的电压连接片单独工作，观察电能表转动或脉冲闪烁频率，若正常，则说明该相接线正确，这种现场检查方法就是逐相检查法，具体步骤如下：

首先检查 U 相（第一组件），接线如图 6-2-4 所示。断开电能表的 V、W 相电压连片，使第二、三元件失压，此时电能表转动趋势明显减慢且正转，则说明 U 组元件接线正确；若电能表反转，则该组件接线错误；若电能表不转，又排除了 U 相负载为零或非常小的情况，就说明第一组件存在问题。

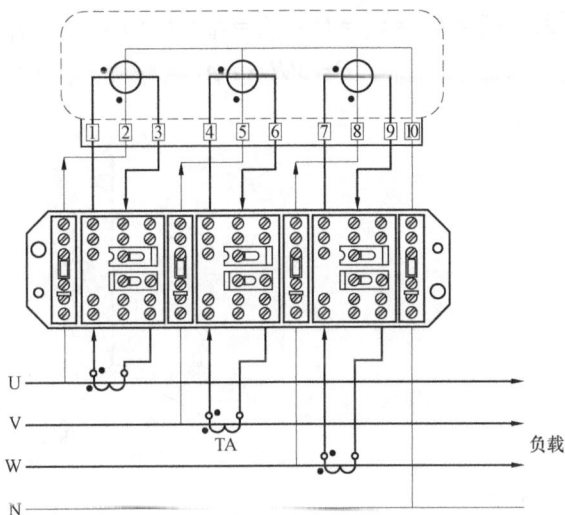

图 6-2-4 逐相检查法检查 U 相

依此类推，检查 V 相时，应断开电能表的 U、W 电压连片；检查 W 相时，断开电能表的 U、V 电压连片。判断方法与 U 相相同。

2. 相量图法

相量图法是指根据现场采集的计量装置有关参数绘制相量图，由有关参数固有相量关系分析计量装置实际接线情况的一种方法。先回顾一下单相电能表和三相四线电能表有关参数之间存在的相量关系。

（1）单相电能表相量关系。当单相电能表接入电路，负载为电感性时，其测量元件中接入的电压与电流的关系可以表示为如图 6-2-5 所示关系。单相电能表计量功率表达式为

$$P = U_a I_a \cos\varphi_a \qquad (6-2-1)$$

式中：U_a 为 U 相相电压；I_a 为 U 相相电流；φ_a 为 U 相功率因数角，表示 U_a 与 I_a 之间的相位差。

感性负载时，电流滞后电压 φ 角。若负载为容性，则电流超前电压 φ 角。

（2）三相四线电能表相量关系。当三相四线电能表接入电感性对称负载时，相量关系如图 6-2-6 所示。三相四线电能表计量功率表达式为

$$P = P_1 + P_2 + P_3 = U_a I_a \cos\varphi_a + U_b I_b \cos\varphi_b + U_c I_c \cos\varphi_c \qquad (6-2-2)$$

式中：P_1、P_2、P_3 为三相四线电能表一、二、三元件计量功率；U_a、U_b、U_c 为 U、V、W 相相电压；I_a、I_b、I_c 为 U、V、W 相相电流；φ_a、φ_b、φ_c 为 U、V、W 相功率因数角。

设三相对称平衡，$U_a = U_b = U_c = U$，$I_a = I_b = I_c = I$，$\varphi_a = \varphi_b = \varphi_c = \varphi$，则

$$P = 3UI\cos\varphi \qquad (6-2-3)$$

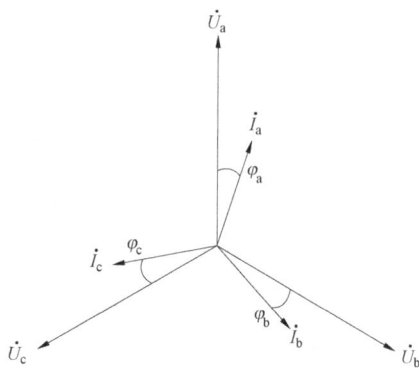

图 6-2-5　单相电能表　　　　　图 6-2-6　三相四线电能表
（感性负载）相量图　　　　　　（对称感性负载）相量图

（3）相量图法。相量图法就是通过测量与功率相关量值来比较电压、电流相量关系，从而判断电能表的接线方式，它适应的条件是：

1）三相电压相量已知且基本对称。

2）电压、电流比较稳定。

3）已知负荷性质（感性或容性），功率因数波动较小且三相负荷基本平衡。

相量图法包括测试、分析、绘图和计算等 5 个步骤，具体如下：

1）测量电压相序和各元件电压、电流相位。

2）确定接入电能表电压相别。

3）绘制电压、电流相量图。

4）分析实际接线情况。

5）计算更正系数和退补电量。

四、案例分析

【例 6-2-1】 某一新装低压计量装置，三相四线多功能电能表经 TA 接入，处理故障时电能表正向有功示数 15，TA 变比 100A/5A，负载功率因数 0.94，三相电压、电流基本对称平衡，试进行现场检查判断接线是否正确并进行电量退补。

解： 采用相量图法分析操作步骤如下：

（1）在电能表接线盒上测量电压相序和各元件所接入的电压、电流以及电压、电流之间夹角。

1）测量电压。相位伏安表置于 500V 电压挡，分别在电能表表尾接线盒处三个元件的电压接入端对 N 端子进行测量，U_1=220V、U_2=220V、U_3=220V。

2）测量电流。相位伏安表置于 10A 电流挡，将电流钳分别夹在电能表表尾接线盒处三个元件的电流进线上进行测量 I_1=2.55A、I_2=2.55A、I_3=2.55A。

3）测量相位。相位伏安表置于相位角测量挡位，分别测量一元件电压与各电流间的相位角。测量时应确认电压表笔和电流钳的极性端符合要求，即电压红色表笔应接在电能表电压接入端，应使电流流入电流钳规定的一次侧极性端（注意，不同厂家电流钳的极性标志可能有不同定义，以使用说明书为准）；否则，相位测量结果会出错，导致分析出现原则性错误。

4）测定电压接入相序。将相序表测试笔按照排列顺序分别接入电能表三个电压端，相序表上显示判定结果。将相位表的两个电压输入端，分别接到电能表 U10 与 U20 电压端，相位表显示 120° 为正向序。

绘制向量图所需数据测量数据：电压相序为正相序，各计量元件所接入的电流相位角分别为一元件电压之间的相位角是 I_1 为 20°、I_2 为 80°、I_3 为 140°。

辅助分析数据测量数据：电压分别为一元件 220V，二元件 229V，三元件 229V；电流分别为一元件 2.55A，二元件 2.55A，三元件 2.55A。

（2）确定接入电能表的三相电压相别。电能表电压相别按接入电能表三个电压从左到右分别为 U_1、U_2、U_3。正相序 U_1、U_2、U_3 按顺时针旋转互为 120°，逆相序 U_1、U_3、U_2 按顺时针旋转互为 120°。

（3）绘制电压、电流相量图（见图 6-2-7）。

1）首先先画电压相量 U_1、U_2、U_3，因为是正相序，U_1、U_2、U_3 按顺时针旋转互为 120°。

2）然后按电压相量 U_1 为基准顺时针旋转对

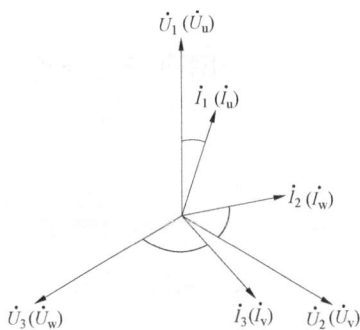

图 6-2-7　三相四线电能表相量图

应相位角，得到三相电流的向量，如以 U_1 为准顺时针旋转 20° 可画出对应电流 I_1 的相量，以 U_1 为准顺时针旋转 80°，画出对应电流 I_2 的相量，以 U_1 为准顺时针旋转 140°，画出对应电流 I_3 的相量。

3）根据负荷功率因数，算出功率因数角，分析电流的方向，因为本案例负载功率因数 0.94，功率因数角为 20° 所以 I_1、I_3 方向为正，I_2 方向为负。

4）根据功率因数角分析接入电能表各计量元件的电压电流。

（4）分析接线情况。由相量图可知各元件接入电压电流分别为一元件（U_a，I_a）、二元件（U_b，I_c）、三元件（U_c，I_b）。

（5）计算更正系数和退补电量。先写出错误接线下的功率表达式。各元件计量功率分别为

$$P_1 = U_a I_a \cos 20°, \quad P_2 = U_b I_c \cos 320°, \quad P_3 = U_c I_b \cos 260°$$

$$更正系数 K = \frac{实际用电功率}{电能表计量功率}$$

上式中，当电能表计量功率 P 大于客户实际用电功率 P_0 时，电能表转得快，多计，应退电量；反之，电能表转得慢，少计，应补交电量。当 P 为负值时，电能表反转或记录在电子式多功能表反向位置；当 P 为零时，电能表停转。

由于三相电压、电流基本对称平衡 $U_a = U_b = U_c = U$ ，$I_a = I_b = I_c = I$

实际用电功率为

$$P_0 = 3UI \cos \varphi$$

$$
\begin{aligned}
K &= \frac{3UI \cos \varphi}{U_a I_a \cos 20° + U_b I_c \cos 320° + U_c I_b \cos 260°} \\
&= \frac{3 \times 0.94}{\cos 20° + \cos 320° + \cos 260°} = 1.532
\end{aligned}
$$

实际用电量=更正系数×抄见电量=1.532×（15×20）

=460（kW·h）（注：电量取整）

退补电量=实际用电量−抄见电量=460−300=160（kW·h）

处理结果：因为接线错误，用电客户应补交电费，除抄见电量外，电量按 160kW·h 补收。

需要说明的是：运用更正系数进行电量退补计算，有比较苛刻的条件，如果现场条件不能满足，采用上述方法进行计算会产生较大偏差，此时可在故障表计回路中串入一只经检定合格的同型号、规格电能表，共同运行一段时间，以两表电量比值确定电量退补系数。如何灵活应用更正系数将在模块"高压三相三线电能表复杂错误接线检查与处理"中详细探讨，这里不再赘述。

【例 6-2-2】一低压计量装置，接三相动力负荷，经 TA 接入（K=40），配置电子式多功能表。投运后约一年零六个月，电量异常波动，计量班接到异常传单，根据现场检查情况进行处理。

解： 经现场检查，发现装置 TA 二次 V 相电流断流。经查，电能表接线盒中 V 相电流接线螺钉未接紧，后因负荷较重（电量明显上升），接点发热断开。借助多功能表事件记录功能，调出失流事件记录见表 6-2-1。

表 6-2-1　　　　　　　　　　　失 流 事 件 记 录

事件名称	U 相	V 相	W 相	备注
失流次数	278	371	278	存在无效失流记录，从 U、W 相失流次数对应的失流电量加以印证
失流时间（min）	165	49018	165	扣除 165min 无效记录，失流时间约为 33.9 天
失流期间记录电量（个字）	0.05	54.45	0.04	满足 V 相断流关系

故障点发热至烧断所耗电能不可计算，V 相开路后，电能表记录电量 54.45kW·h 是两个元件的抄见电量，因此，应追补电量为 54.45/2×40=1089（kW·h）。

五、注意事项

经电流互感器接入的低压三相四线计量装置一般安装在客户端，安装环境多样化，因此，计量装置的运行环境复杂，处理时要特别注意。

（1）弄清客户电源接线，采取适当安全措施，谨防误碰其他带电体，威胁人身安全。需停电时，按程序停电。

（2）注意现场故障形态的保全和责任确认（用户签字），避免电量流失。

（3）依据表计的接线原理，选择适当的方法，确认故障原因，按照营销管理程序，处理故障电量。

【思考与练习】

1. 相量图分析法的方法和步骤是什么？

2. 互感器的使用有哪些好处？

3. 某低压三相四线用户，私自将计量电流互感器更换，但互感器铭牌仍标为正确时的 200/5，后经计量人员检测发现实际电流互感器变比为：U 相 200/5，V 相 300/5，W 相 200/5。故障期间，有功电能表走了 125kW·h，试计算应退补的电量。

4. 一只经低压电流互感器接入的三相四线有功电能表，U 相电流互感器极性接反达一年之久，累计电量 3500kW·h。该用户三相负荷基本对称，计算该用户错误接线期间应追补的电量。

5. 一新装低压计量装置，三相四线多功能电能表经 TA 接入，处理故障时电能表正向有功示数 20，TA 变比 500/5A，负载功率因数 0.866，三相电压、电流基本对称平衡，测量数据如下 $U_{10}=U_{20}=U_{30}=220$、$I_1=I_2=I_3=3A$、$U_{10}\wedge U_{20}=120°$。$U_{10}\wedge I_1=210°$、$U_{10}\wedge I_2=270°$、$U_{10}\wedge I_3=330°$，试进行现场检查判断接线是否正确并进行电量退补。

第七章

高压电能计量装置检查与处理

▲ 模块 1 三相三线计量装置简单错误接线检查、 分析和故障处理（Z27F2001 Ⅱ）

【模块描述】本模块包含高压三相三线电能计量装置断相、相序正反、电流相序正反、电压正相序等简单组合错误接线检查和处理的现场操作程序、检查内容、分析方法等。通过列表介绍、图解说明、案例分析，掌握这些高压电能计量装置错误接线的分析、判断方法，并进行故障处理。

【正文】

电能计量装置的整体检查方法有瓦秒法、力矩法、相量图法。瓦秒法、力矩法只是判断计量装置的计量正确与否，不能确定错误接线的性质。而本模块主要讨论相量图法，相量图法可准确判断计量装置的错接线性质，并可根据计量装置的错接线性质更正电能表接线，并计算出退补电量。

一、分析

高供高计三相三线电能计量装置在安装或更换计量器具中可能会出现的故障有：电流分流缺相、电流反接（电流互感器极性接反）、电压相序接错、电压电流不对应（错相）等接线故障以及电压互感器极性接反。我们讨论电能计量装置主要就是检查、分析、处理上述问题。

其中瓦秒法在前面已经介绍，力矩法的主要作用是判断计量装置及电能表安装得是否正确，如果电能表接线错误它不能判断故障性质，和瓦秒法相同。

力矩法就是有意将电能表原来接线改动后，观察电能表转盘转动速度或转向（电子式电能表观察脉冲闪烁频率和潮流方向），以判断接线是否正确，是高压三相三线电能表接线常用的检查方法。

（1）断开 V 相电压后，电能表的转速若为原转速的一半，说明原来的电能表接线是正确的。

（2）电压交叉法。将电能表的电压进线 A、C 位置交换，若有功电能表停走，说明原来的接线正确。考虑到三相电压和电流不可能完全对称，负载也会波动，所以上述结论会有所偏差。

二、正确接线（见图 7-1-1）

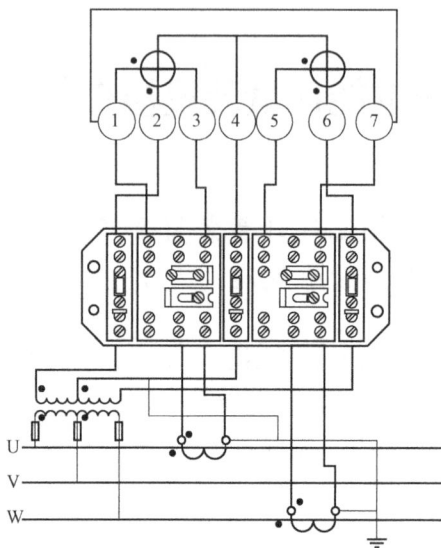

图 7-1-1　三相三线电能表接线图

三、数据测量方法

检查电能表接线情况，应该在电能表接线盒或联合接线盒上进行参数测量。

（1）测量电能表的各线电压。

（2）测量各相电流或测量各电流的合成电流（若二次接线是分色安装可根据测量合成电流与负载的功率因数及电能表的走向分析错误接线）。

（3）以任意线电压作为参考电压，测量参考电压与各电流的相位角。

（4）测量任意两相电压间的相位角。测量数据有：① 电压：U_{12}、U_{32}、U_{13}；② 电流：I_1、I_3；③ 相位：$U_{12}\wedge I_1$、$U_{12}\wedge I_3$；④ 相序：$U_{12}\wedge U_{32}=300°$ 正相序，$U_{10}\wedge U_{20}=60°$ 逆相序。

若现场没有测量设备也可利用多功能电能表的自测量数据分析错误接线，目前江苏省三相电能表都采用了多功能电能表或智能电能表，在多功能电能表或智能电能表上电压、电流、相位、相序这些测量数据电能表都有显示，如果我们充分了解电能表的相关性能即可在没有任何仪器设备的情况下得到测量数据并分析错误接线。具体显示代码见表 7-1-1。

表 7-1-1　　　　　　　　　多功能或智能电能表测量数据显示代码

电能表自测量数据			A 相	B 相	C 相
多功能电能表	电压	国际代码	32.7	52.7	72.7
多功能电能表	电流	国际代码	31.7	51.7	71.7
多功能电能表	有功功率	国际代码	36.7	56.7	76.7
多功能电能表	相位角	国际代码	81.7.0	81.7.1	81.7.2
			81.7.3	81.7.4	81.7.5
智能电能表	电压		02010100	02010200	02010200
智能电能表	电流		02020100	02020200	02020200
智能电能表	有功功率	02030000	02030100	02030200	02030300
智能电能表	相位角		02070100	02070200	02070300

注　相位角代码最后一位 0、1、2、3、4、5，分别代表电压 A、B、C 相和电流，A、B、C 相与 12 点方向的夹角

四、电压、电流无跨相错误接线分析。

1. 电流互感器二次电流极性接反的分析、判断

（1）在现实工作中，95%以上的错误接线都是此类故障，因装表接电技术规范规定，各相电压、电流应分色接线，因此跨相的可能性极小，所以最常见故障就是电流互感器二次电流极性接反。判断此故障条件是：三相负荷基本电流平衡。

方法是：首先测量电能表的两相电流与两相电流的合成电流判断是否有电流接反。

当三相三线电能表的三相电流平衡时，当两相电流值与两相电流的合成电流值相等时，可以判定两相电流均正确或均接反，这时可根据电能表走向判定，即电能表正走电流方向正确、电能表反走电流方向均接反。当合成电流值为两相电流值的 1.732 倍时，即有一相电流接反，此时要判定哪相电流接反，需根据电能表走向与此时用电负荷的性质（感性、容性）判断具体方法如下：

三相三线电能表两计量元件的功率表达式如下

$$p_1 = U_{AB}I_A\cos(30+\varphi)$$
$$p_2 = U_{CB}I_C\cos(30-\varphi)$$

（7-1-1）

当 $\varphi>0$ 时，$P_1<P_2$。

当 $\varphi=0$ 时，$P_1=P_2$。

当 $\varphi<0$ 时，$P_1>P_2$。

测量电能表的 $I_a=I_c=1A$、$I_a+I_c=1A$，电能表正走，两相电流均正接。

测量电能表的 $I_a = I_c = 1A$、$I_a + I_c = 1A$，电能表反走，两相电流均反接。

测量电能表的 $I_a = I_c = 1A$、$I_a + I_c = 1.732A$，感性负载时，电能表正走，I_a 相电流反接。

测量电能表的 $I_a = I_c = 1A$、$I_a + I_c = 1.732A$，容性负载时，电能表正走，I_c 相电流反接。

测量电能表的 $I_a = I_c = 1A$、$I_a + I_c = 1.732A$，感性负载时，电能表反走，I_c 相电流反接。

测量电能表的 $I_a = I_c = 1A$、$I_a + I_c = 1.732A$，容性负载时，电能表反走，I_a 相电流反接。

（2）计量装置错误接线案例分析。

【例 7-1-1】某高压供电用户 10kV 供电，三相三线计量装置接线分色安装（A 相黄色、B 相绿色、C 相红色），电能表有功示数 50，乘率 1000。用电负荷感性，测得数据为 $I_1 = I_2 = I_3 = 2A$，$U_{12} = U_{32} = U_{13} = 100$（V），$I_1 + I_2 = 3.46$（A）。

解：根据 $I_1 + I_2 = 3.46$（A）确定有一相电流反、根据电能表有功示数 50（电能表正向计量一定是正走），确定电能表正走，又根据用电性质感性可确定 A 相电流接反。更正系数为

$$G = \frac{3UI\cos\varphi}{U_{ab}(-I_a)\cos(30+\varphi) + U_{cb}I_c\cos(30-\varphi)}$$

$$= \frac{3UI\cos\varphi}{-UI\cos(30+\varphi) + UI\cos(30-\varphi)} = \frac{3\cos\varphi}{\sin\varphi} = 3\text{ctan}\varphi$$

2. 电压缺相的判断

通过采用钳形相位表测量电压的功能，测量线间电压，判断计量装置高压熔丝故障，见表 7-1-2。

表 7-1-2 三相三线计量装置压变故障时电压互感器二次断电压

电压缺相的判断	U_{ab}	U_{cb}	U_{ac}	故障情况
电压值	0	100	100	A 相熔丝断
电压值	50	50	100	B 相熔丝断
电压值	100	100	0	C 相熔丝断

处理方法：更换一次高压熔丝。

3. 电流严重不平衡的判断

通过采用钳形相位表测量电流的功能，测量各相电流。若两相电流差别很大，可判断电流分流或接线错误。若电流短接（因为短接回路有电阻，短接回路只是起分流作用）。

如何判断是互感器二次短接分流呢？拧松接线盒电流回路连片螺钉看是否有打火。

当互感器二次有短路造成互感器分流时，此时各回路的电流与回路的电阻值成反

比，短路回路的阻值越小分流越大，电能表电流回路的电流越小，此时如果断开电能表电流回路使电能表电流回路电阻增大，互感器二次电流全部从分流回路通过。如果互感器二次没有分流，在拧松接线盒电流回路连片螺钉时将造成互感器开路，此时断开点将打火且互感器发出交流声，如拧松接线盒电流回路连片螺钉时没有任何异常，则互感器二次有分流。

五、电压、电流错相的判断（48 种误接线）

1. 数据测量步骤

1）测量线电压与相电压。

2）测量相电流。

3）测量电压与电流之间的相位角。

4）测量电能表相邻两相电压之间的相位角，判断相序。

2. 绘制相量图与分析计算步骤

1）依据电压相序与电压电流之间的相位角，绘出电能表相量图。

2）依据用电性质（感性、容性）确定电流方向，确定电流方向后将电压与电流配对。

3）根据电能表接线特点，确定各电压与电流的名称（标出各电压、电流名称。例如原 U_{12}、I_1 等改写成 U_{ab}、I_a）。

4）根据已确定的电压、电流名称，改正电能表错误接线。

5）依据向量图列出错误接线时电能表各计量元件的功率表达式

电能表的功率=某计量元件上的电压×电流×电压电流之间的夹角（功率因数角）

列功率表达式方法为：若由计量元件上的电压向量，按顺时针指到该计量元件电流向量所对应的电压向量之间的角度（特殊角），加功率因数角 φ；或计量元件上的电压向量，按逆时针指到该计量元件电流向量所对应的电压向量之间的角度，减功率因数角 φ。

6）根据电能表功率表达式计算更正系数并计算退补电量。更正系数为

G=正确功率表达式/电能表各计量元件的功率表达式之和

故障期间正确电量为

$$W_C=G×故障期间电能表的示数$$

退补电量为

$$\Delta W=故障期间正确电量-故障期间电能表所计电量$$

3. 电能表各计量元件的功率表达式与常用数学公式

三相三线　　　　$P=U_{AB}I_A\cos(30+\varphi)+U_{CB}I_C\cos(30-\varphi)$

三相四线　　　　$P=U_AI_A\cos\varphi+U_BI_B\cos\varphi+U_CI_C\cos\varphi$

数学公式为

$$\cos(A+B)=\cos A\cos B-\sin A\sin B$$

$$\cos(A-B)=\cos A\cos B+\sin A\sin B$$

$$tgA=\frac{\sin A}{\cos A}$$

【例 7-1-2】某新装 10kV 用户电能计量装置采用高供高计电流互感器 50/5，电能表示数为：有功示数 30、Ⅰ象限无功示数 2.6、Ⅳ象限无功示数 2.6。电压、电流、相位测量数据为：用电负荷性质感性。恢复正常一周后有功记录了 50kW·h、Ⅰ象限无功记录了 18.2kW·h。

$U_{12}=U_{32}=U_{13}=100V$，$I_1=I_3=4A$。$U_{12}\wedge U_{32}=300°$，$U_{12}\wedge I_1=340°$ $U_{12}\wedge I_3=280°$。

1. 分析

根据 $U_{12}=U_{32}=U_{13}=100V$，$I_1=I_3=4A$，电压、电流正常。

根据 $U_{12}\wedge U_{32}=300°$，三相电压接线是正相序。

根据，$U_{12}\wedge I_1=340°$ $U_{12}\wedge I_3=280°$ 可画出向量图如图 7-1-2 所示。

2. 绘制向量图

1）根据测量数据 $U_{12}\wedge U_{32}=300°$ 正相序，$U_{12}\wedge I_1=340°$ $U_{12}\wedge I_3=280$ 画出向量图。

2）根据电性质（感性 $0\leq\varphi\leq60°$）确定电流方向及电压、电流组别且 U_3、I_3 同相、U_2（$-I_1$）同相。

3）根据三相三线电能表接线特点（U_b 没有对应的电流）得 $U_1=U_b$。

4）根据 $U_1=U_b$ 按正相序确定 $U_2=U_c$、$U_3=U_a$。

5）根据配对电压电流确定 $I_1=-I_c$、$I_3=I_a$。

绘制电能表向量图如图 7-1-2 所示。

3. 更正电能表接线（见图 7-1-3）

1）将电能表各计量元件的电压电流接线从左到右编号。

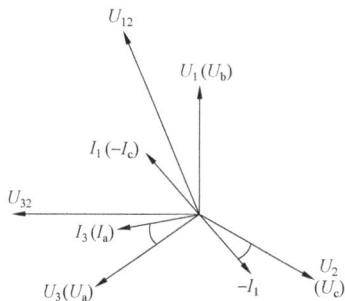

1	2	3	4	5	6	7
$-I_c$	U_b	I_c	U_c	I_a	U_a	$-I_a$
5	6	7	2	3	4	1

图 7-1-2　三相三线电能表向量图　　图 7-1-3　电能表更正接线图

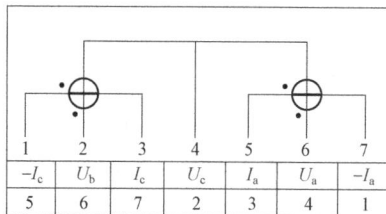

2）确定电能表在错误接线时各计量元件电压电流的名称。

3）按三相四线电能表正确接线标准，改正电能表错误接线。

4. 功率表达式与更正系数及退补电量

电能表第一计量元件功率表达式　$P_1 = U_{12}(-I_1)\cos(150+\varphi)$

电能表第二计量元件功率表达式　$P_2 = U_{32}I_3\cos(30-\varphi)$

更正系数　$G = \dfrac{\sqrt{3}UI\cos\varphi}{U(-I)\cos(150+\varphi)+UI\cos(30-\varphi)} = \dfrac{\sqrt{3}}{\sqrt{3}+\mathrm{tg}\varphi} = \dfrac{\sqrt{3}}{\sqrt{3}+0.364} = 0.826$

$$\mathrm{tg}\varphi = \frac{18.2}{50} = 0.364$$

故障期间正确电量 = 更正系数 × 故障期间电能表示数

补电量　$W_{退} = (G-1)\times 30 \times 1000 = -5220\,(\mathrm{kW\cdot h})$

【例 7–1–3】某 10kV 高供高计用户新装计量装置接线错误，电流互感器变比 50/5，处理故障时电能表示数有功示数 35，Ⅳ相限无功示数 6.194。用电性质为感性，恢复正常一周后电能表示数有功示数 55、Ⅰ相限无功示数 7.28。

测得数据为 $I_1=I_3=1.3\mathrm{A}$　$U_{12}=U_{32}=U_{13}=100\mathrm{V}$、$U_{12}\wedge I_1=55°$　$U_{12}\wedge I_3=355°$、$U_{12}\wedge U_{32}=60°$

1. 分析

根据 $U_{12}=U_{32}=U_{13}=100\mathrm{V}$，$I_1=I_3=1.3\mathrm{A}$，电压、电流正常。

根据 $U_{12}\wedge U_{32}=60°$，三相电压接线是逆相序。

根据，$U_{12}\wedge I_1=55°$ $U_{12}\wedge I_3=355°$ 可画出向量图如图 7–1–4 所示。

2. 绘制向量图

1）根据测量数据 $U_{12}\wedge U_{32}=60°$ $U_{12}\wedge I_1=55°$ $U_{12}\wedge I_3=355°$，画出向量图如图 7–1–4 所示。

2）根据用电性质（感性 $0°\leqslant\varphi\leqslant 60°$）确定电流方向然后将电压、电流配对且 U_1（I_3）同相、U_2（$-I_1$）同相。

3）根据三相三线电能表接线特点（U_b 没有对应的电流）得 $U_3=U_b$。

4）根据 $U_3=U_b$ 然后按正相序顺时针确定 $U_1=U_a$、$U_2=U_c$。

5）根据配对电压电流确定 $I_1=-I_c$、$I_3=I_a$。

绘制电能表向量图如图 7–1–4 所示。

3. 更正电能表接线方法（同例 7–1–2）

电能表更正接线图如图 7–1–5 所示。

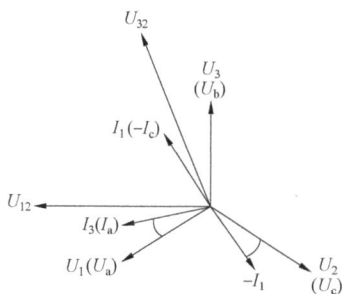

图 7-1-4　三相三线电能表向量图

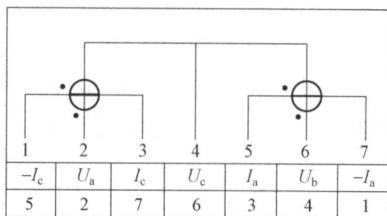

图 7-1-5　电能表更正接线图

4. 功率表达式与更正系数及退补电量

电能表第一计量元件功率表达式　$P_1 = U_{12}(-I_1)\cos(150-\varphi)$

电能表第二计量元件功率表达式　$P_2 = U_{32}I_3\cos(90-\varphi)$

更正系数

$$G = \frac{\sqrt{3}UI\cos\varphi}{U_{12}(-I_1)\cos(150-\varphi)+U_{32}I_3\cos(90-\varphi)}$$

$$= \frac{\sqrt{3}UI\cos\varphi}{UI\left(\frac{\sqrt{3}}{2}\cos\varphi+\frac{1}{2}\sin\varphi\right)} = \frac{2\sqrt{3}}{\sqrt{3}+\mathrm{tg}\varphi} = \frac{2\sqrt{3}}{\sqrt{3}+0.364} = 1.653$$

$$\mathrm{tg}\varphi = \frac{7.28}{55-35} = \frac{7.28}{20} = 0.364$$

补电量 $W = (G-1) \times 35 \times 1000 = 11\,427$（kW·h）

【例 7-1-4】某新装 10kV 用户电能计量装置采用高供高计电流互感器 100/5，电能表示数为：正向有功示数 5.2、反向有功示数 7.6、无功 Ⅰ 象限 13.3、Ⅱ 象限 16.9、Ⅲ 象限 0.5、Ⅳ 象限 0。用电负荷感性，功率因数角在 $0 \leq \varphi \leq 60$。测量数据为：$U_{12}=U_{32}=U_{13}=100\text{V}$，$I_1=I_3=4\text{A}$，$U_{12}\wedge U_{32}=60°$，$U_{12}\wedge I_1=50°$、$U_{12}\wedge I_3=170°$ 根据 $U_{12}\wedge U_{32}=60°$，三相电压接线是逆相序。

1. 分析

根据 $U_{12}=U_{32}=U_{13}=100\text{V}$，$I_1=I_3=4\text{A}$，电压、电流正常。

根据 $U_{12}\wedge U_{32}=60°$，三相电压接线是逆相序。

根据 $U_{12}\wedge I_1=50°$、$U_{12}\wedge I_3=170°$ 可画出向量图如图 7-1-6 所示。

2. 绘制向量图

根据以上数据可画出如下向量图。电能表向量图如图 7-1-6 所示。

1）根据测量数据 $U_{12}\wedge U_{32}=60°$、$U_{12}\wedge I_1=50°$、$U_{12}\wedge I_3=170°$，画向量图如图 7-1-6 所示。

2）根据用电性质（感性 $0°\leqslant\varphi\leqslant60°$）确定电流方向然后将电压、电流配对。

3）根据三相三线电能表接线特点（U_b 没有对应的电流）得 $U_3=U_b$。

4）根据 $U_3=U_b$ 按正相序顺时针确定 $U_1=U_a$、$U_2=U_c$。

5）根据配对电压电流确定 $I_1=-I_c$、$I_3=-I_a$。

3. 更正电能表接线方法同〔例 7-1-2〕

电能表更正接线图如图 7-1-7 所示。

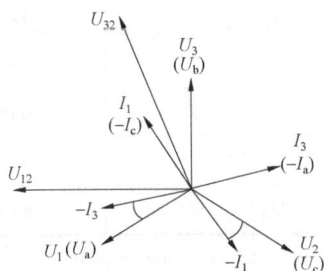

图 7-1-6　电能表向量图

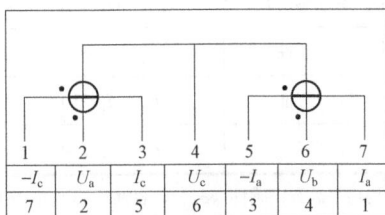

1	2	3	4	5	6	7
$-I_c$	U_a	I_c	U_c	$-I_a$	U_b	I_a
7	2	5	6	3	4	1

图 7-1-7　电能表更正接线图

4. 功率表达式与更正系数及退补电量

电能表第一计量元件功率表达式　$P_1=U_{12}(-I_1)\cos(150-\varphi)$

电能表第二计量元件功率表达式　$P_2=U_{32}(-I_3)\cos(90-\varphi)$

更正系数　$G=\dfrac{\sqrt{3}UI\cos\varphi}{U_{12}(-I_1)\cos(150-\varphi)+U_{32}(-I_3)\cos(90-\varphi)}$

$$=\dfrac{\sqrt{3}UI\cos\varphi}{UI\left(\dfrac{\sqrt{3}}{2}\cos\varphi-\dfrac{3}{2}\sin\varphi\right)}=\dfrac{2}{1-\sqrt{3}\mathrm{tg}\varphi}\qquad 当\varphi=30°\quad G=\infty$$

当 $\varphi>30°$ 时更正系数为负，电能表倒走。

当 $\varphi<30°$ 时更正系数为正，电能表正走。

当 $\varphi=30°$ 时更正系数为无穷大，电能表停。

因此该错误接线无法用此法计算退补电量。

六、注意事项

（1）无论是系统变电站或客户端计量装置，在工作前，必须了解清楚工作环境和接线状况，准确判断工作位置，在监控人员的监护下工作，防止误碰与计量无关的回路。

（2）运行中计量装置故障可利用多功能或智能电能表事件记录分析处理故障，但必须了解清楚多功能或智能电能表事件记录，才能正确利用多功能电能表事件记录达到分析目的。

（3）对与新装计量装置处理故障时的平均功率因数，应采用电能表正确时的有功、无功电量计算或利用计算法计算。

【思考与练习】

序号	相序	电压、电流、相位角	电压、电流、相位角	退补电量（kW·h）
1	逆（感性）	$U_{12}\wedge I_1=40°$	$U_{12}\wedge I_2=110°$	15 000
2	逆（感性）	$U_{12}\wedge I_1=230°$	$U_{12}\wedge I_2=170°$	45 000
3	正（感性）	$U_{12}\wedge I_1=350°$	$U_{12}\wedge I_2=50°$	60 000
4	正（感性）	$U_{12}\wedge I_1=110°$	$U_{12}\wedge I_2=50°$	45 000
5	正（容性）	$U_{12}\wedge I_1=250°$	$U_{12}\wedge I_2=310°$	15 000

注　平均功率因数，感性（30°）、容性（−30°），电能表显示（+30）或（−30）乘率1000。

◢ 模块2　三相四线计量装置简单错误接线检查、分析和故障处理（Z27F2002Ⅱ）

【模块描述】本模块包含高压三相四线电能计量装置断相、相序正反、电流相序正反、电压正相序等简单组合错误接线检查和处理的现场操作程序、检查内容、分析方法等。通过列表介绍、例题计算、案例分析，掌握高压电能计量装置错误接线的分析、判断方法，并进行故障处理。

【正文】

本模块主要讨论相量图法，相量图法可准确判断计量装置的错接线性质，并可根据计量装置的错接线性质更正电能表接线，并计算出退补电量。

一、分析

经互感器接线的三相四线电能计量装置在安装或更换计量器具中可能会出现的故障有：电压缺相、电流分流缺相、电流反接（电流互感器极性接反）、电压相序接错、电压电流不对应（错相）等接线故障以及电压互感器极性接反。我们讨论电能计量装置主要就是检查、分析、处理上述问题。

二、正确接线（见图 7-2-1）

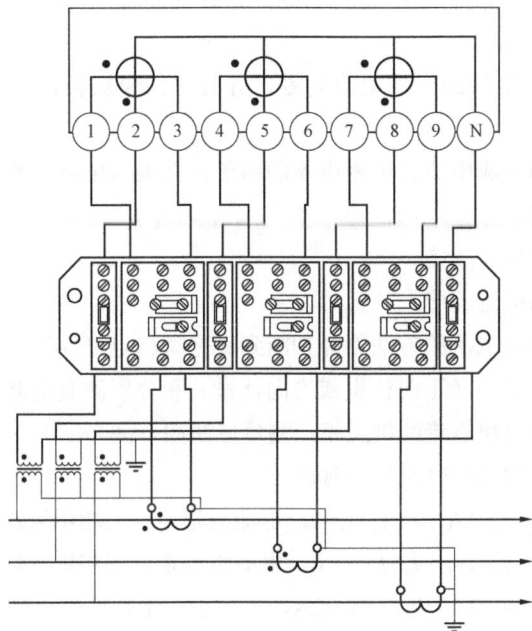

图 7-2-1　三相四线电能表接线图

三、数据测量

检查电能表接线情况，应在电能表接线盒上或联合接线盒上进行参数测量。

（1）测量电能表的各相电压、线电压。

（2）测量各相电流或测量各电流的合成电流（若二次接线是分色安装可根据测量合成电流与电能表的走向分析错误接线）。

（3）以任意相电压作为参考电压，测量参考电压与各电流的相位角。

（4）测量任意两相电压间的相位角。测量数据为：① 电压 U_{10}、U_{20}、U_{30}、U_{12}、U_{32}、U_{13}；② 电流 I_1、I_2、I_3；③ 相位 $U_{10}\wedge I_1$、$U_{10}\wedge I_2$、$U_{10}\wedge I_3$；④ 相序 $U_{10}\wedge U_{20}$ 或 $U_{10}\wedge U_{30}$，$U_{10}\wedge U_{20}=120°$、$U_{10}\wedge U_{30}=240°$ 正相序，$U_{10}\wedge U_{20}=240°$、$U_{10}\wedge U_{30}=120°$ 逆相序。

若现场没有测量设备见本章模块 1 的相应处理方法。

四、电压、电流无跨相错误接线分析电流互感器二次电流极性接反

（1）在现实工作中 95%以上的错误接线都是此类故障，因装表接电技术规范规定，各相电压、电流应分色接线，因此跨相的可能性极小，所以最常见故障就是电流互感

器二次电流极性接反。判断此故障条件是：三相负荷基本电流平衡。

方法是：首先测量电能表三相电流的合成电流判断是否有电流接反。

若测量电能表三相电流的合成电流为零，并且电能表正转，电能表三相电流无反接。

若测量电能表三相电流的合成电流为零，并且电能表反转，电能表三相电流均反接。

若测量电能表三相合成电流为单相电流的两倍，并附以电能表的转向，可判断一相电流或两相电流反接。

电能表正转，一相电流反接。

电能表反转，两相电流反接。

但上述测量三相合成电流的方法不能判断到底是哪相电流反接。要判断哪相电流接反，可根据电能表的走向（正向计量或方向计量）和分别测量电能表三相电流的两电流和，来确定电能表三相电流的接反相，测量方法如下：

当三相四线电能表的三相电流平衡时，

测量电能表的 $I_1=I_2=I_3=1A$，$I_1+I_2+I_3=0$，电能表正走，三相电流均正接。

测量电能表的 $I_1=I_2=I_3=1A$，$I_1+I_2+I_3=0$，电能表反走，三相电流均反接。

测量电能表的 $I_1=I_2=I_3=1A$，$I_1+I_2+I_3=2A$，电能表正走，一相反接。

可分别测量电能表的 I_1+I_2、I_3+I_2、I_1+I_3。

例如测量（$I_1+I_2=1A$）另一相（I_3反），测量电能表的 $I_1=I_2=I_3=1A$ 时 $I_1+I_2+I_3=2A$，电能表反走，二相反接。

可分别测量电能表的 I_1+I_2、I_3+I_2、I_1+I_3。

如测量（$I_1+I_2=1A$）则这两相（I_1、I_2反）。

（2）举例说明。

【例 7-2-1】某用户低压供电用户三相四线电能表接线分色安装（A 相黄色、B 相绿色、C 相红色）电能表有功示数-50，乘率 100。测得数据为 $I_1=I_2=I_3=2A$，$U_{10}=U_{20}=U_{30}=220V$　$I_1+I_2+I_3=4A$、$I_1+I_2=3.46A$、$I_2+I_3=2A$、$I_1+I_3=3.46A$。

分析：

根据 $I_1+I_2+I_3=4A$ 确定电能表有电流接反，又根据电能表倒走确定电能表两相电流反（如果电能表正走一相电流反）。

根据 $I_1=I_2=I_3=2A$、$I_2+I_3=2A$，就是 I_2、I_3 接反。

更正系数　$G=\dfrac{3UI\cos(\varphi)}{U_1I_1\cos(\varphi)+U_2(-I_2)\cos(\varphi)+U_3(-I_3)\cos(\varphi)}=-3$

五、计量装置错误接线（电压、电流错相）案例分析

（一）计量装置错误接线分析步骤

1. 数据测量步骤

1）测量线电压与相电压。

2）测量相电流。

3）测量电压与电流之间的相位角。

4）测量电能表相邻两相电压之间的相位角，判断相序。

2. 绘制相量图与分析计算步骤

1）依据电压相序与电压电流之间的相位角，绘出电能表相量图。

2）依据用电性质（感性、容性）确定电流方向，确定电流方向后将电压与电流配对。

3）根据电能表接线特点，确定各电压与电流的名称（标出各电压、电流名称，例如原 U_{12}、I_1 等改写成 U_{ab}、I_a）。

4）根据已确定的电压、电流名称，改正电能表错误接线。

5）依据向量图列出错误接线时电能表各计量元件的功率表达式。

电能表=某计量元件上的电压×电流×电压电流之间的夹角（功率因数角）

列功率表达式方法：若由计量元件上的电压向量，按顺时针指到该计量元件电流向量所对应的电压向量之间的角度（特殊角），加功率因数 φ；或计量元件上的电压向量，按逆时针指到该计量元件电流向量所对应的电压向量之间的角度，减功率因数角 φ。

6）根据电能表功率表达式，计算更正系数并计算退补电量。

更正系数为　G=正确功率表达式/电能表各计量元件的功率表达式之和

故障期间正确电量为　$W_C=G×$故障期间电能表的示数

退补电量为　$W\Delta$=故障期间正确电量–故障期间电能表所计电量

（二）电能表各计量元件的功率表达式与常用数学公式

三相三线　$P=U_{AB}I_A\cos(30+\varphi)+U_{CB}I_C\cos(30-\varphi)$

三相四线　$P=U_AI_A\cos\varphi+U_BI_B\cos\varphi+U_CI_C\cos\varphi$

数学公式

$$\cos(A+B)=\cos A\cos B-\sin A\sin B$$

$$\cos(A-B)=\cos A\cos B+\sin A\sin B$$

$$\mathrm{tg}A=\frac{\sin A}{\cos A}$$

【例 7–2–2】某新装用户电能计量装置采用高供低计互感器 500/5，处理故障时电能表示数为：有功示数 20、Ⅰ象限无功示数 0、Ⅳ象限无功示数 10。测量期间负荷为感性，恢复正常一周后，电能表示数有功示数 40、Ⅰ象限无功（感性）示数 7.28，Ⅳ

象限无功(容性)示数 10,电压、电流、相位测量数据为 U_{10}=220V、U_{20}=220V、U_{30}=220V、U_{12}=380V、 U_{23}=380V、 U_{13}=380V、$I_1=I_2=I_3$=4A；$U_{10} \wedge U_{20}$=120°、 $U_{10} \wedge I_1$=140°、$U_{10} \wedge I_2$=80°、$U_{10} \wedge I_3$=200°。

1. 分析

根据 $U_{10}=U_{20}=U_{30}$=220V、电压正常。

根据 $I_1=I_2=I_3$=4A，确定电流正常。

根据 $U_{10} \wedge U_{20}$=120°确定三相电压是正相序。

根据相序、相位（$U_{10} \wedge I_1$=150°、$U_{10} \wedge I_2$=90°、$U_{10} \wedge I_3$=210°）可绘制出电能表向量图。

根据恢复正常后电能表记录的示数可计算出平均功率因数。

互感器变比 500/5，倍率 100。

2. 绘制电能表向量图

（1）根据测量数据（$U_{10} \wedge U_{20}$=120°电压正相序）$U_{10} \wedge I_1$=150°、$U_{10} \wedge I_2$=90°、$U_{10} \wedge I_3$=210°，画出向量图（见图 7-2-2）。

（2）根据用电性质（感性 0°≤φ≤60°）确定电流方向及电压、电流组别且 U_1（$-I_3$）同相、$U_2 I_1$ 同相、U_3（$-I_2$）同相。

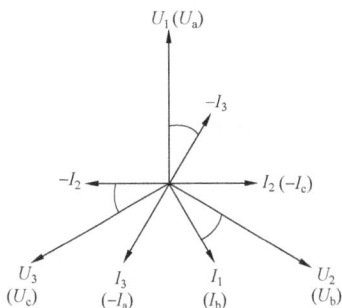

图 7-2-2　电能表向量图

（3）三相四线表有三种正确接线方式，所以在没有特别的要求时可自行确定 A 相电压。设 $U_1=U_a$ 按正相序确定 $U_2=U_b$、$U_3=U_c$。

（4）根据配对电压 $U_1=U_a$、$U_2=U_b$、$U_3=U_c$。

确定电流 $I_1=I_b$，$I_2=-I_c$，$I_3=-I_a$。

3. 更正电能表接线图（见图 7-2-3）

（1）将电能表各计量元件的电压电流接线从左到右编号。

（2）确定电能表在错误接线时各计量元件电压电流的名称。

（3）按三相四线电能表正确接线标准，改正电能表错误接线。

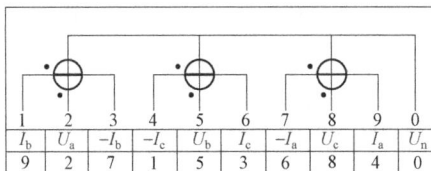

1	2	3	4	5	6	7	8	9	0
I_b	U_a	$-I_b$	$-I_c$	U_b	I_c	$-I_a$	U_c	I_a	U_n
9	2	7	1	5	3	6	8	4	0

图 7-2-3　更正电能表接线图

4. 功率表达式与更正系数及退补电量

$$P_1 = U_1 I_1 \cos(120 + \varphi)$$

$$P_2 = U_2 I_2 \cos(60 - \varphi) \text{ 或 } P_2 = U_2(-I_2)\cos(120 + \varphi)$$

$$P_3 = U_3 I_3 \cos(60 - \varphi) \text{ 或 } P_1 = U_1(-I_1)\cos(120 + \varphi)$$

更正系数为

$$G = \frac{3UI\cos\varphi}{U_1 I_1 \cos(120+\varphi) + U_2 I_2 \cos(60-\varphi) + U_3 I_3 \cos(60-\varphi)} = \frac{3UI\cos\varphi}{U_1 I_1 \cos(60-\varphi)}$$

$$= \frac{3\cos\varphi}{\frac{1}{2}\cos\varphi + \frac{\sqrt{3}}{2}\sin\varphi} = \frac{6}{1+\sqrt{3}\,\mathrm{tg}\varphi} = \frac{6}{1+\sqrt{3}\times 0.364} = 3.68$$

$$\mathrm{tg}\varphi = \frac{Q}{P} = \frac{W_Q}{W_P} = \frac{7.28}{40-20} = 0.364$$

故障期间正确电量 = 更正系数 × 故障期间电能表示数

补电量 $W_{补} = (G-1)\times 20 \times 100 = 5360 (\mathrm{kW \cdot h})$

【例 7-2-3】某用户电能计量装置采用高供低计互感器 1000/5，更换电能表后接线错误，处理故障时电能表示数为正向有功 0，反向有功 40，Ⅱ 相限无功示数 58，Ⅰ、Ⅲ、Ⅳ 无功示数 0。测量期间用电负荷为感性，已知上月用电量有功 3000、无功 1092。数据如下：I_1=3A、I_2=3A、I_3=3A、U_{10}=U_{20}=U_{30}=220V。U_{12}=U_{32}=U_{13}=380V、$U_{10}\wedge I_1$=90°、$U_{10}\wedge I_2$=30°、$U_{10}\wedge I_3$=330°、$U_{10}\wedge U_{20}$=240°。

1. 分析

根据 U_{10}=U_{20}=U_{30}=220V、U_{12}=U_{32}=U_{13}=380V，电压正常。

根据 I_1=3A、I_2=3A、I_3=3A，确定电流正常。

根据 $U_{10}\wedge U_{20}$=240°确定三相电压是逆相序。

根据相序、相位（$U_{10}\wedge I_1$=90°、$U_{10}\wedge I_2$=30°、$U_{10}\wedge I_3$=330°）可绘制出电能表向量图。

根据上月的用电量可计算出平均功率因数。

互感器变比 1000/5，倍率 200。

2. 绘制电能表向量图（见图 7-2-4）

（1）根据测量数据（$U_{10}\wedge U_{20}$=240° 电压逆相序）$U_{10}\wedge I_1$=90°、$U_{10}\wedge I_2$=30°、$U_{10}\wedge I_3$=330°，画出向量图。

（2）根据用电性质（感性 0°≤φ≤60°）确定电流方向及电压、电流组别且 $U_1 I_2$ 同相、$U_2(-I_1)$ 同相、$U_3(-I_3)$ 同相。

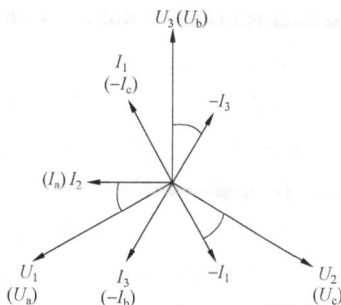

图 7-2-4 电能表向量图

（3）三相四线表有三种正确接线方式，所以在没有特别要求时可自行确定 A 相电压。设 $U_1=U_a$ 按正相序确定 $U_2=U_c$、$U_3=U_b$。

（4）根据配对电压 $U_1=U_a$、$U_2=U_c$、$U_3=U_b$。确定电流 $I_1=-I_c$，$I_2=I_a$，$I_3=-I_b$。

3. 更正电能表接线图（见图 7-2-5）

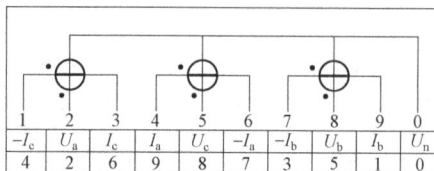

1	2	3	4	5	6	7	8	9	0
$-I_c$	U_a	I_c	I_a	U_c	$-I_a$	$-I_b$	U_b	I_b	U_n
4	2	6	9	8	7	3	5	1	0

图 7-2-5 更正电能表接线图

4. 功率表达式与更正系数及退补电量

功率表达式为

$$P_1 = U_{10}(-I_1)\cos(120-\varphi)$$
$$P_2 = U_{20}I_2\cos(120+\varphi)$$
$$P_3 = U_{30}(-I_3)\cos(\varphi)$$

更正系数　$G = \dfrac{3UI\cos\varphi}{P_1+P_2+P_3} = \dfrac{3}{-1-\sqrt{3}\text{tg}\varphi} = \dfrac{3}{-1-\sqrt{3}\times0.364} = -1.84$

$$\text{tg}\varphi = \frac{Q}{P} = \frac{1092}{3000} = 0.364$$

推算退补电量为

应该补该户电量 $W=G\times40\times200=$（-1.84）×（-40）×200=14 720（kW·h）

【例 7-2-4】某用户低压供电三相四线计量表计，电流互感器变比 1000/5，换表后接线错误；处理故障时电能表示数有功示数正向 4.0，反向 15.794，无功示数；Ⅰ 象限 0、Ⅱ 象限 16.9、Ⅲ 象限 0.5、Ⅳ 象限 12.956。用电性质为感性（$0\leq\varphi\leq60$）。换回电能表示数有功记录了 4001、无功记录了 1456。

测得数据如下：

$I_1=3A$、$I_2=3A$、$I_3=3A$、$U_{10}=U_{20}=U_{30}=220V$、$U_{12}=U_{32}=U_{13}=380V$、$U_{10}\wedge U_{20}=240°$、$U_{10}\wedge I_1=330°$、$U_{10}\wedge I_2=90°$、$U_{10}\wedge I_3=30°$。

1. 分析

根据 $U_{10}=U_{20}=U_{30}=220V$、$U_{12}=U_{32}=U_{13}=380V$，电压正常。

根据 $I_1=3A$、$I_2=3A$、$I_3=3A$、确定电流正常。

根据 $U_{10}\wedge U_{20}=240°$ 确定三相电压是逆相序。

根据相序、相位（$U_{10} \wedge I_1 = 330°$，$U_{10} \wedge I_2 = 90°$，$U_{10} \wedge I_3 = 30°$），可绘制出电能表向量图。

根据换回电能表示数有功记录了 4001kW•h、无功记录了 1456kW•h，可计算出平均功率因数。互感器变比 1000/5，倍率 200。

2. 绘制电能表向量图（见图 7-2-6）

（1）根据测量数据（$U_{10} \wedge U_{20} = 240°$ 电压逆相序）$U_{10} \wedge I_1 = 330°$、$U_{10} \wedge I_2 = 90°$、$U_{10} \wedge I_3 = 30°$，画出向量图。

（2）根据用电性质（感性 $0° \leqslant \varphi \leqslant 60°$）确定电流方向及电压、电流组别且 $U_1 I_3$ 同相。$U_2(-I_2)$ 同相。$U_3(-I_1)$ 同相。

（3）三相四线表有三种正确接线方式，所以在没有特别的要求时可自行确定 A 相电压。设 $U_1 = U_a$ 按正相序确定 $U_2 = U_c$、$U_3 = U_b$。

图 7-2-6 电能表向量图

（4）根据配对电压 $U_1 = U_a$、$U_2 = U_c$、$U_3 = U_b$。确定电流 $I_1 = -I_b$，$I_2 = -I_c$，$I_3 = I_a$。

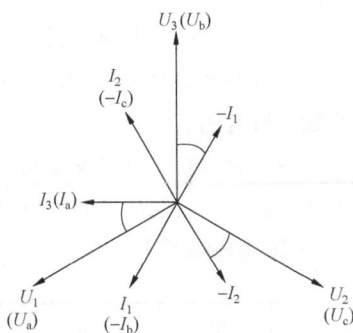

3. 更正电能表接线（见图 7-2-7）

更正电能表接线方法同 [例 7-2-1]。

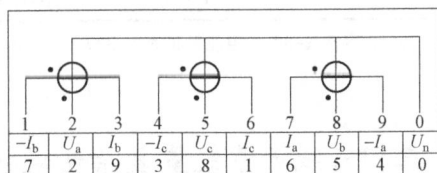

-I_b	U_a	I_b	-I_c	U_c	I_c	I_a	U_b	-I_a	U_n
7	2	9	3	8	1	6	5	4	0

图 7-2-7 更正电能表接线图

4. 功率表达式与更正系数及退补电量

$P_1 = U_1(-I_1)\cos(120 + \varphi)$

$P_2 = U_2(-I_2)\cos(\varphi)$

$P_3 = U_3 I_3 \cos(120 - \varphi)$

更正系数 $G = \dfrac{3UI\cos\varphi}{-U_1 I_1 \cos(120+\varphi) - U_2 I_2 \cos(\varphi) + U_3 I_3 \cos(120-\varphi)}$

$= \dfrac{3\cos\varphi}{-\cos\varphi + \sqrt{3}\sin\varphi} = \dfrac{3}{-1 + \sqrt{3}\,\mathrm{tg}\varphi}$

分析：当功率因数角 $\varphi < 30°$ 表倒走，$\varphi = 30°$ 表停，$\varphi > 30°$ 表正走。因此本题无法用更正系数法计算退补电量。

们介绍利用多功能电能表的有功、无功功率表达式和电能表上所记录的有功、无功电量来推算故障期间用户平均功率因数的方法。

有些错误接线更正系数不能确定，若电能表接线（如 $U_{ac}–I_c$、U_{bc}、$–I_a$）如果 $0<\varphi<60$ 这类错误接线无法用更正系数法退补电量，因为电能表随着功率因数角的变化将出现正走、停走、倒走三种情况。这种接线退补电量的方法可采多功能电能表的正向反向有功电量与四象限无功电量计算出差错电量，要分析以上问题首先要了解多功能或智能电能表的无功计量原理。

一、多功能电能表或智能电能表的正向反向有功电量与四象限无功电量

1. 多功能电能表的无功计量原理

多功能电能表或智能电能表常用的无功计量原理，是将计量元件上的电压信号延迟 0.005s，相当于将电压按逆时针旋转 90°。如单相电能计量功率表达式为 $UI\cos(90-\varphi)=UI\sin\varphi=Q$，在列无功表达式时只需将有功表达式中电流逆时针转动 90° 即可。三线电能表功率表达式为

$$P = U_{ab}I_a\cos(90-30+\varphi)+U_{cb}I_c\cos(90+30-\varphi)$$
$$= U_{ab}I_a\cos(60-\varphi)+U_{cb}I_c\cos(120-\varphi) = \sqrt{3}UI\sin\varphi$$

2. 送进送出无功的定义（见图 7-3-1）

（1）送进无功。当有功正向时，无功记录在 I 相限；当有功反向时，无功记录在 II 相限。

（2）送出无功。当有功正向时无功记录在 IV 相限，当有功反向时无功记录在 III 相限。

1）I 象限。电网向用户输入有功功率（P）同时输入无功功率（Q），用户为感性负荷。

2）IV 象限。电网向用户输入有功功率（P）同时用户向电网输出无功功率（Q），用户为容性负荷。

3）II 象限。用户向电网输出有功功率（P），同时电网向用户输入无功功率（Q），相当用户向电网输出容性负荷。

4）III 象限。用户向电网输出有功功率（P）同时输出无功功率（Q），相当于用户向电网输出感性负荷。

定义：I、II 无功为送进无功定义为正，III、IV 无功为送出无功定义为负。

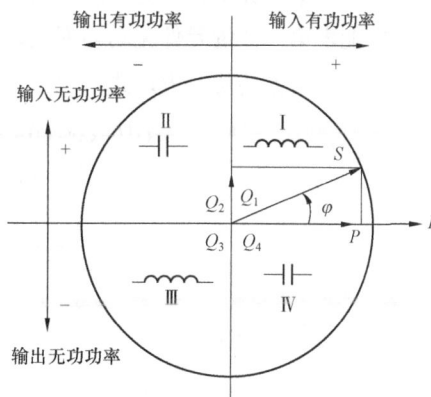

图 7-3-1 四相限无功表示图

二、平均功率因数的分析计算步骤

（1）根据故障期间的电能表向量图写出有功、无功功率的表达式。

（2）抄录电能表在故障期间的有功、无功电量。

（3）$\dfrac{无功功率}{有功功率}=\dfrac{无功功率表达式}{有功功率表达式}=\dfrac{无功电量}{有功电量}$

（4）根据有功、无功功率表达式与有功、无功电量的等式计算出 $\mathrm{tg}\varphi$。

三、举例说明

【例 7-3-1】某新装 10kV 用户电能计量装置采用高供高计电流互感器 50/5，电能表示数为：有功示数 30、Ⅰ象限无功示数 2.6、Ⅳ象限无功示数 2.6。电压、电流、相位测量数据如下；用电负荷性质为感性（本例题与模块 ZY2400402001 案例 1 相同所以更正接线在此就不重复）。

$U_{12}=U_{32}=U_{13}=100\text{V}$，$I_1=I_3=4\text{A}$。$U_{12}\wedge U_{32}=300°$，$U_{12}\wedge I_1=340°$ $U_{12}\wedge I_3=280°$。

绘制电能表向量图如图 7-3-2 所示。

列出有功、无功功率表达式，计算平均功率因数、更正系数及退补电量。

电能表第一计量元件有功功率表达式 $P_1=U_{12}(-I_1)\cos(150+\varphi)$

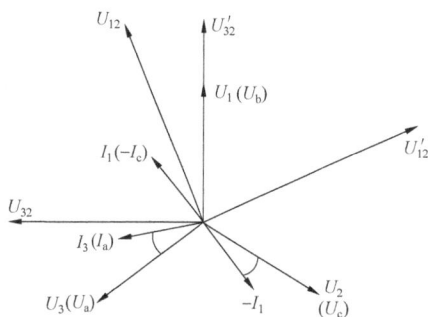

图 7-3-2 三相三线电能表向量图

电能表第二计量元件有功功率表达式 $P_2=U_{32}I_3\cos(30-\varphi)$

电能表总有功功率表达式 $P_总=UI(\sqrt{3}\cos(\varphi)+\sin\varphi)$

电能表第一计量元件无功功率表达式 $Q_1=U'_{12}(-I_1)\cos(60+\varphi)$

电能表第二计量元件无功功率表达式 $Q_2=U'_{32}I_3\cos(120-\varphi)$

电能表总无功功率表达式 $Q_总=UI(-\cos(\varphi)+\sqrt{3}\sin\varphi)$

平均功率因数计算 $\dfrac{UI(-\cos(\varphi)+\sqrt{3}\sin\varphi)}{UI(\sqrt{3}\cos(\varphi)+\sin\varphi)}=\dfrac{2.6-2.6}{30}$

$$\dfrac{(-1+\sqrt{3}\mathrm{tg}\varphi)}{(\sqrt{3}+\mathrm{tg}\varphi)}=\dfrac{2.6-2.6}{30}=0$$

解方程得 $\mathrm{tg}\varphi=\dfrac{1}{\sqrt{3}}0.577$

更正系数 $G=\dfrac{\sqrt{3}UI\cos\varphi}{UI(\sqrt{3}\cos\varphi+\sin\varphi)}=\dfrac{\sqrt{3}}{\sqrt{3}+\mathrm{tg}\varphi}=\dfrac{\sqrt{3}}{\sqrt{3}+0.577}=0.75$

退补电量=$(G-1)\times30\times1000=-7500$kW·h（退电量）

四、计量装置故障期 G 无法确定时的退补电量计算

根据向量图列出各计量元件的有功、无功功率表达式，并简化最简功率表达式。再将有功、无功简化最简功率表达式作为一个二元一次方程，解此方程得到正确的三相三线功率表达式（$\sqrt{3}UI\cos\varphi$）的计算公式，再将电能表的正反向有功和四象限无功带入此公式计算出故障期间用户的实际用电量。

【例 7-3-2】某新装 10kV 用户电能计量装置采用高供高计电流互感器 100/5，电能表示数为：正向有功示数 5.2、反向有功示数 7.6、无功 I 象限 13.3、II 象限 16.9、III 象限 0.5、IV 象限 0。用电负荷感性，功率因数角在 $0\leq\varphi$ ≤60。测量数据如下：$U_{12}=U_{32}=U_{13}=100$V，$I_1=I_3=4$A，$U_{12}\wedge U_{32}=60°$、$U_{12}\wedge I_1=50°$、$U_{12}\wedge I_3=170°$。根据 $U_{12}\wedge U_{32}=60°$，三相电压接线是逆相序。根据以上数据可画出电能表向量图如图 7-3-3 所示。

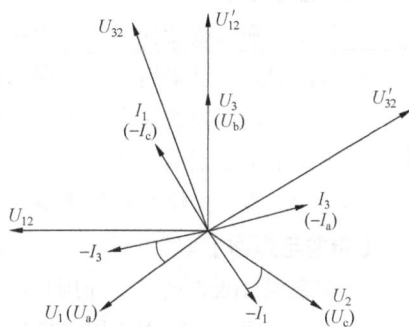

图 7-3-3 电能表向量图

电能表第一计量元件有功功率表达式 $P_1=U_{12}(-I_1)\cos(150-\varphi)$

电能表第二计量元件有功功率表达式 $P_2=U_{32}(-I_3)\cos(90-\varphi)$

电能表总有功功率表达式 $P_{总}=UI\left(\dfrac{\sqrt{3}}{2}\cos\varphi-\dfrac{3}{2}\sin\varphi\right)$

电能表第一计量元件无功功率表达式 $Q_1=U_{12}(-I_1)\cos(120+\varphi)$

电能表第二计量元件无功功率表达式 $Q_2=U_{32}(-I_3)\cos(180+\varphi)$

电能表总无功功率表达式 $Q_{总}=UI\left(\dfrac{3}{2}\cos\varphi+\dfrac{\sqrt{3}}{2}\sin\varphi\right)$

把有功、无功功率表达式作为二元一次方程，并化解方程得到正确功率表达式

$$\begin{cases} Q_{总}=UI\left(\dfrac{3}{2}\cos\varphi+\dfrac{\sqrt{3}}{2}\sin\varphi\right) & (1)\\[2mm] P_{总}=UI\left(\dfrac{\sqrt{3}}{2}\cos\varphi-\dfrac{3}{2}\sin\varphi\right) & (2) \end{cases}$$

将 $Q_{总}$ 乘以 $\sqrt{3}$ 再加上 $P_{总}$ 得

$\sqrt{3}Q_{总}+P_{总}=UI(2\sqrt{3}\cos\varphi)$ 将等式乘以 $\dfrac{1}{2}$ 得

$\dfrac{\sqrt{3}Q_{总}}{2}+\dfrac{P_{总}}{2}=(\sqrt{3}UI\cos\varphi)$ 为正确的三相功率 $P_{正确}$。

故障期间的正确电量是

$$P_{正确}=\frac{\sqrt{3}Q_{总}}{2}+\frac{P_{总}}{2}=\frac{\sqrt{3}(13.3+16.9-0.5)}{2}+\frac{5.2-7.6}{2}=24.52$$

退补电量 $W=(24.52-5.2)\times2000=38\,640$（kW·h）

五、注意事项

（1）在功率因数变换大的用电场所，用更正系数计算采用近期功率因数计算往往误差较大，因此建议采用平均功率因数计算来确定退补电量。

（2）对于错误接线是电能表有功电量出现有正有反时，必须采用计算法计算退补电量，不能采用更正系数法计算。

（3）对于错误接线是电能表更正系数计算出等于无穷大时（表停）只能估算。

【思考与练习】

1. 某新装 10kV 高供高计用户，三相三线计量，电流互感器 50/5，接线检查时发现接线错，处理故障时用户用电性质为感性，电能表的有功示数正向 2.5，反向 7.5，无功示数 Ⅰ 象限 0、Ⅱ 象限 0、Ⅲ 象限 18、Ⅳ 象限 9.33。$U_{12}\wedge U_{32}=60°$、$U_{12}\wedge I_1=50°$，$U_{12}\wedge I_3=170°$，请画向量图，计算退补电量并更正错误接线。

注：可通过列有功、无功功率表达式、计算故障期间差错电量（故障期间电能表应该记录的电量）的办法进行退补。

2. 某新装 10kV 高供高计用户，三相三线计量，电流互感器 50/5，首检发现接线错误，处理故障时用户用电性质为感性，现场测得数据如下：$I_1=I_3=2.5A$，$U_{12}=U_{32}=U_{13}=100V$、$U_{12}\wedge U_{32}=60°$。$U_{12}\wedge I_1=50°$、$U_{12}\wedge I_3=350°$、多功能电能表有功示数 16.16、Ⅰ 象限无功示数 2.5。Ⅱ 象限无功示数 0、Ⅲ 象限无功示数 0、Ⅳ 象限无功示数 6.83。

请画出向量图，写出功率表达式、计算平均功率因数，计算退补电量，更正错误接线。

3. 什么情况下不能采用更正系数法计算退补电量？

模块 4　三相四线电能计量装置错误接线检查、分析和故障处理（Z27F2004 Ⅲ）

【模块描述】本模块包含高压三相四线电能计量装置断相、相序正反、电流相序正反、电压相序正反、反极性等组合复杂错误接线检查和处理的现场操作程序、检查内容、分析方法等。通过列表介绍、图解说明、案例分析，掌握这些高压电能计量装置错误接线的分析、判断方法，并进行故障处理。

以下重点介绍平均功率因数和计算法计算差错电量。以下内容还涉及多功能电能表的无功计量原理。

【正文】

因计量装置错接线的故障大都是发生在新建变电站装表接电过程中，在退补电量时无用户正常用电时平均功率因数参照，而在进行电量退补时，所取的功率因数值是至关重要的。因此在电量退补时可采用故障前后用户正常用电时的功率因数。下面我们介绍利用多功能电能表的有功、无功功率表达式和电能表上所记录的有功、无功电量来推算故障期间用户平均功率因数的方法。

有些错误接线更正系数不能确定，若电能表接线（如 U_a–I_c、$U_c I_a$、$U_b I_b$、），如果 $0°<\varphi<60°$ 这类错误接线无法用更正系数法退补电量，因为电能表随着功率因数角的变化将出现正走、停走、倒走三种情况。这种接线退补电量的方法可采用多功能电能表的正向、反向有功电量与四象限无功电量计算出差错电量，要分析以上问题首先要了解多功能或智能电能表的无功计量原理。

一、多功能或智能电能表的正向、反向有功电量与四象限无功

1. 多功能电能表的无功计量原理

现在多功能电能表或智能电能表常用的无功计量原理是将计量元件上的电压信号延迟 0.005s，相当于将电压按逆时针旋转 90°，如单相电能计量功率表达式 $UI\cos(90-\varphi)=UI\sin\varphi=Q$，在列多功能电能表的无功表达式时只需要将有功表达式中电流逆时针转动 90° 即可。

三相四线电能表功率表达式为

$Q=3UI\cos(90-\varphi)=3UI\sin\varphi$

2. 送进送出无功的定义（见图 7-4-1）

（1）送进无功。当有功正向时无功记录在 I 相限，当有功反向时无功记录在 II 相限。

（2）送出无功。当有功正向时无功记录在 IV 相限，当有功反向时无功记录在 III 相限。

1）I 象限。电网向用户输入有功功率（P）同时输入无功功率（Q），用户为感性负荷。

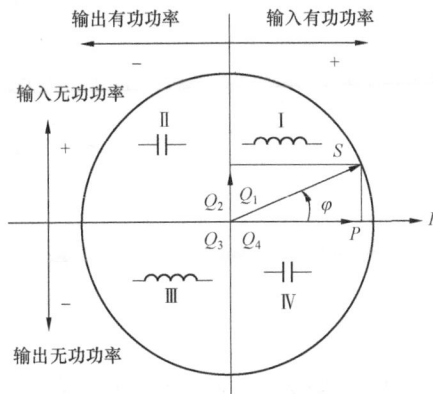

图 7-4-1　四相限无功表示图

2）Ⅳ象限。电网向用户输入有功功率（P）同时用户向电网输出无功功率（Q），用户为容性负荷。

3）Ⅱ象限。用户向电网输出有功功率（P），同时电网向用户输入无功功率（Q），相当用户向电网输出容性负荷。

4）Ⅲ象限。用户向电网输出有功功率（P）同时输出无功功率（Q），相当用户向电网输出感性负荷。

定义：Ⅰ、Ⅱ无功为送进无功，定义为正，Ⅲ、Ⅳ无功为送出无功，定义为负。

二、平均功率因数的分析计算步骤

1）根据故障期间的电能表向量图写出有功、无功功率的表达式。

2）抄录电能表在故障期间的有功、无功电量。

3）$\dfrac{无功功率}{有功功率} = \dfrac{无功功率表达式}{有功功率表达式} = \dfrac{无功电量}{有功电量}$

4）根据有功、无功功率表达式与有功、无功电量的等式计算出 $\mathrm{tg}\varphi$。

三、举例说明

【例 7-4-1】某新装用户电能计量装置采用高供低计互感器 500/5，处理故障时电能表示数为：有功示数 20、Ⅰ象限无功示数 0、Ⅳ象限无功示数 10。测量期间负荷为感性，电压、电流、相位测量数据为：$U_{10}=220\text{V}$、$U_{20}=220\text{V}$、$U_{30}=220\text{V}$、$U_{12}=380\text{V}$、$U_{23}=380\text{V}$、$U_{13}=380\text{V}$、$I_1=I_2=I_3=4\text{A}$，$U_{10}\land U_{20}=120°$、$U_{10}\land I_1=140°$、$U_{10}\land I_2=80°$、$U_{10}\land I_3=200°$。

1. 根据以上数据可画出向量图（见图 7-4-2）

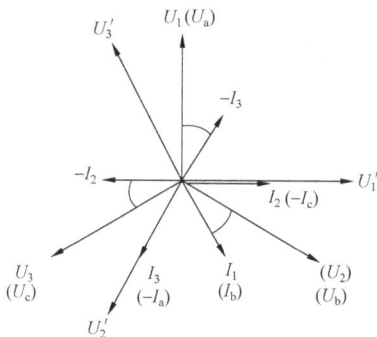

图 7-4-2　电能表向量图

2. 列有功、无功功率表达式

电能表第一计量元件有功功率表达式　$P_1 = U_1(I_1)\cos(120+\varphi)$

电能表第二计量元件有功功率表达式　$P_2 = U_2(-I_2)\cos(120+\varphi)$

电能表第三计量元件有功功率表达式　$P_3 = U_3(-I_3)\cos(120+\varphi)$

电能表总有功功率表达式　$P_{总} = UI\left(\dfrac{1}{2}\cos\varphi + \dfrac{\sqrt{3}}{2}\sin\varphi\right)$

电能表第一计量元件无功功率表达式　$Q_1 = U_1'(I_1)\cos(30+\varphi)$

电能表第二计量元件无功功率表达式　$Q_2 = U_2'(-I_2)\cos(30+\varphi)$

电能表第三计量元件无功功率表达式　$Q_3 = U_3'(-I_3)\cos(30+\varphi)$

电能表总无功功率表达式　$Q_{总} = UI\left(-\dfrac{\sqrt{3}}{2}\cos\varphi + \dfrac{1}{2}\sin\varphi\right)$

3. 平均功率因数计算

$$\frac{UI\left(-\dfrac{\sqrt{3}}{2}\cos\varphi + \dfrac{1}{2}\sin\varphi\right)}{UI\left(\dfrac{1}{2}\cos\varphi + \dfrac{\sqrt{3}}{2}\sin\varphi\right)} = \frac{-10}{20}$$

$$\frac{\left(-\sqrt{3} + \mathrm{tg}\varphi\right)}{\left(1 + \sqrt{3}\,\mathrm{tg}\varphi\right)} = -0.5$$

解方程得　$\mathrm{tg}\varphi = \dfrac{\sqrt{3} - 0.5}{\sqrt{3} + 0.5\sqrt{3}} = 0.474$

4. 更正系数及退补电量

$$G = \frac{3\cos\varphi}{\dfrac{1}{2}\cos\varphi + \dfrac{\sqrt{3}}{2}\sin\varphi} = \frac{6}{1 + \sqrt{3}\,\mathrm{tg}\varphi} = \frac{6}{1 + \sqrt{3} \times 0.474} = 3.3$$

退补电量=$(G-1)\times 20 \times 100 = 4600\mathrm{kW \cdot h}$（补电量）

四、计量装置故障期 G 无法确定时的退补电量计算

　　根据向量图列出各计量元件的有功、无功功率表达式，并简化最简功率表达式。再将有功、无功简化最简功率表达式作为一个二元一次方程，解此方程得到正确的三相三线、功率表达式（$3UI\cos\varphi$）的计算公式，再将电能表的正反向有功和四象限无功带入此公式计算出故障期间用户的实际用电量。

　　【例 7-4-2】某用户低压供电三相四线计量表计，电流互感器变比 1000/5，换表后接线错误；处理故障时电能表示数有功示数正向 4.0，反向 15.794，无功示数：Ⅰ象限 0、Ⅱ象限 0.5、Ⅲ象限 16.9、Ⅳ象限 12.956。用电性质为感性（0°≤φ≤60°）。

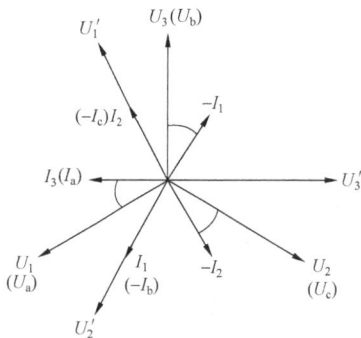

图 7-4-3 电能表向量图

测得数据如下：I_1=3A、I_2=3A、I_3=3A、$U_{10}=U_{20}=U_{30}$=220V、$U_{12}=U_{32}=U_{13}$=380V、$U_{10}ΛU_{20}$=240°、$U_{10}ΛI_1$=330°、$U_{10}ΛI_2$=90°、$U_{10}ΛI_3$=30°。

1. 根据以上数据可画出向量图

电能表向量图如图 7-4-3 所示。

2. 列有功、无功功率表达式

电能表第一计量元件有功功率表达式

$$P_1 = U_1(-I_1)\cos(120+\varphi)$$

电能表第二计量元件有功功率表达式

$$P_2 = U_2(-I_2)\cos(\varphi)$$

电能表第二计量元件有功功率表达式 $P_3 = U_3I_3\cos(120-\varphi)$

电能表总有功功率表达式 $P_总 = UI(-\cos\varphi+\sqrt{3}\sin\varphi)$

电能表第一计量元件无功功率表达式 $Q_1 = U_1'(-I_1)\cos(30+\varphi)$

电能表第二计量元件无功功率表达式 $Q_2 = U_2'(-I_2)\cos(90-\varphi)$

电能表第二计量元件无功功率表达式 $Q_2 = U_{32}I_3\cos(150+\varphi)$

电能表总无功功率表达式 $Q_总 = UI(-\sqrt{3}\cos\varphi-\sin\varphi)$

3. 计算故障期间计量装置的差错电量

把有功、无功功率表达式作为二元一次方程，并化解方程得到正确功率表达式为

$$\begin{cases} P_{错总} = UI(-\cos\varphi+\sqrt{3}\sin\varphi) \\ Q_{错总} = UI(-\sqrt{3}\cos\varphi-\sin\varphi) \end{cases}$$

将 $Q_{错总}\times\sqrt{3}+P_{错总}$ 得

$$P_{错总}+\sqrt{3}Q_{错总} = -4UI\cos\varphi$$

将上式 $\times\left(-\dfrac{3}{4}\right)$ 得

$$-\frac{3}{4}P_{错总}-\frac{3}{4}\sqrt{3}Q_{错总} = 3UI\cos\phi = P_{正确}（正确三相有功功率）$$

故障期间电能表的正确记录电量是

$$P_{正确} = -\frac{3}{4}P_{错总}-\frac{3}{4}\sqrt{3}Q_{错总} = -\frac{3}{4}(4-15.794)-\frac{3}{4}\sqrt{3}(0.5-16.9-12.956) = 47$$

4. 退补电量计算

$$W=(47-4)\times200=8600（kW·h）$$

五、注意事项

（1）在功率因数变换大的用电场所，用更正系数计算采用近期功率因数计算往往误差较大，因此建议采用平均功率因数计算来确定退补电量。

（2）对于错误接线是电能表有功电量出现有正有反时，必须采用计算法计算退补电量，不能采用更正系数法计算。

（3）对于错误接线是电能表更正系数计算出等于无穷大时（表停）只能估算。

【思考与练习】

1. 某高供低计用户低压三相四线计量，首检发现接线错，处理故障时多功能电能表的有功示数正向 2.5、反向 7.5；无功示数 I 象限 0、II 象限 0、III 象限 18、IV 象限 9.33。电流互感器变比 500/5。现场测得数据为 $I_1=I_2=I_3=3\mathrm{A}$，$U_{10}=U_{20}=U_{30}=220\mathrm{V}$，$U_{10}\wedge I_1=270°$、$U_{10}\wedge I_2=330°$、$U_{10}\wedge I_3=210°$、$U_{10}\wedge U_{20}=120°$，用电性质为感性（注：$U_1=U_a$），求应退补电量。

2. 某用户电能计量装置采用高供低计互感器 1000/5，更换电能表后接线错，处理故障时电能表示数为正向有功 0，反向有功 40，II 相限无功示数 33.577，I、III、IV 无功示数 0。测量期间用电负荷为感性，求应退补电量。

3. 某高供低计用户低压三相四线计量，电流互感器变比 500/5。更换电能表数天后发现电能表少计电量，现场检查时发现接线错，处理故障时多功能电能表示数有功示数 50，I 象限无功示数 42，II，III，IV 象限无功示数为 0，现场测量时用电性质为"容性"，求应退补电量。

第三部分

接户线、进户线及配套设备安装

第八章

低压接户线、进户线及配套设备安装

模块1 接户线与进户线金具材料选配及安装
（Z27G1001 I）

【模块描述】本模块包含根据接户线、进户线施工方案编制工程材料表，选配工程所需要的导线、金具、熔断器（隔离开关）等施工器材的方法，通过方法介绍，掌握材料选配及安装的方法。

【正文】

一、金具

金具是接户线、进户线安装工程必不可少的器材，除所有金具必须热镀锌处理外，金具的形式和规格需要根据导线选配参数、工程现场条件而定。杆上部分主要是配置四线或两线横担、刀熔隔离开关安装横担以及横担固定用抱箍、M 垫铁等金具，根据接户横担等金具安装高度的杆径，选配横担、抱箍、M 垫铁开档尺寸。

建筑物侧配置的金具需要根据进线位置和方式确定，常用有门形、一字形、七字形等金具，金具的固定也需要根据建筑物墙面形状、材质和接户线跨度、张力等因素采取膨胀螺栓或穿墙螺栓、预埋等方式。所有制作横担金具的角钢不小于50mm×50mm×5mm，由专业工厂预制，不推荐现场制作。

电缆接户、进户还需要根据电缆的敷设和固定方式制作适当的金具。

二、导线

导线选配涉及两个方面——导线规格、型号。

根据地区条件的差别，选择接户线和进户线可按照以下进行：

（1）架空电力线路部分。主要采用铝质绝缘导线，常用型号为 JLV 铝芯聚氯乙烯绝缘线、JLY 铝芯聚乙烯绝缘线、JLYJ 铝芯交链聚乙烯绝缘线，BV、BLV 型导线也可在户外大量使用。

（2）低压电缆部分。选择聚合塑胶绝缘低压电力电缆，常用型号为 VV——聚氯乙烯绝缘聚氯乙烯护套（铜芯）电力电缆、YJV——交联聚乙烯绝缘聚氯乙烯护套（铜芯）电力电缆。如果是铝芯则为 VLV、YJLV 型。电缆截面需要根据负载容量确定。

室内线路部分，主要以 BV、BLV、BVV、BLVV 等聚氯乙烯绝缘导线。

目前此类产品的技术标准是按照 GB/T 12527《额定电压 1kV 及以下架空绝缘电缆》SD 237《额定电压 1kV 及以下架空绝缘电线》制造，由导体和挤包的耐气候绝缘层构成，最低敷设温度为−20℃，最低使用环境温度为−40℃。导线截面需要根据发热条件、机械强度、经济电流密度、电压损失和导线长期允许安全载流量等因素决定。由于接户线、进户线长度有限，按照经济电流密度选取导线截面，更实用一些。

三、绝缘子

绝缘子选型以蝶式、针式为主。

（1）低压线路针式、蝶式、轴式瓷绝缘子。针式瓷绝缘子使用在 1kV 以下架空电力线路中作绝缘和固定导线用。蝶式瓷绝缘子供配电线路终端、耐张及转角杆上作为绝缘和固定导线用。轴式瓷绝缘子供配电线路终端、耐张及转角杆上作为绝缘和固定导线用。

（2）低压针式绝缘子型号有 PD–1T、PD–2T 铁横担直脚，PD–1M、PD–2M 木横担直脚，PD–2W 弯脚形式。型号中后缀数字"1"为尺寸最大一种。

低压蝶式绝缘子型号有 ED–1、ED–2、ED–3、ED–4，型号中后缀数字"1"为尺寸最大一种。

绝缘子选型可根据导线的截面而定，截面积大的导线，选择大规格绝缘子。

四、进户线安装材料

进户线安装用材需要根据进户模式及进户后导线的走向、路径。

对于进户后直接进表箱形式，只需考虑穿越建筑物部分导线的防护；对于表箱与进户点有一段距离的形式，则需要选择导线保护措施，常见为穿钢管、PVC 阻燃硬管、PVC 阻燃方线槽等方式。无论采用何种方式，管内（槽内）的导线应不大于管内径（槽内面积）的 40%。

导线做钢管防护时，应做钢管护口处理，防止管口割伤导线。钢管外壁防腐处理并接地。

五、进户端重复接地材料

接户线重复接地装置选择圆钢或角钢制作的接地极，根据地形、地质条件和接地电阻值决定接地极的位置和接地极根数。一般接地极的规格为：$\geqslant \phi 20mm \times 2000mm$ 镀锌圆钢或 $\angle 40mm \times 40mm \times 4mm \times 2500mm$ 镀锌角钢。接地极之间的连接以及引出地面采用 $40mm \times 4mm$ 镀锌扁钢或 $\phi 16$ 镀锌圆钢，接地极与接地线的连接须电焊或气焊，焊接面不少于三边。焊接制作如图 8–1–1 所示。

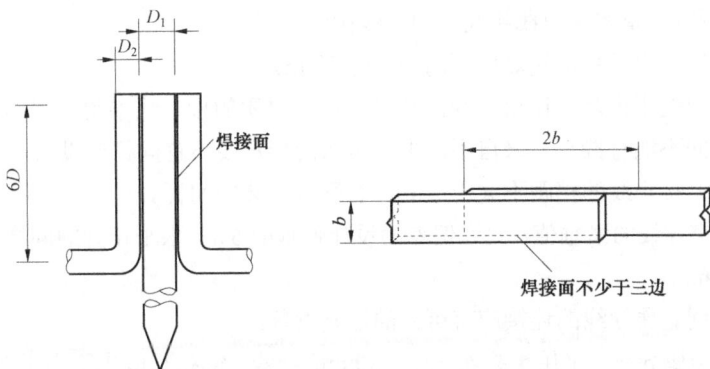

图 8-1-1　接地极焊接示意图

接地电阻的规定：根据 GB 50150《电气装置安装工程　电气设备交接试验标准》第 26 章规定："1kV 以下电力设备，当总容量小于 100kVA 时，接地阻抗允许大于 4Ω 但不得大于 10Ω。"

【思考与练习】

1. 架空导线的型号有哪些？
2. 绝缘子的作用是什么？
3. 电力线路施工放线，应注意哪些事项？
4. 为什么接户线绝缘子铁脚要接地？

◢ 模块 2　单相、三相接户线与进户线及器具安装（Z27G1002Ⅰ）

【模块描述】本模块包含按照架空接户线、进户线的设计方案、施工方案、操作程序及注意事项。通过要点讲解、列表介绍、图解说明，掌握安装安全控制、施工步骤的技术要求、质量控制、施工方法以及相关的技术指标。

【正文】

一、接户线安装部分

（一）相关技术规定

1kV 以下架空配电线路自电杆引至建筑物外墙第一支持物的线路安装工程接户线安装技术要求如下：

（1）低压绝缘接户线截面应按允许载流量和机械强度选取，但不应小于：铜芯 10mm²，铝芯线 16mm²。

（2）三相四线制中性线不小于相线截面积的 50%（施工中一般中性线与相线选相

同截面的导线），单相接户线相线与中性线截面相同。

（3）低压接户线受电端对地距离不小于 2.5m。

（4）接户线不得从高压引下线间穿过，不同材质的接户线不得在档距间连接，接户线档距中间不能有接头，来自不同电源引入的接户线不宜同杆架设。

（5）架空接户线的档距不大于 25m，否则应加装中间杆。

（6）架空导线的弧垂值，允许偏差为设计弧垂的 5%，水平排列的同档导线间弧垂偏差为±50mm。

（7）不同金属导线的连接应有可靠的过渡设备。

（8）同金属导线，采用绑扎连接时，50mm^2 导线，绑扎长度应不小于 200、35mm^2 及以下导线，绑扎长度应不小于 150mm。

（9）绑扎连接时应接触紧密、均匀、无硬弯。过引线应呈均匀弧度。

（10）不同截面导线连接时，绑扎长度以小截面导线为准。

（11）采用并沟线夹连接时，线夹数量一般不少于 2 个。

（12）绑扎用的绑线，应选用与导线同金属的单股线，其直径不应少于 2.0mm。

（13）1kV 以下配电线路每相过引线、引下线与邻相的过引线、引下线或导线之间的净空距离，不应小于 150mm。

（14）1kV 以下配电线路的导线与拉线、电杆或构架之间的净空距离，不应小于 50mm。

（15）1～10kV 引下线与 1kV 以下线路间的距离不应小于 150mm。沿墙敷设线间距离对于水平排列，档距在 4m 以下，线路间的距离不应小于 100mm。垂直排列，档距在 6m 以下，线路间的距离不应小于 150mm。

接户线对地及交叉跨越距离是接户线施工必须遵循的技术规定、相关国家标准和 DL/T 601《架空绝缘配电线路设计技术规程》的规定。

当采用中性线断线故障保护时，还应满足下列相应要求：

（1）防雷接地装置和中性线断线故障保护的接地装置之间应通过低压避雷器连在一起。

（2）电源为架空引入时，应在入户处的各相和中性线上装设低压避雷器，并将铁横担、绝缘子铁脚及避雷器的接地共同接到中性线断线故障保护的接地装置上。

（3）当采用上述措施时，中性线断线故障保护的接地电阻不宜大于 10Ω。

（4）低压架空线路接户线的绝缘子铁脚宜接地，接地电阻不宜超过 30Ω。当土壤电阻率在 200Ω·m 及以下时，铁横担钢筋混凝土杆线路由于连续多杆自然接地作用，可不另设接地装置。

（5）低压线路每处重复接地装置的接地电阻不应大于 10Ω。相关规定见 GB/T

50065《交流电气装置的接地设计规范》。

（二）杆上作业部分

1. 金具的安装

金具是接户线在线路侧固定的支撑，不同的接户形式会设计不同的金具形式，如四线、两线横担。线路所有金具必须经热镀锌处理。

常见的方式为在直线杆上接户、转角杆上接户，接户金具的安装方式相同。

（1）横担安装在接户线下线的反方向，U 形栓固定，使用双螺帽可防止松脱。安装如图 8-2-1 所示。

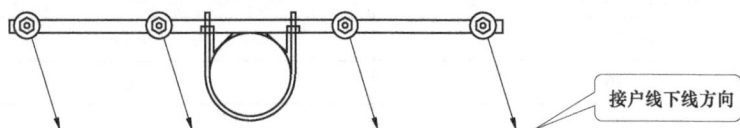

图 8-2-1　接户线横担安装示意图

（2）接户线横担安装在电杆所有电力线路的最底层，距上层低压线路的距离不小于 0.6m。

（3）现场施工一般是在地面组装，使用传递绳将其吊至杆上施工位置，再将横担固定在电杆上。

2. 绝缘子的安装

接户线使用的绝缘子主要为蝶式或针式低压绝缘子。

蝶式绝缘子常见安装方式为穿芯螺杆固定或曲型拉板固定。螺杆或曲型拉板的尺寸规格与绝缘子的型号有关。安装如图 8-2-2 所示。

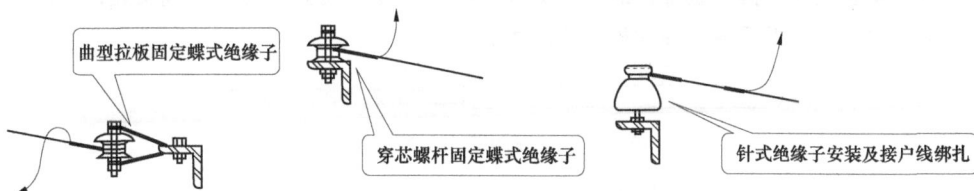

图 8-2-2　低压绝缘子安装示意图

3. 施放导线

使用 BLV 型塑料铝芯导线作接户线的施放导线，应从整盘导线外圈开始施放。施工人员将双臂对插入整圈导线中心，双臂做环状滚动时，将导线头顺势牵引出来，保证导线不发生扭扣死结，也可利用放线盘放线。

4. 导线的绑扎与连接

导线的绑扎分为接户线搭接的绑扎与绝缘子的绑扎。

（1）将 LJ–25（35）架空裸铝绞线剪断约 1～1.2m/段，退成单股，将其卷成直径约 100mm 的线卷，用作绝缘子扎线和接户线搭接绑扎用扎线。

（2）25mm² 及以下截面的导线连接可直接进行搭接绑扎。35mm² 及以上截面的导线搭接宜采用并沟线夹。绑扎搭接的长度按表 8–2–1 的数据处理。

表 8–2–1

导线截面积（mm²）	绑扎长度（mm）
10 及以下	>50
16	>80
25	>150

（3）并沟线夹搭接。JB 系列铝并沟线夹适用于架空电力线路铝导线的非承力接线。该形式还有铜铝并沟线夹供不同材质导线转接用（如 JB–TL/0）。

低压接户线常用并沟线夹规格型号为 JB–0（10～25mm²）、JB–1（35～50mm²），还有如 BTL–10 型、BJL–16–70A 异形铝质并沟线夹，当主线与接户线截面不等时选用如图 8–2–3 所示。

操作人员在杆上选择一个合适的位置，在做好安全措施后，将接户线与主线之间的过渡线头

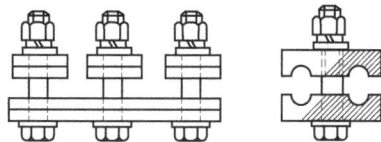

图 8–2–3　异形铝质并沟线夹

造型，剥除适当长度的绝缘，并整理为与主线平行。选择适当型号的并沟线夹，使用铝包带将线夹要压接导线部位缠紧，如图 8–2–4 所示，将处理好的导线安装在并沟线夹夹口内，使用扳手将线夹螺栓压紧即可。

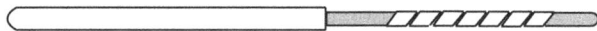

图 8–2–4　并沟线夹安装示意图

在实际运用中，并沟线夹是负载电流的一个转接点，特别是因负载电流大小的变化、线夹热胀冷缩的因素，可能导致线夹发生接触电阻变化而引起故障。施工中，按照 JGJ 16《民用建筑电气设计规范》规定，应采用双线夹搭接，以加强接触的可靠性。

（4）缠绕法搭接。操作人员在杆上定位并完成人体绝缘安全处置，将接户线与主线之间的过渡线头做造型后，裁断多余导线，剥除需要搭接导线的外绝缘，将事先已经卷成直径约为 100mm 铝扎线头拉出一段，在接户线头靠绝缘处扎两圈，如图 8–2–5、

图 8-2-6 所示。扎线短头与导线平行延长约 3～5cm，将接户线与配网主线靠接在一起，左手稳住导线（或使用钢丝钳），右手将扎线顺势紧密缠绕两根导线，当缠绕 2～3 匝后，使用钢丝钳刀口根部，以刚好夹住扎线顺势用力，将扎线缠绕更紧，不断重复一直缠绕。当双线被缠绕绑扎长度满足技术要求时，使用钢丝钳将扎线两端提起绞紧，在其绞合部位至根部 20～40mm 处剪断，使用钢丝钳头的平面部位，将其拍至与导线平行即可。

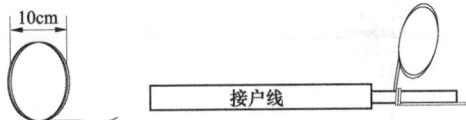

图 8-2-5　绑扎导线扎线使用示意图

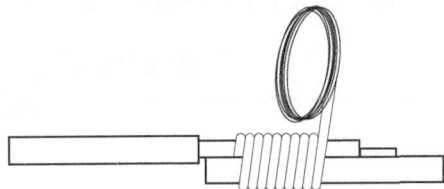

图 8-2-6　绑扎导线搭接示意图

（5）绝缘子的绑扎。蝶式绝缘子采用边槽绑扎法。扎线使用事先准备的裸铝线，将扎线一头顺导线预留 150～250mm，另一头的扎线圈顺绝缘子绕一圈与导线交叉回头至绝缘子两根导线平行处的根部缠绕，缠绕长度视接户线跨距，当跨距大时（接户线导线张力大），扎接的缠绕长度应适当长一些。当双线被缠绕绑扎长度满足要求时，可将引流线分开，继续将接户线与扎线的另一平行线头紧紧缠绕 5～10 圈，使用钢丝钳将扎线两端提起绞紧，在其绞合部位至根部约 2～4cm 处剪断，使用钢丝钳头的平面部位，将其拍至与导线平行即可，安装如图 8-2-7 所示。

实际施工中，有使用大于 2.5mm² 的绝缘铜线作为扎线的施工方法，比较使用裸铝线作扎线，裸铝线扎接效果更好。

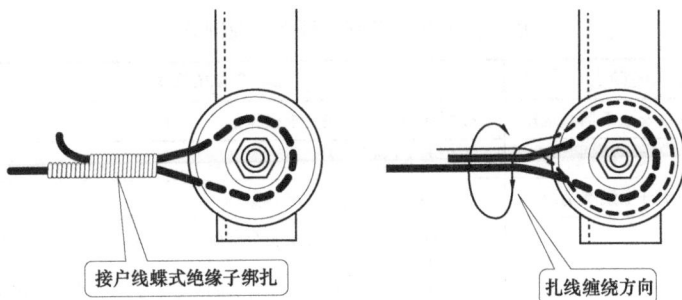

接户线蝶式绝缘子绑扎　　扎线缠绕方向

图 8-2-7　低压蝶式绝缘子绑扎示意图

针式绝缘子的绑扎：针式绝缘子可采用顶槽或边槽绑扎。对于接户线施工，采用边槽绑扎，其方法与蝶式绝缘子的绑扎相同。

（6）如果主线为架空绝缘线，则要使用电工绝缘带将搭接部分做绝缘处理，绝缘带应交叉重叠不少于 4 层，缠绕长度应超出绑扎部位达导线绝缘层 30～50mm。

5. 过渡线的处理

过渡线（也叫弓子线）主要指接户线杆上绝缘子固定与搭接头之间的一段导线。除美观、对称外，应尽可能缩短过渡线的长度。为防止雨水顺接户线线芯流下，影响进户线侧电器的绝缘安全，在主线搭接处，将接户线向上翘起造型，作一个约 50～100mm 半圆弧引下，如图 8-2-8 所示。

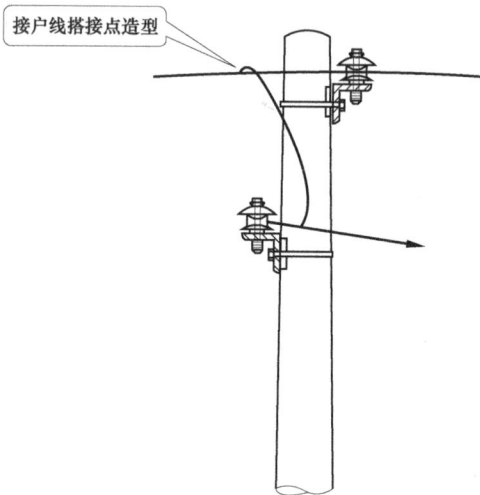

图 8-2-8 接户线搭接引下线制作示意图

6. 危险点分析与控制（见表 8-2-2）

表 8-2-2 危险点分析与控制（杆上作业部分）

序号	危险点	控制措施
1	登杆及安全工器具运用	按照通用登高模块要求操作
2	安全监护	全程专人监护
3	搭接杆上线路情况	当上层线路带电时，严禁穿越
4	金具吊装	人工提吊：施工者杆上安全措施完备、可靠，戴手套，利用合格吊绳，将金具提起。 利用滑轮提吊：选取尺寸合适的滑轮，将其杆上可靠固定，穿入吊绳，由地面人员拉动吊绳，将金具提起。 吊绳与金具绑扎必须可靠。 起吊过程下方不得站人。 安装过程防止器具坠落
5	作业工作面的安全防护	作业范围内的地面部分设置安全围栏，全部作业人员着工装、戴安全帽
6	天气情况	阴冷及雷雨天气，应停止开展登高作业

（三）建筑物侧作业部分

1. 支撑物固定

接户线在建筑物侧的固定使用门形支架或 L 形支架，所有支架做热镀锌表面处理。根据建筑物墙体、墙面条件，也可设计其他形状支撑架。

在建筑物墙体满足使用膨胀螺栓固定支架时，可采用膨胀螺栓安装支架。当墙体不能满足膨胀螺栓涨力时，可采用加长穿墙螺栓内侧加装方形垫铁的方式固定支架。

还可利用墙体转角，固定直横担如图 8-2-9 所示，或将直横担的一端预埋进墙体固定横担。预埋端要制作成燕尾状，做防锈处理。埋入深度要根据受力程度，至少要大于 120mm，使用高强度水泥砂浆并经过养护期固化。

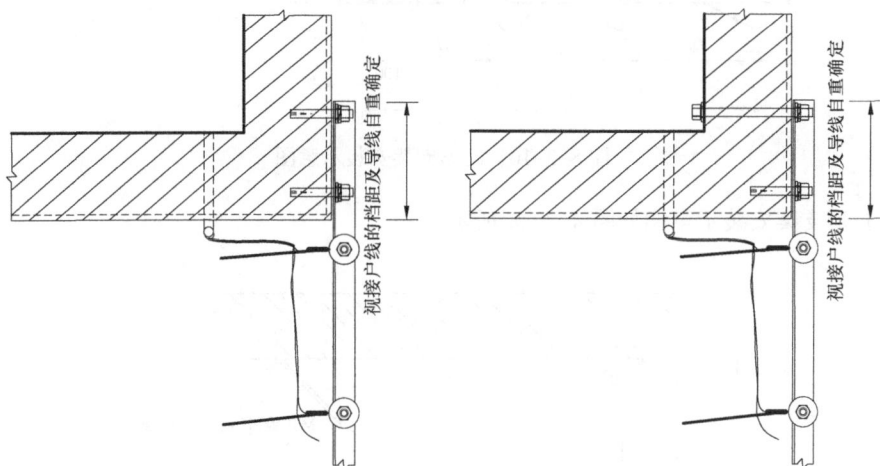

图 8-2-9　墙体转角安装进户横担示意图

支架的安装与杆上金具的安装可同时进行，此项工程完成后，方可进行放线、紧线、调整弧垂、绑扎绝缘子等工作。

2. 绝缘子安装

与接户线线路侧一样，主要采用针式或蝶式绝缘子。其固定方法与杆上相同。

门形支架安装示意图如图 8-2-10 所示，支架制作尺寸见表 8-2-3。

表 8-2-3　　　　　　　　　　　支 架 制 作 尺 寸　　　　　　　　　　　（mm）

导线根数	两根	四根
L	600	800
L_1	400	300
角钢	50×50×5	

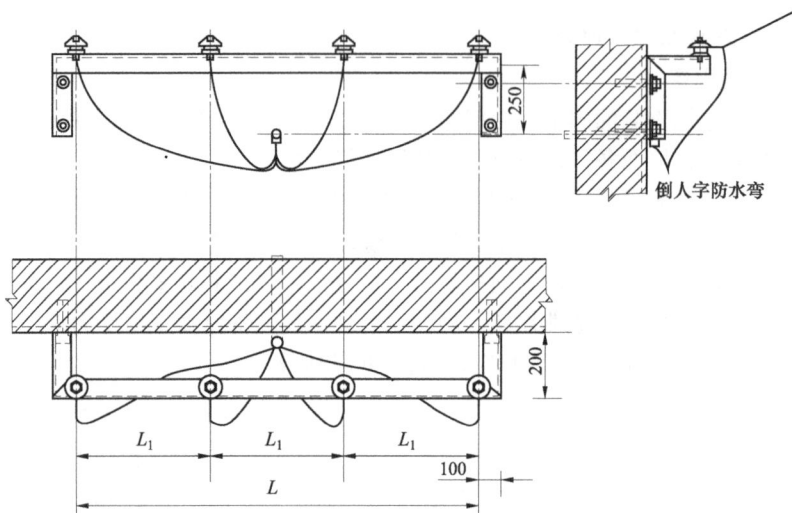

图 8-2-10 门形支架安装示意图

L 形支架安装示意图如图 8-2-11 所示。

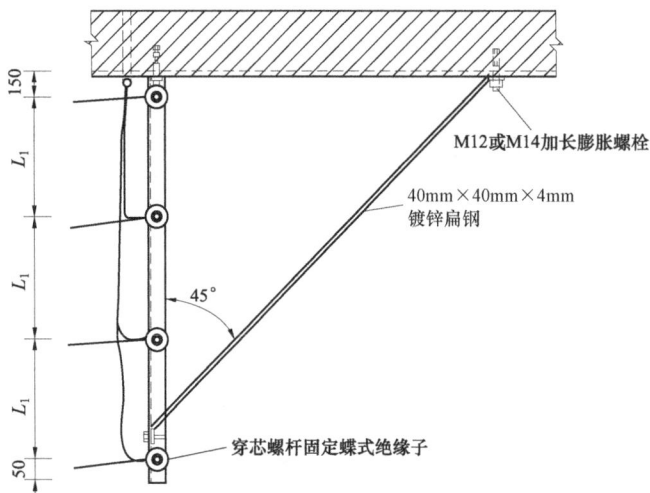

图 8-2-11 L 形支架安装示意图

3. 重复接地的安装

在三相四线制进户线安装工程中，常采用在进户点制作重复接地装置的方式来满足用户侧接地保护的要求和防止因接户中性线断路时发生中性点飘移的供电事故。

（1）根据 DL/T 601《架空绝缘配电线路设计技术规程》规定，在低压 TN 系统中，架空线路干线和分支线的终端，其 PEN 或 PE 线应做重复接地，接地电阻符合技术要求。架空线路在每个建筑物的进线外均需做重复接地（如无特殊要求，对小型单层建筑，距接地点不超过 50m 可除外），本工种接户线、进户线施工均在此规定中。

（2）低压架空进户线重复接地可在建筑物的进线处做引下线。N 线与 PE 线的连接可在重复接地节点处连接。需测试接地电阻时，打开节点处的连接板。架空线路除在建筑物外做重复接地外，还可利用总配电屏、箱的接地装置做 PEN 或 PE 线的重复接地。

（3）电缆进户时，利用总配电箱进行 N 线与 PE 线的连接，重复接地线再与箱体连接。中间不可不设断接卡，当需测试接地电阻时，卸下 PE 与 N 线连接端子，把接地电阻测试仪测试线连接到仪表"E"端钮上，另一端连到与箱体焊接为一体的接地端子板上测试。

（4）引下线各部位的连接。扁钢搭接长度不小于宽度的 2 倍，三个棱边都要焊接。圆钢引下线搭接长度不小于圆钢直径的 6 倍，两面焊接。所有焊接面都要清除焊药，做防腐处理。接地体及引出地面部分，应做热镀锌处理。

重复接地安装示意图如图 8-2-12 所示。

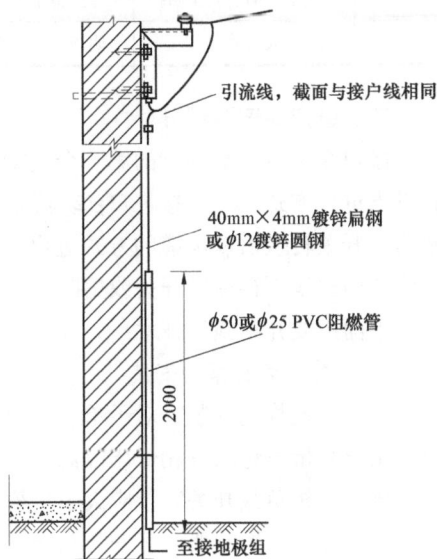

引流线，截面与接户线相同

40mm×4mm 镀锌扁钢
或 φ12 镀锌圆钢

φ50或φ25 PVC阻燃管

2000

至接地极组

图 8-2-12　重复接地安装示意图

4. 危险点分析与控制（见表 8-2-4、表 8-2-5）

表 8-2-4　　　　　危险点分析与控制（接户线架设部分）

序号	危险点	控制措施
1	导线施放环境	建立接户杆与建筑物受电点的专用施工通道
2	金具、导线吊装上杆	金具、导线由地面吊装至两侧支撑绝缘子需确保规范、可靠，通道无障碍
3	一端绑扎后的紧线	紧线过程接户线两侧施工人员的安全措施可靠，紧线过程确保导线舞动范围内无障碍
4	作业工作面的安全防护	接户杆与建筑物受电点的专用施工通道设立安全围栏，全部作业人员着工装、戴安全帽，杆上作业的安全规范，专人监护
5	天气情况	阴冷及雨雪天气，应停止开展作业

表 8-2-5　　　　　　　　危险点分析与控制（建筑物侧作业部分）

序号	危险点	控制措施
1	登高及安全工器具运用	按照通用登高模块要求操作，使用登高梯应遵照《安规》的相关规定
2	电动工具运用	电动工具的使用遵照 JGJ 46—2005《施工现场临时用电安全技术规范》第9章第9.6节的规定
3	金具安装	可靠传递，定位并安装
4	安全监护	全程专人监护
5	作业工作面的安全防护	作业范围内的地面部分设置安全围栏，全部作业人员着工装、戴安全帽
6	天气情况	阴冷及雨雪天气，应停止开展作业

二、进户线安装部分

接户线引至建筑物侧的第一个支撑物即为接户线与进户线的分界。一般情况下，有以下进户方式：① 直接进户；② 经低压隔离开关进户；③ 经进户保险器进户；④ 熔断器、开关转接后以电缆的方式进户，方便进户线之后的维护检修，但三相四线制进户线的中性线不得经过开关或熔断器。

下面主要介绍施工技术：

1. 开关、熔断器的安装

（1）建筑物侧安装。对于单相小负载接户线，可选用胶木隔离开关。三相接户线根据用电容量可选取三相低压隔离开关或熔断器。单相负载开关容量应大于负载电流的 2 倍，三相负载开关容量应大于负载电流的 3 倍。

（2）开关（熔断器）可安装在金属箱内或金属安装版上。

（3）户外安装方式必须具备防雨措施。

2. 户内线路安装

（1）进户线可通过阻燃 PVC 管或金属管进入户内，当采用金属管时，管壁必须可靠接地，管口安装护口圈。

（2）户内安装进户线可采用 PVC 圆管或方形线槽、金属电线管，要求导线的截面积不大于管、槽内径的 40%。

（3）金属电线管配线，线管的连接应采用螺纹接头，穿入电线后不得对线管施以电焊，管体必须可靠接地。

（4）导线的走向应避开热力管道。

3. 户内配电装置

户内配电装置是指配电箱、柜或计量装置安装箱、柜。

（1）进户线管应进入箱、柜后引出导线，箱、柜内计量装置的前端应安装熔断器或隔离开关，后端应安装负荷开关。

（2）熔断器、隔离开关、负荷开关的规格型号应满足安全用电的技术要求。

（3）配电箱内应设置中性线母排，主中性线应接入中性线母排后进行转接。禁止将主中性线经电能表转接。

（4）户内配电箱、柜体应妥善接地。

【思考与练习】

1. 对接户线和进户线的定义是什么？

2. 对架空接户线的最小截面有什么要求？

3. 过渡线的处理主要解决什么问题？

4. 进户线的重复接地有什么意义？

◢ 模块 3　制订接户线、进户线方案及工程器材 （Z27G1003Ⅱ）

【模块描述】本模块包含架空接户线、进户线的施工方案查勘、设计，依据方案制作工程器材计划表。通过案例分析介绍，掌握低压架空接户线安装工程查勘定点、方案制订、质量控制、施工验收的方法。

【正文】

一、接户线、进户线方案制订

按照营销业务流程，装表接电部门在接到用电业务流程传递的用电方案通知书后，组织接户线、进户线方案制订。

1. 制订施工方案

由用电方案通知书确定的用电地址、用电性质、用电容量设计施工方案。方案主要兼顾客户负荷位置、电源位置、计量装置方式及位置，便于施工维护，接户线、进户线走向及环境空间。

2. 编制工程器材计划表

施工方案确定后，即可编制工程器材材料计划表。送审后，由物资供应部门完成器材配置。材料表需要列出本项工程所需要的全部器材型号规格、单位数量明细，对不可预计器材、耗材，可另注明。

二、制订施工方案案例

某客户提出用电申请，经用电业务部门受理并现场查勘，批准方案见表 8-3-1 所示。

表 8-3-1   制 订 的 施 工 方 案

户　　号	户　　名	用电地址
051111111	×××	××区××路××号
用电容量	供电电压	负荷等级
12kW	380V	Ⅲ级

贵单位的用电申请已收悉。经研究确定，供电方案为：

（1）供电电源从 10kV××路××路公用变压器 A7 号杆搭接。

（2）你户新装 3×10（40）A 三相四线复费率电能表一只，用电性质为商业。

（3）应急自备发电机作为用电负荷的应急电源，并到××供电局营业厅完善审批手续

　　经装表接电部现场查勘如图 8-3-1 所示，接户位于××路公用变压器 A7 号杆，A7 号电杆为变径 12m 杆，接户横担安装位置距地面 8m，距客户接户位置直线距离 25m，采用架空直接接户，户外经熔断器进户。户内 PVC 电线管配线。客户室内安装壁挂式配电箱一台，配置表前熔断器一组，表后塑壳空气断路器一台。进户前做重复接地。

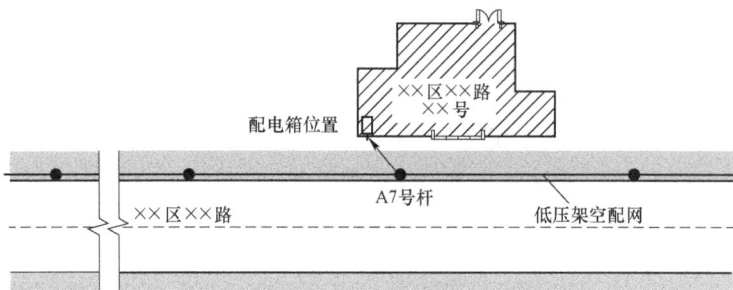

图 8-3-1　现场查勘

（一）材料计划表封面

材料计划表封面需列出以下主要信息：

（1）工程名称、编号。

（2）计划编制人、编制时间。

（3）计划审核人、审核时间。

（4）计划审批人、审批时间。

（二）材料计划表（见表 8-3-2）

表 8-3-2　　　　　　　材　料　计　划　表　表　样

填报单位：××局装表接电部　　制表时间：××××年××月××日

工程名称：×××低压户表接户、进户工程

序号	材料名称	型号规格	单位	数量	备注
1	三相壁挂式配电箱	500×600×180	个	1	户内喷塑，带零排
2	熔断器	RT16-00	套	3	100A
3	熔断器式隔离开关	HR17Y-160	个	3	（80A）表箱内配置
4	塑壳空气断路器	DZ20Y-63A	台	1	
5	四线横担	L 50×5×1800	片	1	开档：**m
6	U 形栓	φ220	套	1	开档：**m
7	四线一字铁横担	L 50×5×1200	片	1	安装在侧墙头
8	蝶式绝缘子	ED—2	个	8	
9	绝缘子丝杆	M16×120	套	8	
10	户外保险箱	350×300×200	个	1	不锈钢带防雨遮沿（下端进出线）
11	镀锌圆钢接地极	φ20×2500	根	2	视接地电阻值增减
12	镀锌偏钢	40×4	米	5	视接地极位置确定
13	绝缘铝芯线	DLV-25mm²	米	200	
14	铜铝过渡线鼻	25mm²	个	12	
15	绝缘铜芯线	BV-16mm²	米	10	电能表进出配线
16	PVC 电线管	φ50	根	1	进户线使用
17	PVC90°弯头	φ50	个	4	进户线使用
18	镀锌铁管卡	φ50	个	10	进户线使用
19	铁膨胀螺栓	M12×150	根	5	
20	铁膨胀螺栓	M8×10	根	4	户外保险箱固定
21	穿芯螺栓	M12×300	根	1	一字铁横担固定
22	塑料膨胀	M8	包	1	
23	木螺丝	M3×40	盒	1	
24	镀锌螺丝	M10×35	套	1	重复接地线连接
25	电工绝缘粘胶带		圈	5	
26	其他耗材				

注　1. 其他耗材主要包含搭接扎线、尼龙扎带等。

　　2. 电能表不在材料计划表内。

三、制订施工质量管理方案

施工质量管理方案主要体现在施工质量和工程管理方面。对于一个方案确定的安装工程，全过程质量管理是施工组织者施工前必须明确的一个环节。对于装表接电工种而言，承接一个接户、进户线工程，主要质量管理体现在以下环节：

1. 前期准备

工程过程所涉及全部器材的型号、规格、质量、数量与计划表相一致。

2. 施工组织

根据工班成员的技能水平安排不同人员担任不同的工作。

3. 施工过程质量控制

（1）金具安装牢固，满足技术要求。

（2）导线搭接符合搭接方案，扎线工艺合格，并沟线夹安装正确、压接可靠。

（3）架空线路对地距离满足技术要求，导线弧垂满足技术要求。

（4）熔断器箱、室内配电箱安装箱、柜安装牢固可靠，符合技术要求。

（5）重复接地装置安装、测试接地装置安装满足技术要求，引出部分防护可靠牢固，测试数据合格。

（6）接户线建筑侧金具安装、制作符合现场要求，安装牢固可靠，不影响建筑整体形象。

（7）接户线敷设。防止雨水顺导线流入措施，防水弯制作合格，必要时，在导线进入建筑物前的最低处用电工刀，将导线绝缘面向地面侧横向切开 2～3 道口，以利于雨水排除。

（8）进户熔断两侧铜铝过渡接线鼻压接，采用液压钳可靠压接（六角模具压接，不少于两模），利用电工绝缘胶带将接线鼻除螺栓连接部分做绝缘处理。

（9）中性线与重复接地引线连接可靠。接地线引出地面部分的防护处理。

（10）进户线敷设，户内 PVC 管布线，线管安装线路合理、美观可靠。

（11）配电箱内器件安装，接、配线，器件布置合理，安装牢固，配线美观。

（12）组织工程质量验收。

【思考与练习】

1. 制订施工方案有哪些要求？

2. 材料计划表封面需列出的信息有哪些？

3. 架空导线的固定应达到哪些要求？

4. 简述绝缘子的作用与要求。

▲ 模块4 接户线、进户线工程施工组织及监护（Z27G1004Ⅱ）

【模块描述】本模块包含接户线、进户线工程施工组织和监护。通过方案介绍、案例分析，掌握进户线、接户线的施工组织及安全监护方法。

【正文】

进户线、接户线作为一个工程，需进行周密的组织，按照工程施工管理的流程，组织工作主要包含工程前期准备、施工器材配置、人员配置、车辆调度、安全器具配置及正确使用以及施工全程监护。

一、施工组织

1. 施工组织及安全措施

（1）施工分为户外杆上作业部分、户外建筑物部分、导线施放、金具配置、地面配合部分、建筑内施工部分。

（2）按照新架设的施工模式，接户、进户线路工程需要制订标准化作业指导书。

（3）如果需要带电搭接，需要办理电力线路带电作业工作票［见《国家电网公司电力安全工作规程（电力线路部分）》附录 E］。

（4）按照接户线形式，单相接户线工程以 3～4 人组成施工队。三相四线接户线工程以 4～5 人组成施工队。

（5）接户线与进户线应分别组织施工。根据工作班成员数量，可先组织完成接户线两侧的金具、绝缘子安装，重复接地装置安装，导线架设，建筑物侧导线连接处理；再组织进户线安装，计量（配电）箱、柜安装，进户导线敷设，进户线与计量装置（保险、开关）连接，出表线与出表开关的连接；最后，实施户外杆上接电（视搭接条件确定顺序）。

（6）施工组织及安全措施的制订。主要根据工程方案及现场查勘的情况确定，作业指导书和工作票所涉及的安全措施必须得到审核批准并切实可行。

2. 接户、进户工程标准化作业指导书

编制标准化作业指导书的目的是将本项作业任务具体化，围绕作业项目的人身安全、设备安全、施工工艺、质量控制等方面的需要，以安全生产规程、反事故措施、施工工艺要求、施工验收规范等规定为依据，通过危险点分析，围绕作业过程的组织、技术、安全管理，制订相应的安全及质量控制措施，并在作业的全过程中加以执行。

各网省公司根据地方区域特点，编制专项标准化作业指导书，其格式一般需满足以下内容：

（1）现场查勘报告。包括查勘时间、查勘负责人、参加查勘人员、现场查勘范围及主要内容、现场查勘情况及需要采取的技术及安全措施、主要危险点分析及控制措施。

（2）施工组织措施。注明工作负责人、安全负责人、工器具材料员、工班成员、施工时间。

（3）工器具及施工器材准备表。包括工器具部分和施工器材部分（均应由责任人签字确认）。

（4）工作现场平面图。施工地点示意图，在图上标明施工线路、安全措施设置位置（必要时绘制）。

（5）办理工作许可手续。

（6）开工前安全事项确认。检查人员状态，劳动防护用品及配置、使用情况，交代本次工作内容及安全事项，工作班成员签字确认，现场布置安全措施并进行核对。

（7）现场作业工序工艺确认。按照作业项目及方法→质量标准技术要求→执行人→确认人或作业程序→质量要求及监督检查→危险点分析及控制措施确认。

（8）施工工艺技术要求。

（9）施工质量的检查验收。

（10）撤除安全措施，结束工作。

（11）办理工作终结手续。

二、施工监护

施工监护是安全管理的重要环节，没有监护的施工方式在电力施工中被绝对禁止。

（1）监护由有一定工作经验、熟悉安全规程、熟悉工作班员的工作能力、熟悉工作范围的设备情况具有安全管理部门批准的人员担任。

（2）监护人必须熟悉施工方案和工作环境，保证安全正确地组织工作，负责检查工作票及标准化作业指导书所列安全措施是否正确完备，必要时，可根据现场情况予以补充。

（3）工作前对工作班成员进行危险点告知，交代安全措施和技术措施，并确认每一个工作班成员都已知晓。

（4）督促、监护工作班成员遵守安全规程，正确使用劳动防护用品和执行现场安全措施。

【思考与练习】

1. 施工组织及安全措施有哪些要求？

2. 施工监护有哪些要求？

3. 工作票中哪些地方不能涂改？

模块 5　根据负荷合理选择导线及相关材料（Z27G1005Ⅱ）

【**模块描述**】本模块包含接户线、进户线配置导线的选择以及架设导线配套材料的选择。通过要点介绍、案例讲解，掌握选择方法。

【**正文**】

一、对低压接户线、进户线的一般规定

（1）低压接户线应采用绝缘导线，导线截面根据负荷计算电流和机械强度确定，同时要考虑今后发展的可能性。当计算电流小于 30A 且无三相用电设备时，宜采用单相接户线；大于 30A 时，宜采用三相接户线。

（2）低压接户线大多采用铝芯聚氯乙烯绝缘电线，也可采用铜芯聚氯乙烯绝缘线。

由于架空主线均采用铝质导线，使用铜线接户，必须进行铜铝转换（例如铜铝转换并沟线夹），使用铝导线接户，线路侧可采用并沟线夹或直接绑扎连接，负荷侧一般与开关或熔断器相连接，需使用铜铝过渡接线鼻转接，严禁铜铝直接搭、压接。

（3）进户线部分采用铜芯绝缘线居多。如果采用铝导线进户，则必须使用铜铝过渡接线鼻。不得直接将铝质导线制作羊眼圈供开关螺钉压接，也不允许将铝质导线直接进入电能表。

（4）接户线导线直径要求。DL/T 601《架空绝缘配电线路设计技术规范》规定为：铜绞线，不小于 10mm²；铝绞线，不小于 16mm²。在其他的规程、规范中也允许各放大一个规格。

二、低压电缆接户线、进户线的选型

常用的低压电力电缆有聚氯乙烯绝缘电缆、交联聚乙烯电缆。随着生产技术和工艺的不断提高，交联聚乙烯电缆的应用最为广泛。电缆选型时，有带钢铠和不带钢铠两种，应根据使用的不同环境和条件，结合具体情况进行选择。

三、根据负荷选择导线型号、规格

（1）接户线导线的选择，主要兼顾"电压损失、额定载流量、机械强度、允许最小截面"四个方面。

（2）鉴于接户线、进户线用途的确定性，不需要进行较复杂的计算。一般情况下，为保证供用电系统安全、可靠、经济、合理的运行，进户线、接户线截面的选择可根据经济电流密度来确定。

确定导线传输的最大负荷电流 I_{max}，其值为

$$I_{max} = \frac{P_{max}}{\sqrt{3}U_N \cos\varphi} \tag{8-5-1}$$

式中：P_{max} 为最大传输有功功率，W；U_N 为线路额定电压，V；$\cos\varphi$ 为负荷功率因数。

确定负载的最大负荷利用小时数 T_{max}，它是由用电负荷的性质确定。确定经济电流密度 j，可由表 8-5-1 查得。

表 8-5-1　　　　　　　　确定导线的经济电流密度 j　　　　　　　　（A/mm²）

导线材质	年最大负荷利用小时		
	＜3000h	3000～5000h	＞5000h
铜	3.00	2.25	1.75
铝	1.65	1.15	0.90

计算导线截面 S，计算公式为

$$S = \frac{I_{max}}{j}(\text{mm}^2) \tag{8-5-2}$$

根据计算所得的导线截面，选择最近的标称截面。当计算所得截面介于两个标称截面之间时，一般应选取较大的标称截面。

导线截面选定后，应用最大允许载流量来校核。如果负荷电流超过了允许载流量，则应增大截面。必要时，还应进行机械强度试验，在任何恶劣的环境条件下，应保证线路在电气安装和正常运行过程中导线不被拉断。

【例 8-5-1】一商业用电负荷 10kW，供电直径 30m，采用三相四线方式供电，按照导线选配原则，确定导线型号、规格。

解：确定负荷电流 I，功率因数按 0.8 计算

$$I = \frac{P}{\sqrt{3}U_N\cos\varphi} = \frac{10000}{\sqrt{3}\times380\times0.8} = 18.99(\text{A})$$

确定导线的经济电流密度 j（A/mm²），按照商业用电性质，负载的最大负荷利用小时数 $T_{max} \approx 3000～5000h$，按照铝质导线选择，则 $j=1.15$。

导线截面 S 为 $S = \frac{I_{max}}{j} = \frac{18.99}{1.15} = 16.5(\text{mm}^2)$，考虑负载的变化因数，选择聚氯乙烯绝缘铝导线 BLV-25 型，满足长期连续负荷允许载流量和架空导线的最小截面。

（3）当接户线线路过长时，还应按电压损失校验导线截面，保证线路的电压损失不超过允许值（10kV 及以下三相供电的用户受电端供电电压允许偏差为额定电压的 ±7%，对于 380V 则为 407～354V，220V 单相供电，为额定电压的 +5%，–10%，即 231～198V）。

（4）接户线用聚氯乙烯绝缘电线长期连续负荷允许载流量见表 8-5-2～表 8-5-4。

四、电缆截面积的选择

电缆截面积的选择，需要兼顾工程投资、线路的损耗和电压质量、电缆的使用寿命等因数。选择合适的截面积，使电力电缆满足最大工作电流下的缆芯温度要求和压降要求，最大短路电流作用下的热稳定要求。

选择电缆截面积时，还要满足《城市中低压配电网改造技术导则》和《城市电力网规划导则》要求。

五、导线连接用器材的选择

当导线型号、规格确定后，导线与低压配网和接户装置、接户装置的连接所配置的器材也就可以确定。相关原则以及运用案例见相关模块。

表 8-5-2　　　　500V 铝芯聚氯乙烯绝缘导线长期连续负荷允许载流量

导线截面（mm²）	线芯结构			导线明敷设		聚氯乙烯绝缘导线多根同穿在一根管内时允许负荷电流（A）											
	股数	单芯直径（mm）	成品外径（mm）	25℃	30℃	25℃						30℃					
				塑料		穿金属管			穿塑料管			穿金属管			穿塑料管		
						2根	3根	4根	2根	3根	4根	2根	3根	4根	2根	3根	4根
10	7	1.33	7.8	59	55	49	44	38	42	38	33	46	41	36	39	36	31
16	7	1.68	8.8	80	75	63	56	50	55	49	44	59	52	47	51	46	41
25	7	2.11	10.6	105	98	80	70	65	73	65	57	75	66	61	68	61	53
35	7	2.49	11.8	130	121	100	90	80	90	80	70	94	84	75	84	75	65
50	19	1.81	13.8	165	154	125	110	100	114	102	90	117	103	94	106	95	84

表 8-5-3　　　　500V 铜芯聚氯乙烯绝缘导线长期连续负荷允许载流量

导线截面（mm²）	线芯结构			导线明敷设		聚氯乙烯绝缘导线多根同穿在一根管内时允许负荷电流（A）											
	股数	单芯直径（mm）	成品外径（mm）	25℃	30℃	25℃						30℃					
				塑料		穿金属管			穿塑料管			穿金属管			穿塑料管		
						2根	3根	4根	2根	3根	4根	2根	3根	4根	2根	3根	4根
10	7	1.33	7.8	75	70	65	57	50	56	49	44	61	53	47	52	46	41
16	7	1.68	8.8	105	98	82	73	65	72	65	57	77	68	61	67	61	53
25	19	1.28	10.6	138	128	107	95	85	95	85	75	100	89	80	89	80	70
35	19	1.51	11.8	170	159	133	115	105	120	105	93	124	107	98	112	98	87
50	19	1.81	13.8	215	201	165	146	130	150	132	117	154	136	121	140	123	109

表 8-5-4　低压单根架空绝缘电线在空气温度为 30℃时的长期允许载流量

材质及绝缘允许载流量 导线标称截面（mm²）	铜		铝		铝合金	
	PVC（A）	PE（A）	PVC（A）	PE（A）	PVC（A）	PE（A）
16	102	104	79	81	73	75
25	138	142	107	111	99	102
35	170	175	132	136	122	125
50	209	216	162	168	149	154

【思考与练习】

1. 接户线、进户线最小截面是如何规定的？

2. 怎样确定导线传输的最大负荷电流？

3. 根据经济电流密度，如何计算导线截面？

第九章

低压电缆接户线、进户线及配套设备安装

▲ 模块1 电缆架空接户线、进户线施工技术（Z27G2001Ⅱ）

【模块描述】本模块包含采用电缆接户、进户方式的施工技术。通过要点讲解、例题计算，掌握安装步骤中的技术要求、质量控制、施工方法以及相关的技术指标。

【正文】

一、电缆接户、进户方式

电缆接户、进户主要运用在城市配网系统。常用方式主要分为架空电缆接户方式和电缆分支箱接户方式。

1. 架空电缆接户方式

在接户杆上安装一组双横担、一组单横担，在上下垂直横担面上安装一组低压户外刀熔开关（带保险板），开关上侧另一组横担装设蝶（针）式绝缘子用于绑扎接户跳线。安装示意如图9-1-1所示。

刀熔开关安装也有单横担方式，可根据开关选型以及安装说明书配置横担型式。

一般情况下，接户电缆长度应在50m以内，按照《电气装置安装工程施工及验收规范》的要求，电力电缆应经保护开关接入配网，考虑到电缆长度相对较短，选用JDW2-0.5 或 GRW1-0.5 户外型刀熔开关，能满足通、断空载电缆线路和电缆短路、过负载保护。

按照 JGJ 16—2008《民用建筑电气设计规范》的要求，在电缆与架空线连接处，还应装设避雷器，避雷器接地端与电缆的金属外皮或钢管及绝缘子铁脚连在一起接地，其冲击接地电阻不应大于 10Ω。

年平均雷暴日在 30 及以下地区的建筑物，可采用低压架空线直接引入，但应符合下列要求：

（1）入户端应装设避雷器，并应与绝缘子铁脚连在一起接到防雷接地装置上，冲击接地电阻不应大于 5Ω。

（2）入户端的三基电杆绝缘子铁脚应接地，其冲击接地电阻均不应大于 20Ω。

　　在雷电多发区，还可在电缆接户刀熔开关出线侧安装一组低压户外避雷器。

　　对于具有电缆进线线段的架空线路，阀型避雷器应装设在架空线路与连接电缆的终端头附近。

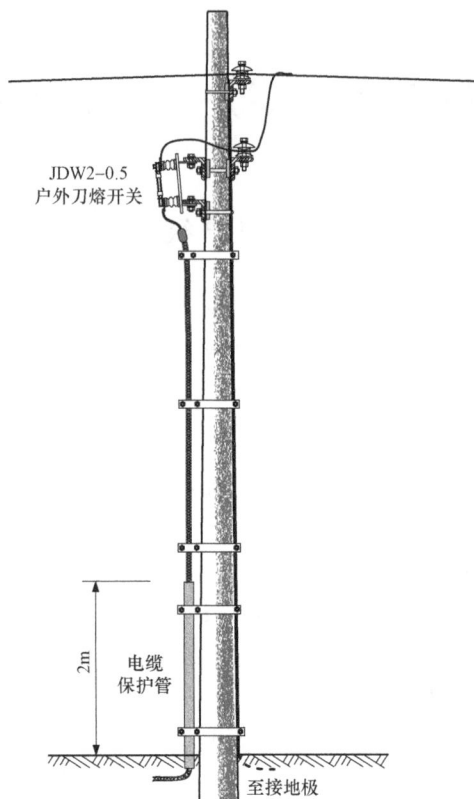

图 9-1-1　电缆接户工程安装示意图

　　当采用中性线保护时，应满足下列相应要求：

　　（1）防雷接地装置和重复接地保护的接地装置之间应通过低压避雷器连在一起。

　　（2）电源为电缆引入时，各相及中性线通过低压避雷器在进线箱处与重复接地保护的接地干线连接。

　　（3）当采用上述措施时，重复接地的接地电阻不宜大于 10Ω。

　　2. 电缆分支箱接户方式

　　在城市规划中，配电网下地是城市现代化建设的发展方向。

　　在低压配网系统中，根据配电变压器供电范围，设置多个电缆分支箱，箱内设置 n 个预留分支终端连接端口，每一个分支连接端口均安装有带短路、过载功能的开断装置（塑料外壳式断路器，如 GSM1-×××L/3300 型开关），由分支端口引出的支线电缆进入用电区域装设电缆接线箱。

根据客户的用电容量可在电缆分支箱中连接电源，也可在电缆终端接线箱中连接电源（接线箱中一般只设置连接母线供客户接电）。

配电变压器以电缆出线方式网络系统示意图如图 9-1-2 所示。

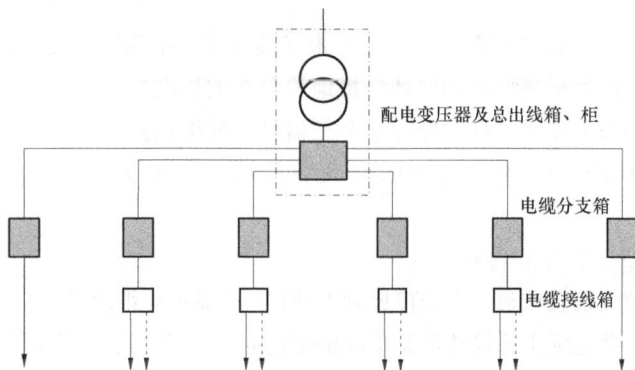

图 9-1-2　配电变压器以电缆出线方式网络系统示意图

二、电缆架空接户方式的安装

1. 作业前准备工作

（1）低压电缆热缩终端材料一套（电源侧）接线鼻一套共四个，规格根据电缆截面选择。

（2）低压刀熔开关一组（三只），规格根据最大负载电流选择。

开关熔断片规格的选择，主要考虑开关出线侧发生短路事故时能可靠熔断因数。

按照一般定义，熔体的最小熔断电流与熔体的额定电流之比为最小熔化系数，常用熔体的熔化系数大于 1.25，即额定电流为 100A 的熔体在电流 125A 以下时不会熔断。

保护无起动过程的平稳负载如照明线路、电阻、电炉等时，熔体额定电流略大于或等于负荷电路中的额定电流。保护供电干线时，可考虑按照以下公式选配熔断片

$$I_{RN} \geqslant (1.5 \sim 2.5)\sum I_N \qquad (9-1-1)$$

式中：I_{RN} 为熔断片额定电流；$\sum I_N$ 为线路总负荷电流。

计算获得的熔断片额定电流，应向上选配标称规格的熔断片。例如计算熔断片额定电流为 85A，选择 100A 熔断片。

（3）根据电缆规格定制电缆卡（抱箍）若干套。

（4）杆脚电缆保护管 2m（城市人流密集区域，保护管应大于 2m，采用镀锌钢管

或塑胶波纹电缆管），电缆管内径不应小于电缆外径的 1.5 倍。

（5）电缆与架空线连接过渡线（铝绞线，截面积与电缆线芯直径匹配）四根（开关侧压接铜铝过渡接线鼻，用于连接刀熔开关）。

（6）线路金具若干。用于安装刀熔开关、引流线固定绝缘子、电缆固定、电缆保护管固定等金具。金具的规格尺寸要根据金具安装位置的杆径、电缆的规格等因数确定。

（7）25mm² 接地线（裸铜绞线）若干米（接地极引出扁钢压线螺栓至最上一层金具的长度加损耗，如果需要，还要计划接地线分支的长度）。

（8）安装制作工器具、杆上作业安全工器具、辅组耗材等。

（9）施工班组不少于 4 人，其中工作负责人（施工监护人）一名，工作班 3 名（不含电缆敷设施工）。

2. 作业项目、程序和内容

（1）在电缆敷设完成后，在搭接杆脚下预挖一个备用电缆埋设坑（埋管或电缆沟敷设则直接上杆），将电缆上杆尺寸以及预留长度确定后，切断多余电缆，穿入电缆保护管，制作电缆头，电缆头的引出线应根据电缆定位方向预留不同长度，以满足接入刀熔开关的不同距离。施工中，电缆最小允许弯曲半径与电缆外径的比值，应不小于 10。

（2）杆上安装电缆固定支撑金具及电缆头固定金具、刀熔开关安装金具、跳线固定绝缘子金具，使用滑轮吊绳将在地面制作完成的低压电缆头连同电缆提升至杆上刀熔开关出线侧下方位置，调直电缆，理顺杆脚预留部分电缆（经电缆沟或经塑胶波纹电缆管敷设除外），调整电缆方向（方便电缆与开关的连接），将电缆用卡具固定在电杆金具上。

（3）连接电缆头出线与开关、开关电源侧过渡线，过渡线与绝缘子绑扎，将过渡线与架空主线可靠搭接，将电缆接入配网系统。杆上跳线搭接部分与架空线接户施工相同。

（4）垂直接地体的安装。将配置好的接地体放在预挖地沟的中心线上，用大锤将接地体打入地下，顶部距地面不小于 0.6m，间距不小于 5m。接地极与地面应保持垂直打入，然后将镀锌扁钢调直置入沟内，依次将扁钢与接地体用电焊焊接。扁钢应侧放而不可平放，扁钢与接地极连接的位置距接地体顶端 100mm，焊接时将扁钢拉直，焊好后清除药皮，刷沥青漆做防腐处理，并将接地线引出至需要的位置，留有足够的连接高度，以待使用。

3. 质量控制

电缆架空接户工程施工质量保证环节如下：

（1）电缆敷设部分应遵照国家标准电气装置安装工程施工及验收规范的相关规定。

（2）电缆上杆过程对电缆和电缆头的保护。制作完成的电缆头在安装过程中，必须小心谨慎，电缆头不得受到额外的作用力，防止损坏电缆头结构的绝缘。

（3）杆上金具、刀熔开关安装要牢固可靠。

（4）刀熔开关的熔断片规格配置满足接入负荷的基本配置。

（5）杆上金具、金属电缆护管、电缆铠装接地及接地装置的连接要可靠。接地电阻符合技术要求。

（6）电缆与开关的连接。电缆分相导线自然过渡，在保持对称的前提下，减少多余的导线。过渡线制作与连接主要考虑自然弧度和对称美观。

（7）使用金属电缆保护管时，管口需做护口处理，电缆外绝缘不得受到金属管口的切割作力。

三、电缆分支箱接户方式的安装

1. 作业前准备工作

电缆分支箱接户方式的器材主要由分支箱（接线箱）提供成套设备，接户电缆与之连接施工较为简单，一般包括低压电缆热缩终端材料一套（只考虑电源侧），接线鼻一套共四个，安装制作工器具、辅助耗材等。

2. 作业项目、程序和内容

在电缆敷设完成后，在分支箱（或接线箱）下预挖一个备用电缆埋设坑（埋管或电缆沟敷设则直接进箱），将电缆进箱尺寸以及预留长度确定后，切断多余电缆，制作电缆头，电缆头的引出线应根据电缆定位方向预留不同长度，以满足接入分支箱（接线箱）内母排和零排的不同距离。

3. 质量控制

电缆分支箱接户工程施工质量保证环节如下：

（1）电缆敷设部分应遵照国家标准电气装置安装工程施工及验收规范的相关规定。

（2）电缆进箱过程对电缆和电缆头的保护。制作完成的电缆头在安装过程中，必须小心谨慎，电缆头不得受到额外的作用力，防止损坏电缆头结构的绝缘。

（3）箱内电缆的固定安装要牢固可靠。

（4）电缆铠装接地及接地装置的连接要可靠。

电缆接户（进户）工程施工验收还应进行下列检查：

（1）电缆型号规格应符合设计方案，无机械损伤，标志牌应装设齐全、正确、清晰。

（2）电缆的固定、弯曲半径、电力电缆的接线等应符合技术要求。

（3）电缆铠装的接地应良好。

（4）电缆终端头、电缆接头相色正确。

（5）电缆支架、杆上固定等金属部件应经热镀锌处理。

（6）电缆沟内应无杂物、无积水，盖板齐全牢固。

（7）隐蔽工程应在施工过程中进行中间验收，并做好签证。

在验收时，应提交下列技术资料和文件：

（1）直埋电缆接户、进户线路敷设位置图（地下管线标注清楚，并有标明地下管线的剖面图）。

（2）安装工程及隐蔽工程的技术记录。

（3）实际敷设长度（总长度及分段长度）。

（4）电缆试验记录。

（5）接地装置试验记录。

【思考与练习】

1. 简述电缆接户、进户方式。

2. 在电缆与架空线连接处如何进行过电压保护？

3. 当高压电力电缆低压电力电缆同沟敷设时应怎样布置排列？

▲ 模块 2　电缆敷设技术（Z27G2002Ⅱ）

【模块描述】本模块包含采用电缆接户、进户方式的低压 0.4kV YJV22 型电力电缆敷设施工作业及技术要求。通过操作步骤介绍、列表说明，掌握电缆地埋、杆上固定、穿管等施工敷设技术。

【正文】

一、概述

装表接电工涉及的电缆敷设只针对低压三相四线电力电缆，低压电力电缆大多使用聚合塑胶绝缘材料制作，其结构具有可靠、免维护等优势，在电力系统得到广泛运用。本模块主要介绍低压电缆敷设的基本要求、环境条件，以及室内敷设、电缆沟敷设、管道内电缆敷设、电缆埋地敷设、架空敷设等敷设方式的技术要求。

二、敷设基本要求

（1）电缆具备防护措施。

（2）敷设整齐美观，固定牢固可靠。

（3）电缆与各种设施间的距离符合规定要求。

（4）电缆与主网及负载的连接应装设开关和熔断器。

（5）电缆在两头应留有 1～2m 余量，以备重新封端或制作电缆头用。

（6）电缆从地下引出地面时，地面上 2m 一段，应采用镀锌金属管（或硬塑胶电缆管）加以保护。

（7）电缆金属铠装及金属保护管应可靠接地（本模块不涉及铅包电力电缆）。

三、敷设环境条件

（1）便于维护。

（2）电缆路径最短。

（3）与城市建设规划无冲突。

（4）无受外部因素破坏危险。

四、敷设技术要求

1. 室内、电缆沟敷设

（1）无铠装的电缆在室内明敷，应在电缆支架上敷设。水平敷设时，距地面不应小于 2.5m，垂直敷设时，距地面不应小于 1.8m。当电缆需沿墙面垂直敷设时，应参照电缆上杆的方式，对至地面 1.8m 电缆加以保护（钢管或金属护网）。

（2）相同电压等级的电缆并列明敷时，电缆的净距不应小于 35mm，低压电缆与控制电缆及高压电缆应分开敷设。当需要并列明敷时，其净宽距离不应小于 150mm。

（3）在下列地方应将电缆加以固定。垂直敷设或超过 45° 倾斜敷设的电缆，在每一个支架上；水平敷设的电缆，在电缆首末两端及转弯、电缆接头的两端处。

（4）电缆支架一般为角钢焊接，钢结构电缆支架所用钢材应平直，无显著扭曲。下料后长短差应在 5mm 范围内，切口处应无卷边、毛刺。

（5）钢支架应焊接牢固，无显著变形。支架各横撑间的垂直净距应符合设计，其偏差不应大于 2mm。当设计无规定时，可参照表 9-2-1 的数值，但层间净距应不小于两倍电缆外径加 10mm。

表 9-2-1　　　　　　　　　层间最小允许垂直距离　　　　　　　　（mm）

电缆种类	电缆夹层	电缆隧道	电缆沟
电力电缆	200	200	150

（6）电缆各支持点间的距离应按设计规定。当设计无规定时，不应大于表 9-2-2 中数值。电缆固定点间距见表 9-2-3。

表 9-2-2　　　　　　　　　电缆各支持点间的距离　　　　　　　　（m）

电缆种类	支架上敷设[①]		钢索上悬吊敷设	
	水平	垂直	水平	垂直
电力电缆	0.4	1.0	0.75	1.5

① 包括沿墙壁、构架、楼板等非支架固定。

表 9-2-3　　　　　　　　　　　　　电 缆 固 定 点 间 距

电缆种类		固定点的间距
电力电缆	全塑型	1000mm
	除全塑型外的电缆	1500mm

2. 管道内电缆敷设

（1）在下列地点，电缆应有一定机械强度的保护管或加装保护罩。电缆进入建筑物、隧道、穿过楼板及墙壁处，从沟道引至电杆、设备、墙外表面或房屋内行人容易接近处的电缆，距地面高度 2m 以下的一段，其他可能受到机械损伤的地方。保护管埋入地面的深度不应小于 100mm（埋入混凝土内的不做规定），伸出建筑物散水坡的长度不应小于 250mm。保护罩根部应与地面取平。

（2）管道内部应无积水且无杂物堵塞。穿电缆时，为避免护层损伤，可采用无腐蚀性的润滑剂。

（3）电缆穿管时，应符合下列规定：每根电力电缆应单独穿入一根管内，电力电缆不得与裸铠装控制电缆穿入同一根管内，敷设在混凝土管、陶土管、石棉水泥管内的电缆，宜使用塑料护套的电缆。

3. 电缆埋地敷设

（1）电缆室外直埋敷设深度不应小于 0.7m，直埋农田时，不小于 1m，电缆的上下部位均匀铺设细沙层，其厚度为 0.1m。当使用混凝土护板或砖等保护层，其宽度应超出电缆两侧各 50mm。

（2）电缆通过下列地段应穿管，管径不应小于电缆外经的 1.5 倍。建筑物和构筑物的基础、散水坡、楼板和穿过墙体等处，道路和可能受到机械损伤的地段，电缆引出地面 2m～地下 0.2m 处人、畜容易接触使电缆可能受到机械损伤的部位，埋地敷设的电缆之间及其与各种设施平行或交叉的净距离，应符合表 9-2-4 的规定。

表 9-2-4　　　　　　　　电缆间及其与各种设施平行或交叉净距离

项目	敷设条件	
	平行时（m）	交叉时（m）
建筑物、构筑物基础	0.5	—
电杆	0.6	—
乔木	1.5	—
灌木丛	0.5	—
1kV 及以下电力电缆之间，以及与控制电缆之间	0.1	0.5（0.25）

续表

项目	敷设条件	
	平行时（m）	交叉时（m）
通信电缆	0.5（0.1）	0.5（0.25）
热力管道	2.0	（0.5）
水管、压缩空气管	1.0（0.25）	0.5（0.25）
可燃气体及易燃液体管道	1.0	0.5（0.25）
道路	1.5（与路边）	1.0（与路边）
排水明沟	1.0（与沟边）	0.5（与沟边）

注　路灯电缆与道路灌木丛平行距离不限，表中括号内数字，指局部部位。

当电缆穿管或其他管道有防护设施（如管道的保温层等）时，表 9-2-4 中净距应从管壁或防护设施的外壁算起。

（3）严禁将电缆平行敷设于管道的上面或下面。

（4）电缆与铁路、公路、城市街道、厂区道路交叉时，应敷设于坚固的保护管或隧道内。电缆管的两端宜伸出道路路基两边各 2m，伸出排水沟 0.5m，在城市街道应伸出车道路面。

（5）电缆管的弯曲半径应符合所穿入电缆弯曲半径的规定，见表 9-2-5。每根电缆管最多不应超过三个弯头，直角弯不应多于 2 个。

表 9-2-5　　　　　　　　　　电缆最小允许弯曲半径

电缆种类	最小允许弯曲半径
聚氯乙烯绝缘电力电缆	$10D$
交联聚氯乙烯绝缘电力电缆	$15D$

注　D 为电缆外径。

4. 架空敷设

（1）此类敷设一般采用钢缆作为电缆的悬空定位支撑，除钢缆的架设技术要考虑敷设环境外，电缆定位一般采用通信电缆架空敷设的镀锌金属吊卡。

（2）在架设施工中，要考虑电缆吊卡经钢缆所形成的闭合回路，在电缆处于三相负载不平衡大电流运行时，可能产生涡流引起的热效应损害电缆的绝缘，需要采取技术措施阻断涡流磁路，使其吊（夹）具不应有铁件构成的闭合磁路。

（3）对于聚合塑胶绝缘材料制作的电力电缆室外敷设，除生产厂家注明外，环境温度应高于 0℃。

（4）电缆进入电缆沟、隧道、竖井、建筑物、盘（柜）以及穿入管子时，出入口应封闭，管口应密封。封闭材料要满足防火、防水、防鼠害等功能。

【思考与练习】

1. 电缆敷设的基本要求有哪些？
2. 电缆埋地敷设有哪些要求？
3. 电缆敷设环境条件有哪些？

模块3 低压三相四线电力电缆头制作技术（Z27G2003Ⅱ）

【模块描述】 本模块包含低压三相四线 YJV22 型交联聚乙烯绝缘电力电缆热缩电缆终端头制作。通过操作步骤介绍、图解说明，掌握依据电缆头制作技术尺寸图纸，合理使用工器具，制作低压电缆头的操作程序、工艺要求及质量标准。

【正文】

低压三相四线电力电缆主要形式为交联聚氯乙烯绝缘聚氯乙烯护套电缆（VV 型）、交联聚乙烯绝缘聚氯乙烯护套电缆（YJV 型）。如导线为铝材，则在型号中间加字母"L"，如 VLV、YJLV；阻燃电缆，型号前加 ZR，即 ZR–VV、ZR–YJV；耐火电缆，在前面加 N（或 NH），即 NH–VV、NH–YJV 等类型。实际运用中还分铠装型和非铠装型，在型号编排中以字母后缀数字表示，如 22、20，分别表示带铠装和不带铠装，本模块以铠装电缆为例。

一、低压电力电缆一般性试验

电力电缆的电气试验是保证电缆安全运行的重要措施之一。通过试验，可发现电缆绝缘特性的变化及其内部可能隐藏的缺陷。装表接电工主要涉及电缆"交接试验"部分，对于低压交联聚乙烯护套绝缘的电力电缆，交接试验只做绝缘电阻测量，必要时，还可做交流耐压试验。

选择 1kV 绝缘电阻表，分别对电缆芯线间、芯线对铠装金属部位作绝缘电阻测试。试验前，将电缆两头芯线剥开悬空，芯线裸露部分保持一定空间距离。

对 4 芯电力电缆分别做：1/（2+3+4）+铠装+地、2/（1+3+4）+铠装+地、3/（1+2+4）+铠装+地、4/（1+2+3）+铠装+地绝缘电阻测试。试验接线如图 9–3–1 所示，其测试数据应大于 10MΩ。

在 GB 50303—2015《建筑电气工程施工质量验收规范》第 18.1.2 款中规定：低压电线和电缆，线间和线对地间的绝缘电阻值必须大于 0.5MΩ。对于新电缆，应按照大于 10MΩ 的技术要求做交接试验。

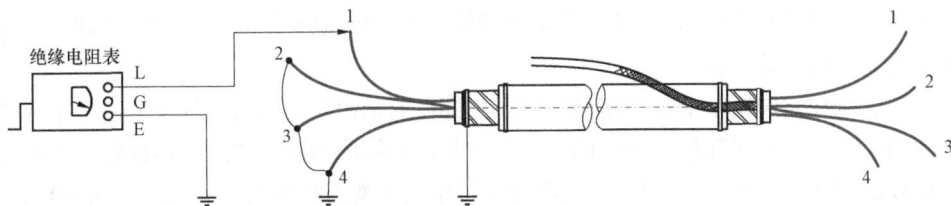

图 9-3-1　电力电缆绝缘试验接线图

对于电力电缆的绝缘测试，属于测试电容性负载，除对绝缘电阻表的使用方法有要求外，测试完毕后，应将每一根芯线充分对地放电。

二、低压三相四线电力电缆终端头的制作

1. 安全措施

（1）电缆终端头的制作，应由经过培训且熟悉工艺的人员进行，或在前述人员的指导下进行工作。

（2）施工现场符合安全防火规定，具备施工所需的环境空间。制作电缆终端头时，应在气候良好的条件下进行，并应有防止尘土和外来污物的措施。

（3）对于低压电力电缆头的制作，一般采用 SY 型热缩电缆头套件，由专门厂家按照不同规格生产的热缩电缆头套件包含了制作所需要的全部材料、耗材以及制作工艺尺寸简图，按照简图标明的尺寸及顺序逐步进行即可完成制作工作。

2. 作业项目、程序和内容

（1）确认电缆型号规格与设计方案一致并经试验合格。

（2）确认电缆支架以及固定电缆终端头支架配置安装完毕。

（3）确认电缆终端头的配件应齐全，并符合要求。

（4）根据电缆与设备连接的具体尺寸，在电缆上做好标记，切除多余的电缆，根据电缆头套件型号尺寸要求，剥除电缆外护套，如图 9-3-2 所示。

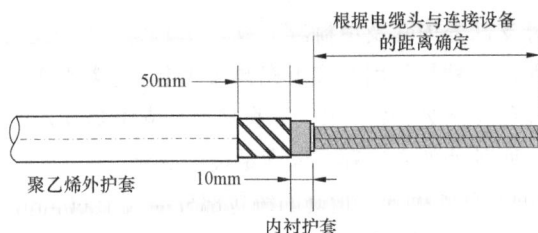

图 9-3-2　电缆头制作尺寸示意图

（5）锯除铠装。用细齿钢锯在第一道卡子位置再延长 5mm 处，将钢铠锯一环形锯痕，不得锯透，用螺丝刀将锯痕钢铠的尖角处挑起。使用钳子将钢铠撕断，用平板细锉将断口毛刺修整光滑，还可在开锯前用细铁丝或铜丝将电缆钢铠锯断处做临时绑扎，防止锯时钢铠晃动松脱。

（6）制作安装钢带卡箍。将接地线焊接部位的钢铠表面防锈漆打磨干净，用制作的钢带卡子把接地线和钢铠紧密的卡接在一起。卡箍的作用是防止钢铠松脱，固定接地编织软铜线。采用剥离下来的废弃钢铠，可用铁皮剪刀将钢铠一分为二，如图 9-3-3 所示制作。图中"A"部位的绑扎是将接地线定位，防止接地线焊锡点受力。可以用钢铠箍绑扎，也可以用 2.5～4mm² 单股铜线镀锡后绕扎。

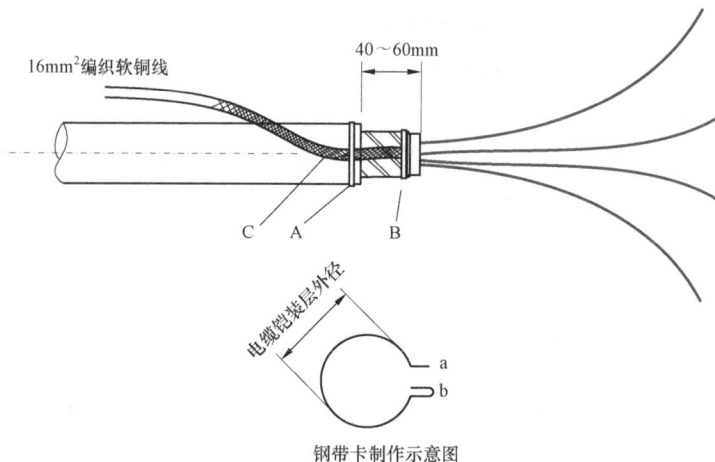

图 9-3-3　电缆头制作尺寸示意图

（7）焊接铠装接地线（16mm² 裸铜编织软线）。使用 300W 或 500W 电烙铁，将图 9-3-3 中"B"点前后接地软铜线可靠焊接在两层钢带上，不能将电缆内包绝缘烫伤。要求将图中"C"部位长约 15～20mm 的软铜编制带镀满焊锡，防止水分沿编织铜带浸入。

（8）剥除电缆分支部分护套及填料。

（9）电缆头填充。一种是使用电缆填充料（或电工塑料带）将四芯分叉以及统包根部包裹成球状，再套入分支手套；另一种直接将分支手套套入电缆根部，进行热缩，对于低压电力电缆，两种处理方法都可以满足技术要求。

（10）安装（热缩）分支手套。指套的统包部要大于 60mm，套入线芯根部。指套内要有预涂的密封胶（由电缆热缩头套厂家预先涂在套头内壁），加热时，密封胶软化填充头套内部空间，起到密封防潮作用。使用喷灯或液化气烤枪，先对分支套部分加热，使其均匀收缩，逐步向统包导管加热收缩，待完全收缩后，可见少量密封胶受热挤出。

（11）安装压接接线端子（接线鼻子）。以接线鼻管的深度加 10mm，剥除线芯绝缘，清除管内及线芯表面的氧化层，在线芯上涂抹导电膏（或中性凡士林油），调节好线鼻方向，用压线钳将线鼻与线芯压接，应采用六角压模，不少于两模。

（12）安装分相热缩管（管内要有密封胶涂层）。分相热缩管要将指套套入 20～30mm，接线鼻侧要套入 30mm，也可使热缩管稍长，待热缩完成后，用电工刀将多余部分切割掉。使用喷灯或烤枪，沿手指根部向上均匀加热，使热缩管均匀收缩至四指完全收缩为止。

（13）将相色箍热缩在接线鼻根部。

（14）将终端头固定在预定位置上。

电缆头制作工艺如图 9-3-4 所示。

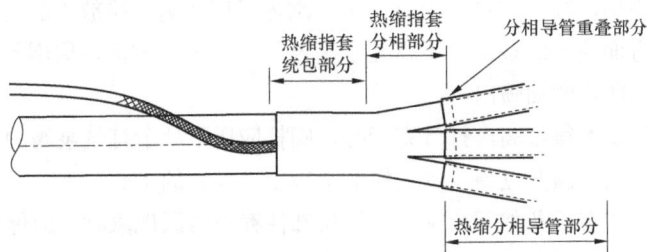

图 9-3-4　电缆头制作工艺

三、常用工具及使用

1. 常用工具

（1）细齿钢手锯一把，锯条若干。

（2）喷灯（或液化气喷炬一套）一把。

（3）压接钳。

（4）细锉刀一把，0 号纱布一张。

（5）焊锡条若干，焊锡膏一盒。

（6）钢卷尺一把。

（7）常用电工工具一套。

2. 喷灯的使用（见图 9-3-5）

常用的有汽油喷灯、煤油喷灯两种。使用方法如下：

（1）由加油阀注入适量的燃油，一般以不超过储油罐的 3/4，余下的空间供存储压缩空气以维持必要的油压。由于加油阀口径

图 9-3-5　汽油喷灯功能示意图

较小，需要准备相应规格的漏斗。注油完毕应旋紧注油口螺栓，螺栓内橡胶密封垫完好。关闭油量调节阀，擦净灯体外部的残油。

（2）少量打气，轻旋油量调节阀，使燃油顺喷嘴流出进入预热盘后关闭调节阀（或另由容器将适量燃油注入预热盘），点燃预热火焰喷嘴及喷腔。

（3）待喷头嘴烧热后，缓慢开启油量调节阀，喷嘴喷出雾状燃油并正常燃烧，继续加压，使火焰喷射呈蓝色焰柱为止。

（4）使用完毕时，先关闭油量调节阀至火焰完全熄灭，待喷头温度降低后，慢慢旋松注油螺栓，听由压缩气体缓慢泄放至压力释放完毕。

使用注意事项：

（1）根据喷灯使用说明加注燃油，煤油喷灯严禁加注汽油。

（2）使用完毕，释放油罐压力时，由于罐体温度较高，排放出的气体属于饱和性汽化燃油，一方面喷油燃烧部件不得处于高温状态，另一方面，周围不得有火种。放气过程要缓慢，防止燃油喷出。

（3）罐体加压不得过高，打气完毕时，阀杆应压下处于打气泵阀的盖卡上。

（4）为防止油罐温升过高，罐内燃油不应少于容积的1/4。

（5）当燃油在带压条件下，密封、连接部件存在渗漏现象时，应停止使用。

（6）当喷油嘴出现断续喷射或喷射无力时，应将油量调节阀适量关小，使用喷灯配置的专用捅针，疏通喷油嘴。

3. 液化气喷炬的使用（见图9-3-6）

液化气喷炬具有使用便捷、安全系数高的特点，特别适合在地面使用。

3kg 装民用液化气罐即可保证较长时间使用。通过调节喷炬手柄阀门控制喷射火焰烈度。

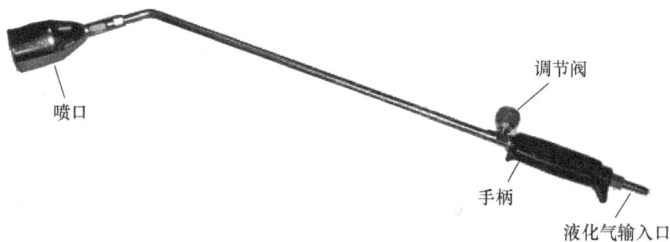

图 9-3-6 液化气喷炬使用示意图

使用注意事项：

（1）采用具有专门机构检测合格的液化气罐。

（2）配置合格的减压阀。

（3）配置氧焊专用胶管并牢固固定软管接头。

（4）使用中，防止火焰烧灼输气胶管。

【思考与练习】

1. 电缆头分支的长度，取决于什么因数？

2. 对低压电缆头钢铠的接地处理有什么技术要求？

3. 低压电力电缆头制作中，为什么要将编织接地线热缩统包内的一段镀锡？

4. 简述低压电力电缆试验的技术要求。

第十章

用电信息采集装置装、拆、调试、轮换及故障处理

◢ 模块1　现场检测仪使用（Z27G3001Ⅱ）

【模块描述】本模块包含现场检测仪的操作使用。通过要点归纳、原理介绍和步骤讲解，熟悉现场检测仪的作用、工作原理与结构，掌握现场检测仪的使用方法及其注意事项。

【正文】

一、作用

用电信息采集与监控终端现场检测仪是一种便捷、有效地测试用电信息采集与监控终端的仪器。它主要有三个功能：模拟跳闸功能、RS485 通信测试功能、电能表脉冲输出功能。现场检测仪是用于现场检测终端的跳闸、RS485 通信接口、脉冲输出等功能是否能正常工作的仪表。

1. 模拟跳闸功能

用电信息采集与监控终端现场检测仪可视同跳闸的执行机构，利用遥控通道可以接收终端发出的跳闸命令。当终端发出跳闸信号时，测试仪有相应的指示灯提示及蜂鸣器提示。

2. RS485 通信测试功能

（1）将用电信息采集与监控终端现场检测仪与终端连接，用电信息采集与监控终端现场检测仪就相当于一块多功能电能表，终端抄表抄到的是测试仪提供的数据，以检测终端 RS485 通信接口的性能。

（2）用电信息采集与监控终端现场检测仪与电能表连接，作为抄表器使用，能抄录电能表当前电量等数据，以检查电能表的通信功能是否正常。

3. 检测终端脉冲输出

该检测仪有四路相同速率的无源脉冲输出，可双向导通，因此既可使用共发射极接法，也可使用共集电极接法。脉冲输出速率和输出个数都是可设置的，并能随时暂停和启动，以检测负荷终端的脉冲计数是否正常。

二、基本工作原理和结构

1. 结构

终端现场检测仪面板结构如图 10-1-1 所示。

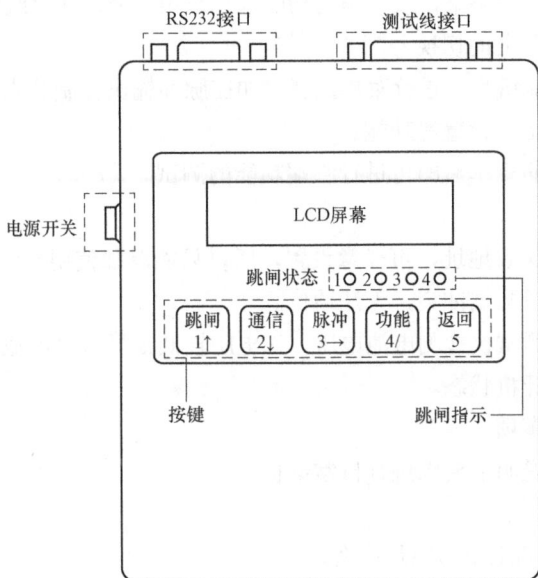

图 10-1-1　终端现场检测仪面板结构

通过 RS232 接口与 PC 机连接后可升级检测仪软件。使用时，使用与用电信息采集和监控终端现场检测仪相配套的延长线与专用测试线连接测试线接口与被测设备。当接收到跳闸信号时，跳闸指示相应的指示灯亮。根据不同屏幕状态，每个按键可作为功能选择键、菜单选择键、数字输入键使用。

2. 工作原理

（1）用于测试电力用电信息采集与监控终端的模拟跳闸装置，包括电感应控制装置和信息显示装置，电感应控制装置包括能反应外界电激励量的感应机构以及对被控电路实现工作控制的执行机构，感应机构与电力用电信息采集与监控终端的跳闸控制输出连接，而执行机构则与信息显示装置控制连接。

（2）用于测试电力用电信息采集与监控终端通信的模拟装置，包括数据存储器、中央处理装置、RS485 通信装置、选择电路和指示电路。数据存储器中存储有各种所需要的电能表通信规约以及多种电能表通信规约下的模拟数据，数据存储器、RS485 通信装置、选择电路和用于指示当前通信状态的指示电路分别与中央处理装置连接。

三、具体操作步骤

（1）先选择合适的延长线，再将测试线接到延长线上，将终端现场检测仪和被测终端连接。

（2）在开机初始状态下，按键作为功能选择键用，分别在"跳闸""通信""脉冲""功能选择""返回"之间切换。

（3）在确定功能键后，进行菜单选择。如在脉冲输出控制状态下，按1~4键分别是启动、暂停、停止、设置等功能。

（4）选择相应的菜单后即可进行终端功能的测试。

四、注意事项

（1）检测仪不认表地址，可任意设置，所以只能单独使用检测仪，不能与其他电能表并接，以免造成数据冲突，无法通信。

（2）开机时，测试仪检测电池电压，如电压较低则显示"电池电量较低"，可按5键取消，进入正常开机状态。

五、日常维护事项

检测仪按使用说明书要求进行日常维护。

【思考与练习】

1. 终端检测仪的主要功能是什么？

2. 终端检测仪使用时应注意哪些事项？

3. 终端检测仪有哪几种方式检查 RS485 通信接口？

◢ 模块2 终端安装现场勘察（Z27G3002Ⅱ）

【模块描述】本模块包含终端安装现场勘察的内容。通过要点归纳，熟悉终端安装现场的基本要求以及现场勘察收资的主要内容。

【正文】

终端安装的现场勘察工作是终端安装方案制订的重要依据，现场勘察质量的好坏，决定了终端安装方案制订的科学性和合理性，决定了终端能否与客户用电设备同期投运，决定了终端后期运行维护的方便性和实用性。

一、终端对现场运行环境的基本要求

终端设备正常运行的气候条件分类见表10-2-1，终端设备使用场所大气压力分级见表10-2-2。

表 10-2-1　　　　　　　　　　终端设备正常运行的气候条件分类

场所类型	级别	空气温度		湿度	
		范围	最大变化率	相对湿度	最大绝对湿度
遮蔽	c1	545	0.5	29	595
	c2	2555	0.5	35	
户外	c3	4070	1		10 100
协议特定	cx	特定		特定	

注　温度变化率取 5min 时间为平均值。相对湿度包括凝露。

表 10-2-2　　　　　　　　　　终端设备使用场所大气压力分级

级别	大气压力	使用高度
BB1	86`108	海拔 1000m 以下
BB2	66`108	海拔 3000m 以下
BBX	特定协议	

终端运行环境除了符合规定的气候条件外，在具体位置选择时需考虑的因素如下：

（1）安装在通风干燥的地方。

（2）尽量避免阳光直射或雨水洒到终端箱体上。

（3）注意终端和高频电缆等装置距离高压母线、配电屏的距离。

（4）应留出安全距离及工作人员操作的空间。

（5）要方便值班人员查看。

（6）方便维护人员维修更换。

（7）对于无人值守的地方，应考虑防盗。

（8）天线长度要尽量短，并要综合考虑控制线、信号线、遥信线、电源线的长度和走向。

（9）避免安装在较潮湿、有强电场和强磁场的地方。

二、现场勘察需要收集的内容

为了保证终端的正常安装和今后的良好运行，需要收集客户现场的信息内容如下：

（1）客户的基本信息。包括客户名、总户号、地址、管电部门、联系人、电话、班次、休息日。

（2）客户电气设备信息。包括主供线路、备供线路、电压等级、主变压器容量、所属线路、自备电源、一次接线、电能表型号、TA、TV、计量性质、计量点位置等。

（3）客户开关接入控制方案信息。包括开关名称、开关型号、控制负荷、跳闸方式、遥信属性。

（4）交流采样信息。包括交流采样采取的方式、互感器型号、变比、有无联合接线盒。

（5）馈线走向、长度，天线的安装位置。

（6）与客户协商的控制轮次。

（7）预约的终端安装工作时间，客户电气设备及房间布置平面图。

（8）客户配电室所处的经纬度。

（9）客户所在位置的通信场强。

以上的勘察信息一般以表格的形式出现，各地根据管理需要略有不同，终端安装现场勘察单见表 10-2-3。

表 10-2-3　　　　电力用电信息采集与监控系统终端安装现场勘察单

1. 客户基本信息			
客户名称		总户号	
客户地址			
联系人		联系电话	
休息日			
2. 供电电源信息			
主供电源		辅供电源	
变电站名称		变电站名称	
电压等级		电压等级	
T\UTA		W\K	
电能表型号		电能表型号	
电能表局编号		电能表局编号	
表地址		表地址	
主变压器容量		主变压器容量	
计量方式	高供高计　高供低计	计量地点	客户侧变电站侧
3. 客户开关接入控制方案			
控制轮次	第一轮	第二轮	第三轮	第四轮
开关名称				

续表

控制轮次	第一轮	第二轮	第三轮	第四轮
开关型号				
控制负荷				
跳闸方式				
遥信属性				

4. 交流采样信息

电压互感器	型号		变比		精度		联合接线盒	
电流互感器	型号		变比		精度		有	无
5. 客户电气设备一次接线图								

6. 终端安装位置：经度：＿＿＿度＿＿分＿＿秒；纬度：＿＿＿度＿＿分＿＿秒

客户确认可控方案：是　否	安装时间	
客户签字：	勘察人：	
勘察日期：		

【思考与练习】

1. 终端安装位置的选择要注意哪些因素？
2. 现场勘察应收集哪些信息？
3. 客户的主要电气设备信息有哪些？

▲ 模块 3　终端安装方案制订（Z27G3003Ⅱ）

【模块描述】本模块包含终端安装方案制订的内容。通过要点归纳，掌握制订终端安装方案的原则以及人员、工具材料的配置要求。

【正文】

一、终端安装方案制订的原则

制订科学合理终端安装方案，涉及施工的难易程度、材料的使用量、施工过程中人员的配备、安全措施的落实等方面，还会影响终端今后的运行维护等多个方面。终端安装方案的制订原则包括以下方面：

（1）根据现场勘察信息表和营销信息系统中提供的相关数据确定安装日期，确保终端能与用户设备同时投入运行。

（2）确定终端安装位置。要根据终端安装现场勘察单（见表 10-2-3）中提供的用户配电室结构、一次接线、计量方式、接入终端的断路器位置和馈线走向等信息，结合终端运行环境和终端安装位置选择的要求，考虑施工和运行等因素确定。

（3）确认客户断路器接入终端控制轮次的数量和合理性，主要依据客户用电性质、断路器的跳闸方式和断路器上负荷的重要性来确认。

（4）根据计量表计的接线是串联还是并联来确定电能表接入终端脉冲回路的类型和采集内容。

（5）根据工程量和工作环境等因素确定需要配备的工具和材料。

（6）确定终端天线高度和防雷处理措施。终端天线的高度一般依据系统组网设计的规定执行。当终端与主站之间的通信指标能满足要求时，可由施工人员现场确定天线安装高度和位置，也可根据下列经验公式计算出终端天线的高度

$$d=4.12\left(\sqrt{H}+\sqrt{h}\right) \tag{10-3-1}$$

$$d=3.57\left(\sqrt{H}+\sqrt{h}\right) \tag{10-3-2}$$

式中：H、h 为主站和终端的天线高度，m。

式（10-3-1）是对应于平坦地面条件下的视距传输且大气常数 $K=4/3$ 时应用，如果要求全年 90%以上情况下都满足视距传输条件，应使用式（10-3-2）进行计算。

计算时，主站和终端两点之间距离可通过地图进行简单计算，也可通过主站和终端两点的经纬度求出，即经度差乘以 111km 等于东西方向的实际距离。纬度差乘以 111km 等于南北方向的实际距离，再通过直角三角形的几何公式求出两点距离。由于地球曲率的变化，此方法是存在误差的且纬度越高、误差越大，各地可参照使用。

二、工程人员的组成、职责和分工

（一）工程人员的职责

1. 工作票签发人

（1）工作必要性和安全性。

（2）工作票上所填安全措施是否正确完备。

（3）所派工作负责人和工作班人员是否适当和充足。

2. 工作负责人（监护人）

（1）正确安全地组织工作。

（2）负责检查工作票所填安全措施是否正确完备和工作许可人所做的安全措施是

否符合现场实际条件，必要时予以补充。

（3）工作前对工作班成员进行危险点告知，交代安全措施和技术措施，并确认每一个工作班成员都已知晓。

（4）严格执行工作票所列安全措施。

（5）督促、监护工作班成员遵守规程，正确使用劳动防护用品和现场安全措施。

（6）检查工作班成员精神状态是否良好，变动是否合适。

3. 工作班成员

（1）熟悉工作内容、工作流程，掌握安全措施，明确工作中的危险点，并履行确认手续。

（2）严格遵守安全规章制度、技术规程和劳动纪律，对自己在工作中的行为负责，互相关心工作安全，并监督安全规程的执行和现场安全措施的实施。

（3）正确使用安全工器具和劳动防护用品。

（4）作业辅助人员（外来）必须经公司相关部门对其进行施工工艺、作业范围、安全注意事项等方面培训，并经考试合格后方可参加工作。

（5）所有作业人员必须具备必要的电气知识，基本掌握专业作业技能及《电业安全工作规程》的相关知识，并经《电业安全工作规程》考试合格。

（6）工作负责人必须经公司批准。

（二）人员组成表及分工

（1）用电信息采集与监控专业工作人员。总体负责终端的安装和协调，工程质量验收，终端开通调试，各项资料记录，向客户介绍终端的使用，其中有一人为工作负责人。

（2）熟悉继电保护的人员。对于较复杂的施工现场，需要配备继电保护人员，负责现场交流采样的线路整改和接入、微机保护控制电路分析接入、特殊运行方式的检查工作。

（3）用电监察人员。负责在终端安装过程中的高压设备停送电安全和与客户的沟通协调。

（4）装表接电人员。负责电能表的开、封，查询表计的运行参数（如表地址），参与交流采样接线工作。

（5）终端厂家技术人员。负责指导终端的安装、调试以及开通过程中的异常处理。

（6）普通施工人员。负责终端、天线支架固定，各类电缆铺放。

在终端安装方案制订的过程中，人员配备可根据工程量和现场施工的难度合理配置。

三、工具材料

1. 工具配备

终端安装用工具配备明细见表 10-3-1。

表 10-3-1　　　　　　　　　　　　终端安装用工具配备明细

名称	规格（型号）	数量	用途
电烙铁	内热>60W，外热>50W	1	制作 L16 和 SL16 电缆头，脉冲线上锡
焊锡丝			
松香			
板牙	15D-M5	1	制作 N7J、N-9J、N-12J、N-15J 电缆头
	12D-M4	1	
	9D-M3	1	
	7D-M2.5	1	
板牙架		1	制作 N7J、N-9J、N-12J、N-15J 电缆头
钳形万用表		1	检测线路
剥线钳	6in	1	
尖嘴钳	6in	1	
斜口钳	6in	1	
老虎钳	6in	1	
螺钉旋具	套	1	
镊子		1	做电缆头
剪刀		1	做电缆头
电工刀		1	剥高频电缆外皮
电锤	0~20mm	1	固定天线支架、墙体开孔
手电钻	0~10mm	1	固定终端或在铁皮上开孔
电焊机		1	焊接接地线
梯子	4m	1	登高安装天馈线

注　1in=25.4mm。

2. 材料配备

每台终端安装过程中的材料消耗不尽相同，具体数量要根据施工现场的实际情况来定，表 10-3-2 列出了终端安装所需材料和数量，仅供参考。

表 10-3-2 终端安装所需材料和数量

名称	型号	用途	需量
控制电缆	KW-2×1.5mm²	连接客户断路器跳闸回路	平均 30m/路
信号电缆	KW-2×1.5mm²	连接客户断路器遥信回路	平均 30m/路
信号电缆	RVVP7×0.5mm²	电能表脉冲和 RS485 通信	平均 30m/表
信号电缆	RVVP2×0.5mm²	连接客户的门禁	平均 30m/路
联合接线盒		用于交流采样接线	1 只/电能表
信号电缆	KW3×2.5mm²	三相三线交流采样电压回路	平均 30m/路
信号电缆	KW4×2.5mm²	三相三线、三相四线交流采样电压、电流回路	平均 30m/路
信号电缆	KW6×2.5mm²	三相四线交流采样电流回路	平均 30m/路
电源线	KW2×1.5mm²	接终端电源	10m/终端
终端接地线	2.5mm²	单股铜芯线接终端电源	10m/终端
标牌		标记线缆	10 个/终端
套管		标记线缆	2m
接地扁铁	40mm×4mm	镀锌扁铁或 p8mm 镀锌圆钢，天线支架接地用	20m/终端
自黏胶带			若干
PVC 绝缘胶带			若干
记号笔		填写标牌和套管	
膨胀螺栓或螺栓、螺母	φ6mm	膨胀螺栓用于将终端安装在墙上，螺栓、螺母安在配电柜上	4 个/终端
膨胀螺栓	φ6mm	镀锌固定终端	4 个/每台
	φ12mm	镀锌固定天线支架	4 个/每台
塑料管或线槽		金属或阻燃工程塑料管	10m/终端
塑料线卡/扎线		固定馈线、电缆	若干
镀锌钢绳		固定天线支架	10m/终端

【思考与练习】

1. 终端安装方案的制订需考虑哪几个方面的因素？

2. 如何确定终端天线高度？

3. 主站和终端的距离如何确定？

模块4　终端本体安装（Z27G3004Ⅱ）

【模块描述】本模块包含终端本体安装的内容。通过要点归纳和步骤讲解，掌握终端本体安装的基本要求和工作前安全措施，掌握终端本体安装的工作步骤和要求。

【正文】

一、工作中的注意事项

用电信息采集与监控终端的安装工作面较大，每台终端的安装环境都不一样，现场安全措施也不尽相同，不能以统一标准确定工作中的安全注意事项，除了在工作票中明确各项安全措施外，工作负责人在施工现场应重点考虑以下几方面因素：

1. 工作范围确定

根据制订的终端安装方案，初步确定施工人员现场作业的活动范围，指出工作中需要接触的相关设备位置及安全注意事项，明示安装天馈线时的上下通道和高空作业的工作平台及活动范围，根据需要设置围栏并挂相应的指示标示牌。

2. 危险点和预控措施（见表10-4-1）

表10-4-1　　　　　　终端安装时的危险点和预控措施

序号	危险点	预控措施
1	触电	（1）工作时必须戴手套和安全帽，穿长袖衣服工作。 （2）工作前应熟悉工作地点带电部位。工作前应检查现场安全遮栏、安全标识牌等安全措施。 （3）在接电能表等设备时应设专人监护，使用合格的绝缘柄工具，工作时站在干燥的绝缘物上进行。 （4）需要带电连接终端电源时应先分清相线、中性线，选好工作位置。应先接地线，后接相线。 （5）在二次回路上工作必须使用专用的短路片或短路线，短路应可靠，严禁用导线缠绕。严禁将TA二次侧开路，TV二次侧短路。严禁在TA与短路端子之间的回路上进行工作。严禁将TA二次回路的永久接地点断开。 （6）必须使用装有剩余电流动作保护器的电源盘。螺钉旋具（螺丝刀）等工具金属裸露部分除刀口外其他部分要做绝缘处理。接拆电源时至少有两人执行，必须在电源开关拉开的情况下进行
2	遥控回路误动	在接用户断路器时，要与设备主人沟通，取得其支持，做好防止误动的应急措施
3	摔伤、碰伤	（1）不得借助安全情况不明的物体或徒手攀登。 （2）梯子应绑牢、防滑，有专人监护，梯上有人，禁止移动。 （3）登高时严禁手持任何工器具。 （4）人员应系好安全带，严禁低挂高用，戴好安全帽

续表

序号	危险点	预控措施
4	高空落物	（1）现场地面工作人员均应戴好安全帽。 （2）作业现场设置围栏，对外悬挂警告标志。 （3）工具材料下上传递用绝缘绳，扣牢绳结，工作场地防止行人逗留。 （4）要防止物件滑落
5	搬运物品	（1）进入工作现场必须戴安全帽。 （2）搬运物品时，防止跌倒、被物品压伤。 （3）在高压设备区内搬运物件，必须至少由两人抬行且与带电设备应保持安全距离

注　工作负责人必须根据具体工作的实际情况增减相关危险点和预控措施。

二、终端安装

（一）开箱检验

（1）外观检查。

1）对终端外壳、标识、铭牌、资产编号、接线图、频率表等进行检查。

2）检查设备在运输过程中是否变形或损伤，零部件是否脱落、松动。

3）相应的标识、铭牌、接线图是否出现错误。

4）与终端配套的扩展接线箱、交流采样、控制、遥信、脉冲、RS485 等接线端口、扩展接线箱或安装箱中试验接线盒、端子排的正确性检查。

（2）通电检查。

1）对终端进行通电检查，检查终端通电后的自检过程是否正常。

2）终端是否有零部件烧焦、过热等异常现象。

3）显示屏应能正常显示，根据按键操作显示相关内容。

4）检查终端软件版本号应与公司发布版本号一致。

5）终端应能与测试主站进行通信。

（二）终端安装

（1）专、公用变压器终端安装。终端与扩展接线箱配套安装于配电室墙壁的，如图 10-4-1 所示。交流采样、电能表 RS485 与脉冲连接线、遥控与通信等接线由外部设备引到扩展接线箱，扩展接线箱与终端的接线由厂家提供的线缆连接。

终端的安装高度为箱体底部离地面

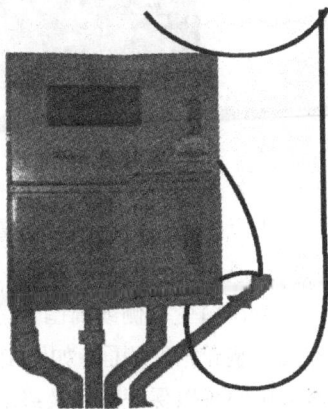

图 10-4-1　加装扩展接线箱的终端安装

1.1～1.4m，便于查看和接线。终端由四颗ϕ8～10mm膨胀螺钉固定。安装的螺钉距离参照终端说明书。终端安装后，不应晃动，目视无倾斜。

（2）专、公用变压器终端安装于预留的配电柜。在进行用户变电站设计时，也会将终端的安装位置设计在用户进线柜或计量柜附近的终端小室。高供低量（计）的安装如图10-4-2所示，高供高量（计）的安装如图10-4-3所示。

图 10-4-2　终端安装于终端小室（高供低量）

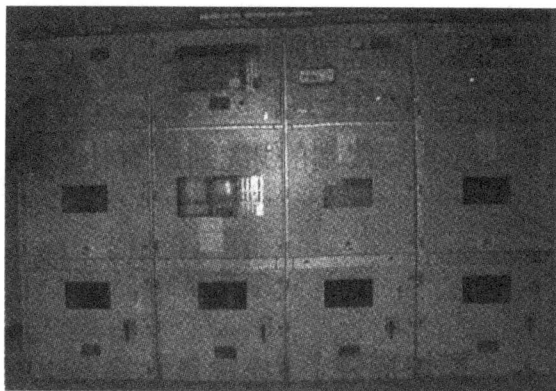

图 10-4-3　终端安装于终端小室（高供高量）

（3）专、公用变压器终端安装箱式变压器。对于箱式变压器（以下简称箱变）用户，若箱变中有适合终端安装的位置，可将终端按照室内式安装原则安装在箱变内。如欧式箱变一般空间较大，终端可安装于箱变内合适位置，如图10-4-4所示；若无适合的位置，可在箱变外侧或周围合适位置加装终端箱；如美式箱变空间较小，可采用终端箱方式安装于箱变侧面，如图10-4-5所示。终端或终端箱的安装位置应尽可能远离变压器高压侧，以保证安全及终端设备可靠工作。

（4）专、公用变压器终端安装于杆上变压器。当计量装置在杆上且计量装置与配

图 10-4-4　欧式箱变终端安装

图 10-4-5　美式箱变终端安装

电室距离较近，在终端安装方案制订时应考虑将终端安装在用户配电室内，此时终端安装可按上述任一方式进行。若计量装置与配电室距离较远，可采用在杆上加装终端箱，将终端安装在终端箱内；如需进行负荷控制，将控制、遥信线引至配电房接入相应控制轮次开关的控制触点。

计量装置在杆上且无配电室的用户，终端安装可采用在杆上加装终端箱的方案，对于控制开关位于杆上的用户，当具备自动控制触点引出条件时，原则上应接入控制。

对于柜式终端和采用公网通信的终端安装，可参照上述安装方式进行。

在安装时应注意设备的牢固固定，防止设备掉落，并满足安全规定的有关规定，保证足够的安全距离。

（三）终端接线和铺设

接至终端的各种接线一般应从电缆沟引至终端下侧，再通过穿线塑料管，从终端箱体底部穿线孔进入终端，再接入相应的端子上。

遥信线和遥控线不能采用同一根多芯电线，电源线、脉冲线、遥信线和遥控线应各自用一根穿线塑料管。

脉冲信号的输入线应采用双芯屏蔽线，并将屏蔽层良好接地，脉冲线和遥信线应尽量远离交流电源线及其他干扰源，在与其他强电电源线平行时，应至少保持 60mm 以上的间距。

裸露于室外的电缆宜加装套管，当所放的电缆处于配电柜内时，可根据安全需要确定是否加装套管。

【思考与练习】

1. 终端安装的步骤是什么？

2. 专、公用变压器终端安装时会有几种现场？对应每种现场的终端安装方法是什么？

3. 安装终端的线缆铺放有什么要求？

◢ 模块 5 终端电源连接（Z27G3005 Ⅱ）

【模块描述】 本模块包含终端电源连接的内容。通过要点归纳和步骤讲解，熟悉终端对电源的基本要求以及特殊情况下终端电源供电方式，掌握终端电源的连接方法。

【正文】

一、终端选择供电电源的原则

1. 终端对电源的要求

（1）终端使用单相或三相供电。三相供电时，在电源故障（三相三线供电时断一相电压，三相四线供电时断两相电压）的条件下，交流电源能维持终端正常工作。

（2）额定值及允许偏差。

1）额定电压为 220/380/100V，允许偏差−20%～+20%。

2）频率为 50Hz，允许偏差−6%～+2%。

早期的 230MHz 终端采用串联型稳压电源，抗干扰（谐波）能力强、功耗大、体积也大，现已不再使用。目前的终端电源采用开关型稳压电源，抗干扰（谐波）能力差、功耗小、体积也小。对于小炼钢等高耗能企业，产生的谐波经常损坏开关型电源的，应对电源进行改造，或在终端电源输入回路增加滤除谐波装置。

2. 终端供电点选取的原则

对于终端运行来说，光有高质量的终端电源还不具备终端正常运行所需的条件，可靠的供电电源接入点的选择，是关系到终端科学运行的关键所在。如果终端电源供电不能正常，将不能保证终端的稳定运行，所以对终端电源接入点的选取提出以下原则：

（1）连接的外部电源必须与终端所要求的电源电压相一致。

（2）理想的终端运行条件。只要客户的高压设备带电，终端就有电。当客户的高压母线上具有母线操作 TV 时，此条件实现起来比较方便，但对客户的高压母线上没有母线操作 TV 且有多台变压器运行的一次接线方式来说相当困难，因此有必要对此条件进行修改，即当客户的任一台主变压器设备带电，终端即能正常运行。

（3）终端电源不得取自电能计量用电压互感器的计量绕组。

3. 电源的接线位置选择

根据终端供电点的接入原则，选取终端电源供电点时，首先要对客户的一次接线图进行分析，了解其运行方式，确定终端电源选取的位置。表 10-5-1 给出了不同的一次接线方式下的终端电源接线位置。

表 10-5-1　　　　　不同的一次接线方式下的终端电源接线位置

用电情况	运行情况	取电源处
一次接线有母线 TV		一般取母线 TV 的电源
单电源单变压器客户		一般取在变压器低压总出线端的隔离开关上端
单电源双变压器	主备运行	一般取在照明回路或低压联络断路器上
	并行运行	一般取在照明回路或常用的回路
双电源单变压器		一般取在变压器低压总出线端的隔离开关上端
双电源双变压器	主备运行	一般取在照明回路或低压联络断路器上
	并行运行	一般取在照明回路或常用的回路

二、终端电源的连接

1. 电源线的选择

终端电源的电源线采用 KW2×1.5mm² 铜芯硬线。接地线采用 2.5mm 单股铜芯线。

2. 电源的接线

相线应接到终端电源接线端子的 220～L 标记的端子上，中性线接到有 220～N 标记的端子上。

接地线一端应接至客户配电设备的接地母线。如客户的配电设备是 TN 系统，属于中性线、地线共用，则将中性线和地线同时接在地线上。接地线另一端接在终端电源的地线端子上，也可接在终端外壳的接地端子上。

终端一定要接地且接地电阻小于 8Ω，否则会影响终端抗干扰能力和防雷。对于有特殊要求的终端，也可为其独立设置独立的接地装置，以减少外界干扰。

三、特殊情况下的终端电源供电

对于运行要求高的客户，可采用双回路电源切换的方式为终端供电。终端双电源自动切换装置原理图如图 10-5-1 所示。

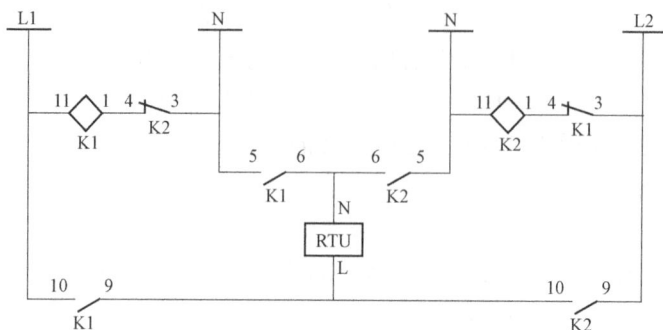

图 10-5-1 终端双电源自动切换装置原理图

此电路的工作原理为：电路图中 N 为公共中性线，L1、L2 分别接入不同的供电电源，终端（RTU）电源取自 L 和 N。两路电源的工作情况有以下三种：

1）当 L1、N 之间有电，L2、N 之间无电时，则 K1 继电器动作，通过 K1 的动合触点 5-6、9-10 向终端 RTU 供电。

2）当 L2、N 之间有电，L1、N 之间无电时，则 K2 继电器动作，通过 K2 的动合触点 5-6、9-10 向终端 RTU 供电。

3）当 L2、N 之间有电，L1、N 之间也有电时，考虑到此种情况，故在继电器 K1 线圈回路串联 K2 动断触点，同理，也在继电器 K2 线圈回路串联 K1 动断触点，实现相互闭锁。

当一路电源故障时，该装置会自动将终端电源切换到另一 KV，确保终端不间断供电。

以上只是分析了终端双电源切换的原理，不建议大家使用，目前小容量的双电源切换继电器已经出现，可根据需要购买使用。

【思考与练习】

1. 终端的供电电源有哪几种方式？分别适用于什么类型的终端？

2. 终端对供电电源的指标要求是什么？

3. 终端选择供电电源的原则是什么？

4. 特殊情况下的终端电源供电采用什么方式？原理是什么？

◢ 模块 6 终端与电能表脉冲接线（Z27G3006Ⅱ）

【模块描述】本模块包含终端与电能表脉冲回路接线内容。通过原理讲解、方法介绍和要点归纳，掌握终端与电能表脉冲回路的工作原理、连接方式以及接线时的注意事项。

【正文】

一、终端与电能表脉冲回路的工作原理

1. 光耦器件的作用和原理

光耦器件能将电信号转换为光信号，再转换为电信号，完成信号的传递，其原理如图 10-6-1 所示。

从图 10-6-1 中可看出，电路的左侧是输入回路，右侧是输出回路，输入和输出回路之间采用光耦合的方式完成信号传输。在电气上有明显的断开点，当输入端或输出端的电路上有强电产生，则只会损坏此回路的相应电气部分，对其他电路不会造成损坏，这就保证了终

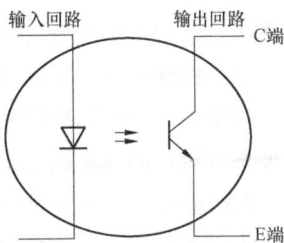

图 10-6-1　光耦器件原理图

端安装运行调试过程中因脉冲回路误碰损坏终端内部电路的可能。由于有此特点，此器件在各个领域都有应用，在终端和电能表中也有大量应用。

光耦器件是一个密封器件，电路的工作原理为：当电路左侧有上正下负的信号时，其二极管导通，并发出光（光谱受制造工艺控制）；右侧的光接收器件接收到光后，控制 C、E 两极的导通程度，完成信号传递。从电路图中可以看出，要保证电路两侧分别能通过电流，在接线时要满足光耦器件左右两侧的电位关系是上正下负。如果接线不符合此原则，电路将不能工作。

2. 相关名词解释

电能表的脉冲输出从电源供给形式上分为有源输出和无源输出两大类。有源输出就是电能表的脉冲输出回路有供电电源，使用表计能在输出端口测量到电压信号，如图 10-6-2 所示左侧电能表内部分电路。

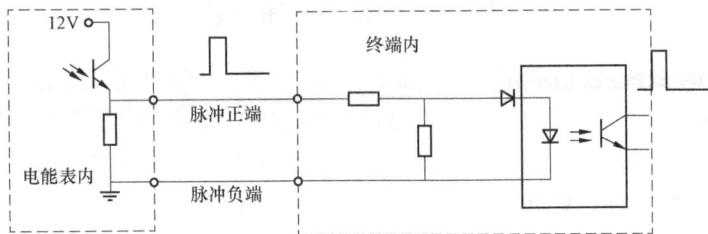

图 10-6-2　有源电能表与终端的脉冲接线原理图

无源输出就是电能表提供输出的器件或触点，但不提供电源，使用者必须提供外部电源才能取得装置内的输出信号。

无源输出根据输出器件的种类可分为电子开关型（发射极、集电极、OC 门）和继

电器型（空触点输出）。

电子开关型又根据输出信号是由光耦器件的哪一管脚接出分为发射极、集电极和 OC 门输出方式，就其输出脉冲特征性而言，可分成正脉冲输出和负脉冲输出两种。

发射极输出方式和空触点输出方式的输出脉冲为正脉冲，集电极输出方式和 OC 门输出方式的输出脉冲为负脉冲。

二、终端的脉冲回路接线原则

由于电能表的脉冲输出方式较多，不能靠死记硬背的方式记住终端的脉冲接线，需要掌握电路的基本原理。在脉冲回路接线时，只要接线回路在有脉冲时能有电流通过，也就是对电子开关型输出器件满足以下条件：光电二极管回路需要得到正向电压，对于光耦器件的输出部分应满足反向电压要求，对继电器型（空触点输出）的接线无此类要求。

1. 终端脉冲回路的连接接线方式

（1）发射极输出方式。将终端 12V 电源正接电能表光耦器件的 C 端，E 端接终端脉冲输入的正端，脉冲输入回路的负端接终端 12V 电源负端，可看出当有脉冲时，回路将产生电流，发射极输出接线如图 10-6-3 所示。

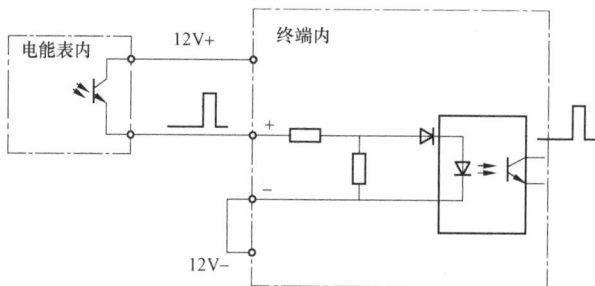

图 10-6-3 发射极输出接线

下面以 04 版终端和 DSSD×× 电能表的接线为例讲解发射极输出的接线及原理。接线如图 10-6-4 所示，电能表的光耦器件集电极从 4、6 脚并接至终端 12V 正，发射极从 5、7 脚分别输出有功和无功脉冲并接入终端脉冲输入 1、2 回路的正端，脉冲输入回路的负端与终端 12V 负端相连，沟通了电流回路。

（2）集电极输出方式。将终端的 12V 正端接脉冲回路的正端，脉冲回路的负端接电能表光耦器件的 C 端，电能表光耦器件的 E 端接终端 12V 的负端，可看出当有脉冲时，回路将产生电流，集电极输出接线如图 10-6-5 所示。

04 版终端和 DSSD×× 电能表集电极输出的接线如图 10-6-6 所示，终端 12V 的正接至终端脉冲输入 1、2 回路的正端，脉冲输入回路的负端分别接电能表的光耦器件集电极 4、6 脚，光耦器件的发射极 5、7 脚接终端 12V 负端，沟通了电流回路。

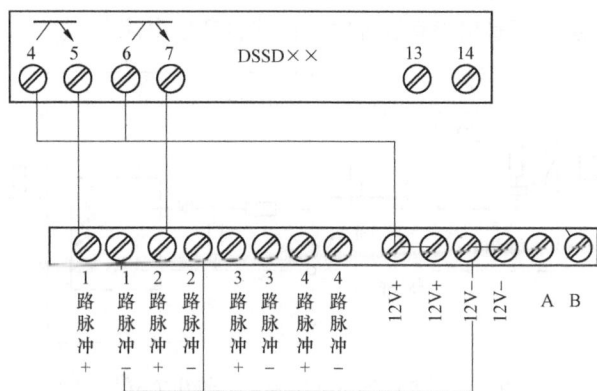

图 10-6-4　04 版终端和 DSSD××电能表发射极输出接线

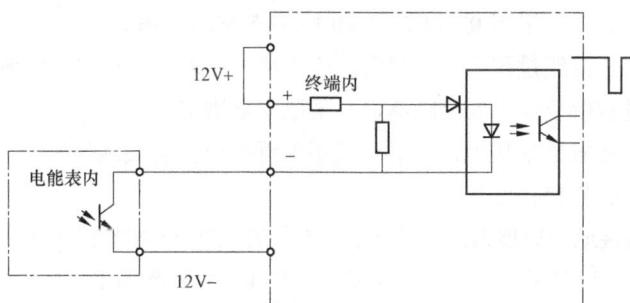

图 10-6-5　集电极输出接线

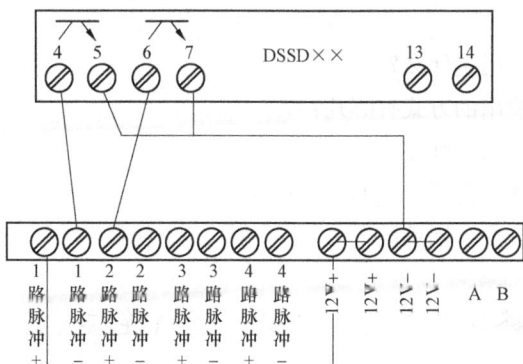

图 10-6-6　04 版终端和 DSSD××电能表集电极输出接线

（3）继电器型（空触点）输出方式。由于继电器型（空触点）输出是继电器触点，所以只要能满足终端内光耦器件的电位要求即可，继电器型（空触点）输出方式原理图如图 10-6-7 所示，可看出当有脉冲时，回路将产生电流。

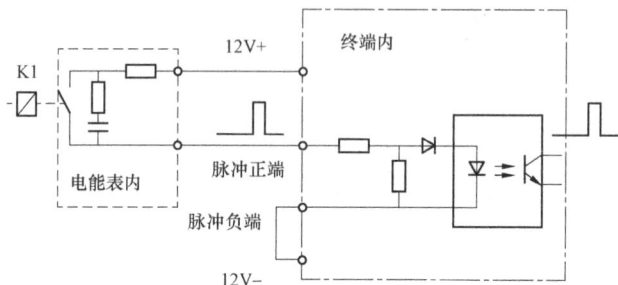

图 10-6-7　继电器型（空触点）输出方式原理图

2. 接线时的注意事项

（1）脉冲接线一般采用 RVVP7×16/0.15 双芯屏蔽电缆。

（2）为了防止接线过程中误碰强电，应先接电能表侧，后接终端侧。

（3）接线过程中要注意安全距离，并采取安全措施。

（4）屏蔽层要求单端接地，一般屏蔽层就近接至机箱接地螺钉上，另一端剪断裸露金属，用绝缘胶带包扎好。

屏蔽层一端接地的原理为：由于终端与电能表之间传输的是弱电信息，容易受到外界强电的干扰，所以都采用具有屏蔽功能的信号线，将外界的干扰信息隔离，确保设备之间的信号正常传送。在对屏蔽层的处理中，如果采用两点接地，则存在两点地电位不等的可能，形成回路电流，产生干扰，失去屏蔽线的屏蔽作用，所以采用一点接地方式。

【思考与练习】

1. 光耦器件的作用是什么？

2. 电能表脉冲输出的方式有哪几种？

3. 终端脉冲接入的原则是什么？

4. 脉冲接线过程中需要注意的事项是什么？

5. 屏蔽层为什么要一端接地？

▲ 模块 7　终端与电能表 RS485 通信连接（Z27G3007Ⅱ）

【模块描述】本模块包含终端与电能表 RS485 通信的连接与调试内容。通过概念讲解、要点归纳和方法介绍，熟悉 RS485 通信标准及其应用注意事项，掌握 RS485 的通信原理、基本接线方式以及与不同电能表的通信连接方式，掌握电能表通信参数的选取和联调的方法。

【正文】

一、RS485 通信的基础知识

1. RS485 概述

为了弥补 RS232 通信距离短、速率低等缺点，电子工业协会（EIA）于 1983 年制订并发布 RS485 标准，并经通信工业协会（TIA）修订后命名为 TIA/EIA-485-A，习惯称为 RS485 标准。RS485 标准只规定了平衡驱动器和接收器的电特性，而没有规定接插件、传输电缆和应用层通信协议。

RS485 标准与 RS232 不一样，数据信号采用差分传输方式（Differential Driver Mode），也称为平衡传输。它使用一对双绞线，将其中一线定义为 A，另一线定义为 B，如图 10-7-1 所示。

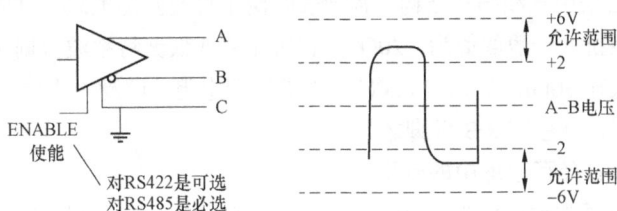

图 10-7-1　RS485 发送器的示意图

通常情况下，发送驱动器 A、B 之间的正电平在 2~6V 是一个逻辑状态；负电平在-2~-6V，是另一个逻辑状态。另有一个信号地 C，还有一个"使能，控制信号"。"使能"信号用于制发送驱动器与传输线的切断与连接，当"使能"端起作用时，发送驱动器处于高阻状态，称作"第三态"，它是有别于逻辑"1"与"0"的第三种状态。

对于接收驱动器，也做出与发送驱动器相对的规定，收、发端通过平衡双绞线将 A-A 与 B-B 对应相连。当在接收端 A-B 之间有大于 200mV 的电平时，输出为正逻辑电平；小于-200mV 电平时，输出为负逻辑电平。在接收驱动器的接收平衡线上，电平范围通常在 200mV~6V。

定义逻辑 1（正逻辑电平）为 B＞A 的状态，逻辑 0（负逻辑电平）为 A＞B 的状态，AB 之间的压差不小于 200nmV。

2. RS485 串行通信的标准和应用注意事项

RS485 串行通信的标准性能见表 10-7-1。

表 10-7-1 RS485 串行通信标准的性能

参数		性能	参数	性能
传输模式		平衡	最小差动输出	±6V
电缆长度	90kb/s	1200m	接收器敏感度	±0.2V
	10Mb/s	15m	驱动器负载（Ω）	60
数据传输速度		10Mb/s	最大驱动器数量	32 单位负载
最大差动输出		±1.5V	最小驱动器数量	32 单位负载

RS485 标准的最大传输距离约为 1219m，最大传输速率为 10Mb/s。

通常，RS485 网络采用平衡双绞线作为传输媒体。平衡双绞线的长度与传输速率成反比，只有在 20kbit/s 速率以下，才可能使用规定最长的电缆长度。只有在很短的距离下才能获得最高速率传输。一般来说，15m 长双绞线最大传输速率仅为 1Mb/s。

RS485 网络采用直线拓扑结构，需要安装两个终端匹配电阻，其阻值要求等于传输电缆的特性阻抗（一般取值为 120Q）。在短距离或低波特率波数据传输时可不用匹配电阻，即一般在 300m 以下、19 200b/s 不需匹配电阻。匹配电阻安装在 RS485 传输网络的两个端点，并联在 AB 引脚之间。

二、RS485 在负荷管理中的应用

RS485 标准通常被用作为一种相对经济，具有较高噪声抑制、较高的传输速率，相对传输距离远，宽共模范围的通信平台；同时，RS485 电路具有控制方便、成本低廉等优点。

电能量信息采集与监控系统多使用 Maxim 公司的 maxL485- 系列、Texas instruments 公司的 SN75 系列及 Sipex 公司的 SP485 系列。

1. RS485 数据通信原理

下面以 MAX485 系列芯片为例讲述 RS485 的电路工作原理，如图 10-7-2 所示。

图 10-7-2 中，左侧是 RS232 的接收、发送和控制部分，它们与单片机进行数据交换并受其控制，A1、A2、A3 是收信、控制和发信的信号放大电路，光耦器件是起内外电路隔离作用，MAX485 是进行 RS232 与 RS485 的电平转换，可使数据传输达到多个通信单元共用一个 RS845 总线的目的，总线上的控制单元可达 128 个。

电路的工作过程是：当控制端为高电平时，MAX485 中的 DE 使能，使 RS485 处于数据发送状态。MAX485 从 DI 上接收到数据，在输出端口 A、B 上变成±（2~6）V 的差分信号，将数据输送到 RS485 的总线上；当控制端为低电平时，使 MAX485 中的 RE 使能，这时 MAX485 处在数据接收状态，RS48-总线上的 2~6V 的数据差分信号在 RC 端变成 RS232 信号，传回 P80C552 中的接收寄存器中，并在单片机内部产生一个串行中断，通过这个中断可读出接收到的数据。

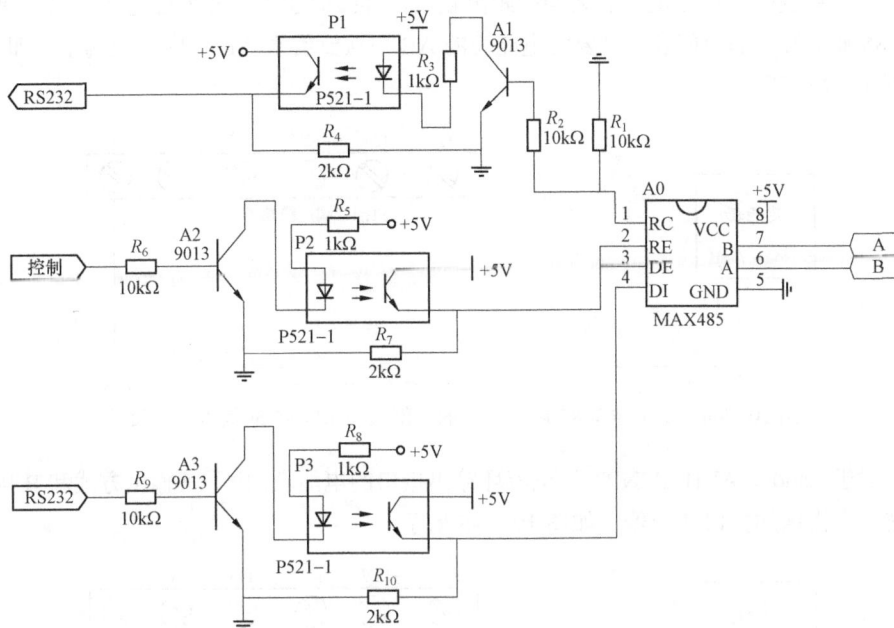

图 10-7-2　RS485 的电路工作原理

因为 RS485 的传输距离比较长，所以 P80C552 与 MAX485 之间采用光耦进行光电隔离。数据在传输中以字符形式输送，数据形式采用 1200bit/s，奇偶校验位为 n、数据位为 8、停止位为 t。

2. RS485 的基本接线方式

终端与多功能表 RS485 连接线采用 Rvvp216/0.15 双芯屏蔽电缆。虽然产品生产厂家不同，但电路原理和收发设备的接线方式基本相同，也就是 A-A 相连、B-B 相连，并根据需要在两端接入匹配电阻，如图 10-7-3 所示。

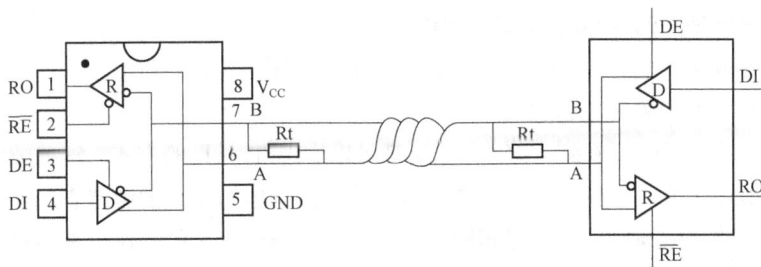

图 10-7-3　RS485 接线示意图

3. 与不同电能表的通信连接

由于系统的终端与电能表之间的距离较近，连接时也可不接匹配电阻。对于具有 RS485 通信接口的电能表，只要将电能表的 AB 口接到终端 AB 口的相应端子上即可，如图 10-7-4 所示。

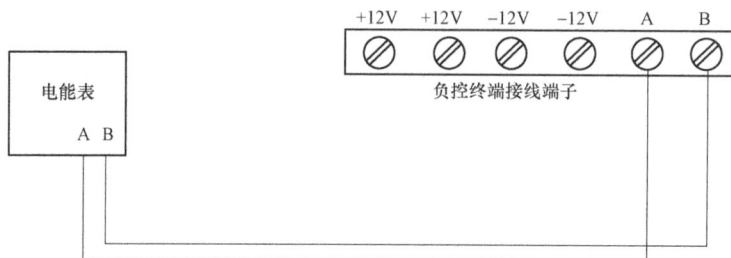

图 10-7-4 具有 RS485 通信接口的电能表与 RS485 通信设备的接线

对于 Landis、ABB、AINRT 等电流环输出接口的电能表，由于其输出方式和 RS485 不统一，需增加接口转换器，如图 10-7-5 所示。

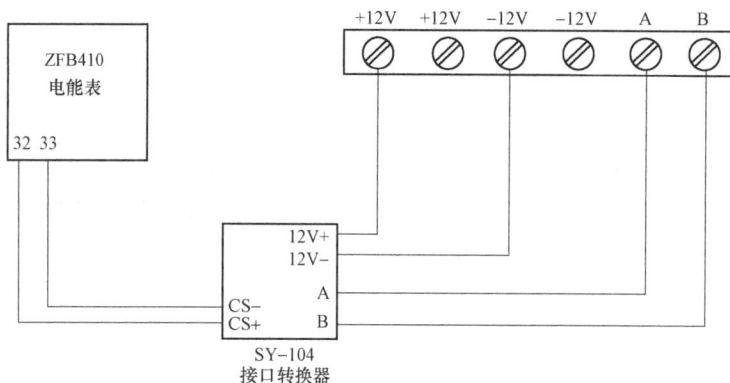

图 10-7-5 RS485 通过接口转换器与电能表连接

三、电能表通信参数的选取和联调

终端与电能表之间的 RS485 电缆连接完成后，还需要进行以下工作：

1. 电能表内设备通信地址的确定

从前面的知识中可看到，RS48-通信是可以实现 1 对Ⅳ的方式，这就需要对通信设备进行地址定位，也就是电能表的通信地址。由于电力系统的电能表厂家众多，各家对电能表的通信地址定义不尽相同，给现场安装调试人员的工作带来困难，解决的方法有：

（1）从计量中心获取电能表的通信地址。

（2）寻求电能表厂家的技术支持。

（3）用软件读取电能表内信息获取地址。

（4）采用广播地址暂时解决通信异常，在此方式下，一台终端只能接入一只电能表。

（5）绕一各生产厂家的地址设置方式，如以局编号作为电能表的地址号。

2. 终端抄表功能的调试

当现场施工人员进行终端抄表功能调试时，需将收集的电能表规约和地址通过主站下发到终端，终端才能在规定的时刻抄表。当终端发出抄表指令后，一般接口电路板上抄表的发送和接收指示灯会交替点亮（或显示屏有相应指示），表明终端与电能表有数据交换，说明抄表回路基本正常。

如果电能表通信规约、地址和接线正确但抄表不正常时，可分别检查电能表和终端的 RS485 接口，静态下 A、B 两端应该有 200mV～6V 的电压，也可启动终端抄表按钮，用万用表检查 A、B 两端电压指针应有明显摆动。

终端抄表异常需要检查的内容如下：

（1）检查表地址、表规约设置是否正确。

（2）检查终端与电能表之间连线是否正确、松动。

（3）检查终端电流环或 RS485 口是否故障。

（4）检查电能表电流环或 RS48-口是否故障。

（5）检查下发的电能表传输波特率设置是否正确。

（6）检查是否下发了电能表密码。

（7）检查终端 12V 电源是否正常（对电流环形电能表）。

（8）RS485 通信时，收发信号的时间配合是否满足要求，电平、阻抗是否匹配。

【思考与练习】

1. RS485 的标准有哪些？

2. RS485 标准的最大传输距离是多少？最大传输速率是多少？

3. 哪些因素影响终端抄表？

▲ 模块 8　终端与交流采样设备连接与调试（Z27G3008Ⅱ）

【模块描述】本模块包含终端与交流采样设备连接与调试的内容。通过概念讲解和方法介绍，掌握交流采样的基本知识及其与二次回路的连接方法。

【正文】

随着用电信息采集与监控系统的发展和硬件技术的进步，用电信息采集与监控终端的交流采样功能得到开发，由于交流采样的信息采集于 TV 和 TA，这就涉及选择现场哪些 TA 和 TV 作为交流采样信息源的问题，现场可供使用的 TV、TA 有：供电企业的计量装置，客户电气设备的指示仪表和保护用的 TV 和 TA。由于国家电网有限公司的相关文件规定了计量装置的独立性，用电信息采集与监控终端的交流采样接入供电计量装置的可能性不存在，所以只能接入客户电气设备的指示仪表或保护用的 TV 和 TA，也可重新安装整套的计量设备。

一、交流采样基本知识

1. 交流采样的工作原理

由 TA、TV 一次回路的大电流和高电压转换为小电流、低电压信号，送入交流采样单元，交流采样单元经过放大和调理电路，再将信号送到采样保持电路，然后经过模拟开关依次切换，逐路送入模数转换电路进行转换，最后由处理芯片计算出各类数据。同时，将某相电压信号整形为方波，送入处理器，进行频率跟踪，用来调整采样间隔，保证测量精度。

在具体电路设计时，可采用单独的 A/D 转换电路、采样保持电路、模拟开关和逻辑电路等单元电路来实现，也可采用集成了以上电路的专用芯片来完成。随着芯片技术的发展，专用芯片的性能和稳定性都有了很大提高，其价格也越来越可以被接受，所以越来越多的终端产品采用了专用芯片方案来完成其功能开发。

2. 交流采样电气特性要求

三相三线制输入为 100V、5A。

三相四线制输入 220V/380V、5A。

3. 交流采样用导线的选择

导线的选择影响整个计量的精度，为了减少二次回路上的压降和电流误差，对导线的截面应有一定的要求，一般来说采用 4mm² 及以上导线能满足需要。导线选用时应满足相应电压等级的要求和相应的根数，也就是三相三线接法需要 7 根、三相四线接法需要 10 根，导线类型可根据现场实际选取。

4. 交流采样互感器的选择

终端交流采样不得接入电能计量装置二次回路中，而应优先接入进线柜（或避雷器柜、馈线柜、联络柜）的 TV、TA，也可接入计量 TV、TA 的测量仪表用绕组或其他多余绕组。

无可用互感器二次绕组时的处理方法如下：

（1）电流回路。加装一组终端专用电流互感器，对高供高计装置也可将原电流互

感器更换为带有仪表（测量）用绕组的电流互感器，互感器等级达到计量要求的 0.2
级或 0.5 级。

（2）电压回路。对高供高计装置可与电能计量的电压互感器共用，但必须从电压
互感器二次端子处独立并接至终端交流采样回路，不得直接从电能计量二次回路端子
上并接；对高供低计的，可从母线上直接引线至交流采样电路。

（3）交流采样单元与电压、电流互感器二次回路的连接应通过联合（试验）接线
盒连接，方便设备的检修和更换。

5. 外置交流采样装置

交流采样装置的数据主要用于比对，一般采用交流采样装置内置于终端的一体
化终端，但某些特殊情况下，为满足交流采样数据的完整性，需加装外置交流采样
装置。

（1）单进线、双（多）计量点。终端安装在其中一计量点，无法将交流采样安装
在总进线前端的，需在其余计量点加装外置交流采样装置。

（2）双进线、双计量点。终端安装在其中一计量点，需在另一计量点安装外置交
流采样。

（3）双进线、单计量点。当计量点无可供交流采样接入的互感器（也无法加装互
感器），需在每个进线处安装交流采样时，需采用外置交流采样装置。

外置交流采样通过 RS485 与终端通信，若终端有独立的采集外置交流采样的
RS485 接口，应接到该独立接口，若没有，则并接到与电能表通信用 RS485 接口。

二、与二次回路的连接

（1）电压回路的接入。电压回路按 U、V、W 三相的相序接入终端。

（2）电流回路的接入。电流回路串接在仪表或保护回路的 TA 上，注意互感器电
流的极性，电流的 TA 引出端子接终端的电流正端，终端的负端接仪表的正端子。电
流回路的相序按 U、V、W 三相的相序接入终端，相序不能搞错。

为了确保电流回路不发生开路，需要增加部分接线端子，终端交流采样的原理与
接线和电能计量装置的接线相同，为了方便今后的设备运行维护，需要在终端与互
感器之间加装联合接线盒，如图 10-8-1 所示是三相三线交流采样加装联合接线盒的接
线图。

交流采样工作的正常与否和接入的互感器相序有直接关系，所以确定相序是工作
中的重要一步，条件许可的情况下，可在停电或送电后用伏安相位表进行检查，并根
据检查结果进行调整；也可从进线柜开始检查，并找出对应关系。

送电前对整体接线和回路进行测量，保证电流回路不开路、电压回路不短路。

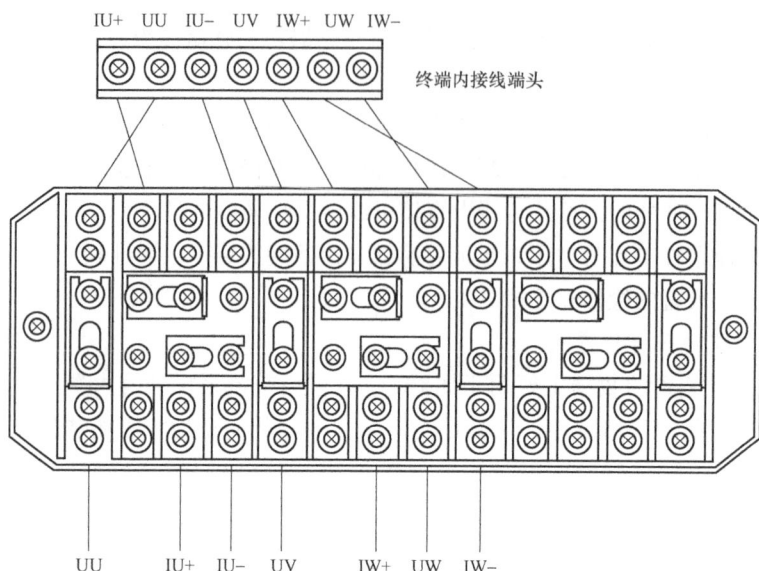

图 10-8-1 三相三线交流采样加装联合接线盒的接线图

【思考与练习】

1. 在安装交流采样时，为什么要加装联合接线盒？

2. 为什么对安装交流采样所用材料的截面有要求？

3. 交流采样接入相序错误的后果是什么？

◢ 模块 9 终端与开关设备连接与调试（Z27G3009Ⅱ）

【模块描述】本模块包含用户开关设备和终端连接与调试内容。通过原理讲解、方法介绍和要点归纳，掌握断路器的基本构造与工作原理，掌握终端与断路器的连接与调试的方法及注意事项。

【正文】

一、断路器的基本构造与工作原理

断路器是在电网运行中接通、分断电路正常电流，也能在规定的非正常电路运行模式（过载、短路）下接通一定时间和分断电路的一种开关。当系统发生故障时，断路器能快速判断并切断故障回路，保证无故障设备的正常运行。

1. 断路器的分类及组成

断路器的分类方法很多，一般可按电压等级、灭弧介质、安装方法、用途、接线方式、极数、操作方式和脱扣器形式进行分类。由于只需了解断路器跳闸回路的相关知识，所以对断路器分类仅按脱扣器形式进行分类，一般分为瞬时动作型脱扣器、热动+电磁脱扣型脱扣器、全电磁型脱扣器、电子脱扣器型和智能脱扣器等。

低压断路器一般由以下几部分组成：触头系统，灭弧室（罩），手动操动机构，电动操动机构，释放电磁铁，智能型控制器，互感器一、二次接线座，分励脱扣器，欠电压脱扣器等。

2. 热磁型断路器跳闸的工作原理

断路器的工作原理总体上是相同的，下面以低压断路器（高压断路器的控制部分一般由继电保护装置完成）为例介绍其工作原理，如图10-9-1所示。

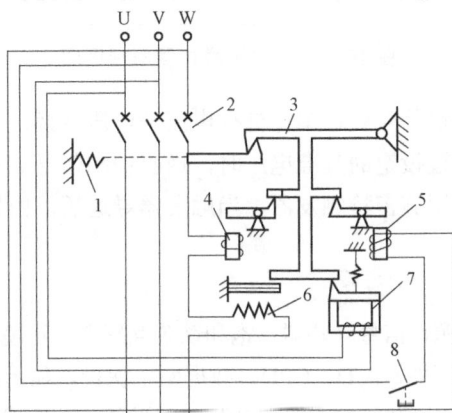

图 10-9-1　热磁型断路器工作原理示意图
1—储能弹簧；2—动、静触头；3—锁扣；4—过载脱扣器；5—分励脱扣器；
6—双金属元件；7—欠电压脱扣器；8—跳闸按钮

断路器用作合、分电路时，通过扳动其手柄（或通过外部转动手柄）或采用电动机操动机构使动、静触头闭合或断开。在正常情况下，触头能接通和分断额定电流；当出现异常时，断路器能根据现场情况选择适当跳闸方式切断回路。

1）当出现过负荷时，双金属元件 6 受热（或通过它近旁的发热元件发热的传导、辐射或双金属元件与发热元件串联通电发热）产生变形、弯曲，使锁扣 3 脱钩，动、静触头在弹簧 1 的牵引下分开，断路器跳闸。

2）如线路（或电动机）短路，则一定值的短路电流会使电流过载脱扣器 4（电磁铁）吸合，使锁扣 3 脱钩，动、静触头在弹簧 1 的牵引下分开，断路器跳闸。

3）在线路出现欠电压时，欠电压脱扣器 7 在电压低于 70%U_n（U_n 额定电压）时，其衔铁释放，使锁扣 3 脱钩，动、静触头在弹簧 1 的牵引下分开，断路器跳闸。

4）在正常操作或要远距离控制断路器的跳闸时，可控制跳闸按钮 8 闭合，分励脱扣器 5 通电，它的衔铁被吸合，使锁扣 3 脱钩，动、静触头在弹簧 1 的牵引下分开，断路器跳闸。

3. 电子脱扣器的工作原理

电子脱扣器（又称半导体脱扣器）是由半导体保护装置和执行部件组合而成的，其原理框图如图 10-9-2 所示，电子脱扣器通常是由信号处理、信号判别、延时电路、触发电路、电源和执行部件等部分组成。

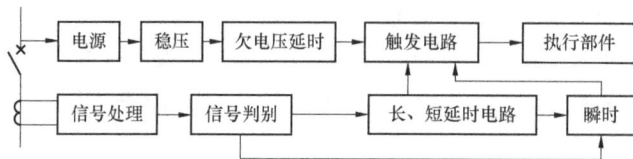

图 10-9-2 电子脱扣器原理框图

互感器采集的信号送信号处理单元进行电流—电压转换，由信号判别电路进行分析比对，当信号电压超过设定的基准电压时，送出控制信号。长、短延时电路由阻容元件实现。触发电路采用施密特触发器，当触发器导通后，由执行部件控制断路器的跳闸。

4. 智能型脱扣器

智能型脱扣器由电源，信号互感器，饱和铁芯互感器，环境温度检测，电压、电流采样放大器及多路选通开关，A/D，CPU，数据断电保护，显示器，整定键盘，脱扣信号输出，RS485 通信接口，故障检测输出和执行元件等部分组成，如图 10-9-3 所示。

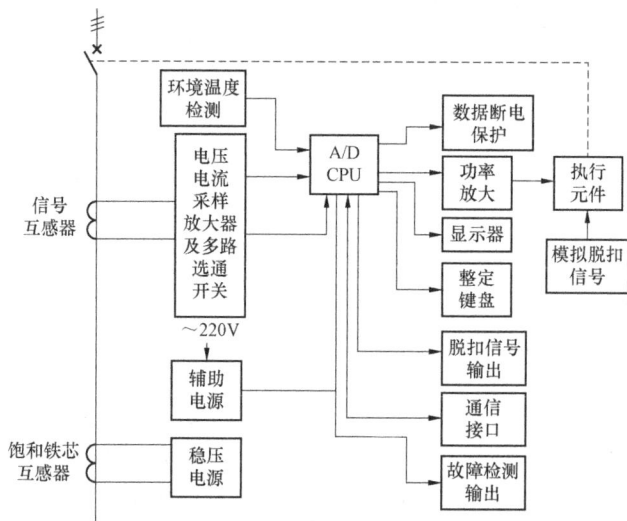

图 10-9-3 智能型脱扣器原理框图

智能型脱扣器的工作原理是：由饱和铁芯互感器提供稳压电源并与辅助电源一起分别供应 CPU 和电流、电压采样及脱扣驱动机构等部件工作。

信号互感器包括电压互感器和电流互感器，互感器采集的信息经采样及信号处理放大后由多路选通开关送 CPU 处理。

由整定键盘预先设置欠电压、过载、短路短延时、短路瞬动的电流值和动作时间，并将这些数值送 CPU，作为系统运行的基本参数。

CPU 根据预先设置的参数运行，当线路发生故障时（达到或超过预设定值时），信号互感器采集的信息通过信号处理电路送 CPU，CPU 经过运算对比后，发出跳闸命令，经驱动电路（功率放大器），由执行元件控制断路器跳闸，切断电路。

CPU 还连接外扩数据断电保护、显示器、脱扣信号输出、通信接口及故障检测输出等外围电路，实现数据信息的双向交换。

不论是什么类型的断路器，为了进行自动控制和断路器的分合状态显示输出，都带有一定数量的辅助触点，这些触点可按照设计需要成为断路器控制电路的一部分。辅助触点是与开关的分合状态相关联的一组触点，不同断路器的辅助触点数量不同，用于控制回路的电路形式也不相同。

二、终端与断路器的连接与调试

工作人员研究断路器的目的是了解其跳闸回路原理，掌握将用电信息采集与监控终端的控制继电器触点接入断路器的跳闸回路中（实现遥控）。实现远程控制功能，同时将断路器的分合位置信息接入到终端中（实现遥信）。

（一）终端与断路器辅助触点（遥信）的连接与调试

1. 遥信连接时的注意事项

1）由于终端的遥信输入是半导体器件，所以接入的辅助触点必须是空触点，即触点上不能有电位或电压，也不要与其他带电的设备共用同一组辅助触点，以免损坏接口板。

2）一般采用双芯护套控制电缆 KW2×1.5 的铜芯线作为遥信的连接线。

3）当在带电设备上接线时，为了防止接线过程中的误碰损坏终端，在接遥信回路时应先接断路器侧，后接终端侧。

4）连接断路器的遥信电缆接头应做成羊眼状，防止线头脱落，误碰其他带电设备。

2. 终端与断路器遥信回路的连接与调试

断路器的辅助触点动合、动断的定义为：当断路器处于分闸状态时，辅助触点处于导通状态时为动断（常闭）触点，反之为动合（常开）触点。

用电信息采集与监控终端接入断路器辅助触点的目的是采集断路器的变位信息，所以对接辅助触点的属性没有规定（不论是动合或动断触点都可与终端连接，只需将

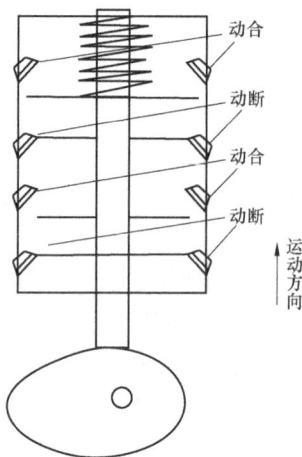

图 10-9-4 DW 系列断路器
辅助触点示意图

触点属性报主站进行设置，即可实现信息关系的对应），也可根据本地管理需要规定只接动合或动断触点。

早期低压断路器（如 DW 系列）的遥信触点如图 10-9-4 所示，可看到在跳闸机构旁，有一个双排的端子，其辅助触点受开关分合闸机构控制，可分别接通不同的触点。

智能型低压开关的辅助触点由二次回路接线端子排输出，一般在端子排的右侧，可用万用表的 $R×1$ 挡或 $R×10$ 挡查找出相应的辅助触点。

由于高压断路器离终端设备较远，连接或查找其辅助触点的工作量较大，要分析其设备工作原理，在其图纸上找到相应端子，并确定端子的动合或动断属性。

部分断路器可能会无多余的辅助触点供使用，此时可采用在断路器的合闸或分闸指示回路增加中间继电器，并从中间继电器的输出触点取出遥信信号至终端。

遥信触点确定后，可用双芯护套控制电缆进行连接，一端接到被控断路器的辅助触点上，另一端的两根线接至终端接口板"遥信"标记的两个端子上。

每路遥信的两根线无正负极性之分，只要接至对应的端子上即可。为了方便管理，建议接入终端的遥信位和遥控接线的轮次关系要一一对应。

遥信回路接线完毕后，可进行简单测试，主要是用万用表的 $R×1$ 挡或 $R×10$ 挡判断断路器辅助触点的通断是否可靠，整个回路是否沟通，如果终端已经通电，也可查看接口板中的遥信指示灯的亮灭状况来确定遥信回路是否正常。

（二）终端与断路器跳闸回路（遥控）的连接与调试

1. 遥控连接时的注意事项

（1）接控制回路时要注意终端的触点容量是否满足回路要求，一般壁挂式终端的触点容量为 AC 250V/5A。

（2）选用双芯护套控制电缆 KW2×1.5 的铜芯线作为遥控的连接线。

（3）接线应牢固，有条件时应将电缆接头做成羊眼状。

2. 控制的接入点的选择

（1）按照图纸接入用电信息采集与监控终端控制触点。高压断路器的控制回路是由继电保护完成的，在查找和接入控制回路时，应尽量查阅电路图，将终端的遥控动合触点并接在断路器跳闸按键触点两侧的电路中，如图 10-9-5 所示是采用新标准的断

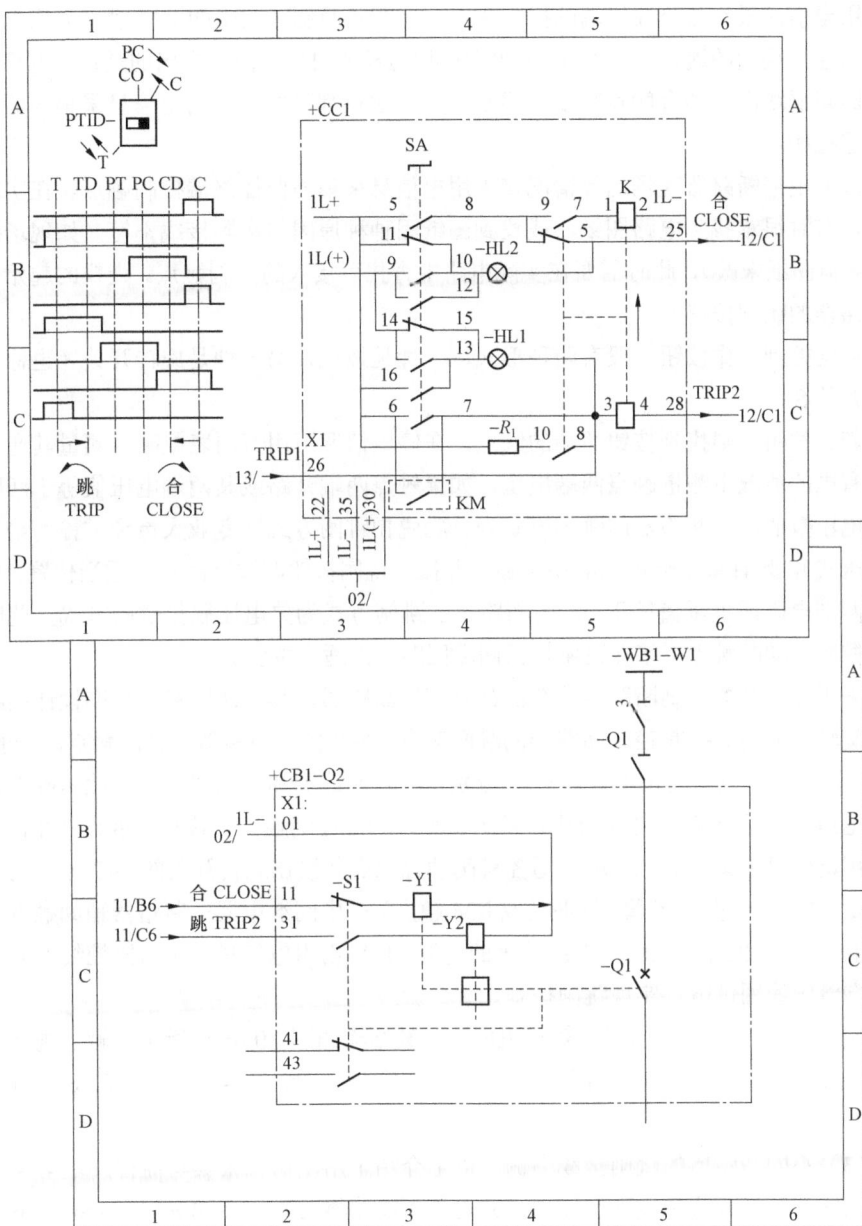

图 10-9-5　采用新标准的断路器二次电路控制图

路器二次电路控制图,图中万能组合开关的 6–7 动合触点是实现断路器跳闸的触点,可将用电信息采集与监控终端的控制触点并接在其两侧(图中的 KM 触点为用电信息采集与监控终端的遥控触点),即可实现远程遥控的目的。需要指出的是:在电路中可控制断路器跳闸的动合触点较多,但不是所有触点都可并接到用电信息采集与监控终端的遥控触点上。

(2)根据断路器现场运行情况接入用电信息采集与监控终端控制触点。在实际工作中,有时很难找到电路图纸,或找到图纸因种种原因与实际接线不符(如现场接线修改,但图纸未改),此时需要在实际电路中查找可接入的控制触点。查找的起始位置在断路器的跳闸按钮上。

跳闸控制操作按钮一般有两种形式,一种是按钮,另一种是旋转开关(也称万能组合开关 S)。

若为按钮,则找到按钮两端的触点,在停电情况下用万用表电阻挡测量其通断,或在有电的情况下测量触点两端电压,如果触点两端开路或其两端电压值等于断路器操作电压数值,则断路器的跳闸方式为分励脱扣跳闸方式(专业人员经常称为给压式或加压式),此时将终端控制的动合触点并接在跳闸按钮两端回路中的适当位置;如果触点两端电阻或电压值等于 0,则断路器的跳闸方式为欠电压脱扣跳闸方式,此时将终端控制的动断触点串接在跳闸按钮两端回路中的适当位置。

采用旋转开关控制断路器分合的都是高压断路器,其二次回路的标准设计图纸规定了旋转开关的 6–7 是控制断路器的跳闸触点,5–8 控制断路器的合闸触点。一般 5、6 触点接入操作电源的正母线,7、8 分别接入跳闸线圈和合闸线圈。在此基础上,还要对电路进行检查.有条件还要进行跳闸试验,确定控制触点设置与标准设计相同时,则将用电信息采集与监控终端的遥控跳闸动合触点并接在旋转开关的 6–7 上,其控制回路是:1L+—开关的 6 脚—7 脚(或 KM 触点)—中间继电器—断路器辅助触点—跳闸线圈—1L–o 也可另取相同电压等级的电源,直接由用电信息采集与监控终端的控制接点向跳闸线圈供电,实现跳闸控制。

旋转开关(SA)是由多组触点组成的,其结构如图 10–9–6 所示。触点规定是:从旋转开关的背面,由左上角开始,顺时针向外为 1、2、3、4、5、6、7、8 等每一层有 4 个触点。

(3)不同断路器的跳闸接线举例。以上介绍了用电信息采集与监控终端与断路器跳闸回路的接线方式和实现的原理,并对高压断路器的跳闸接线进行了分析,下面对工作中常见的断路器与用电信息采集与监控终端的遥控接线进行举例。

1)用电信息采集与监控终端和 380V 交流接触器跳闸连接如图 10–9–7 所示。

2)用电信息采集与监控终端和采用失压脱扣断路器跳闸连接如图 10–9–8 所示。

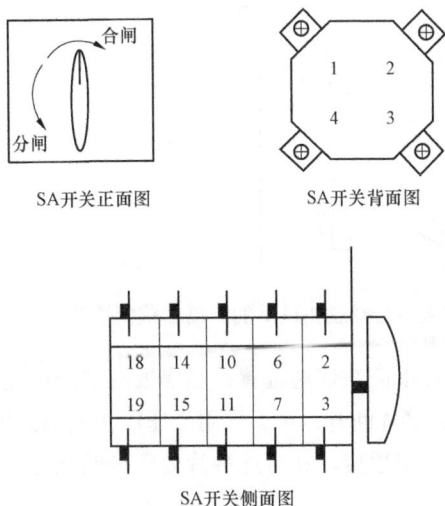

图 10-9-6　旋转开关 SA 结构

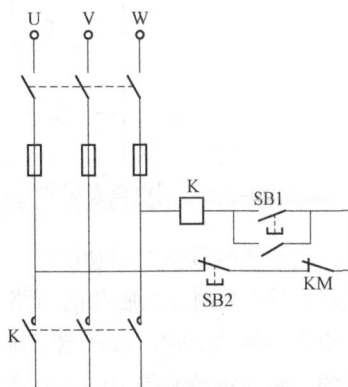

图 10-9-7　用电信息采集与监控终端
和 380V 交流接触器跳闸连接

K—交流接触器；SB1—合闸按钮；
SB2—分闸按钮；KM—终端动断触点

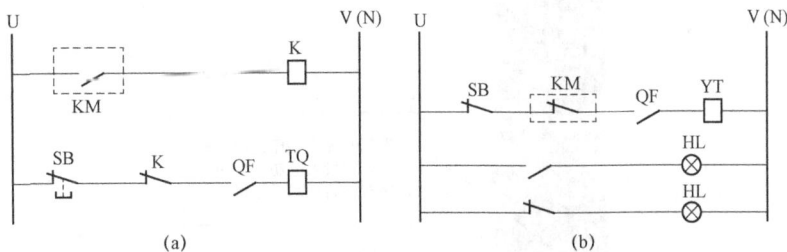

图 10-9-8　用电信息采集与监控终端和失压脱扣断路器的跳闸连接

（a）利用中间继电器接入（终端采用动合触点）；（b）采用终端动断触点

YT—跳闸线圈；SB—分闸按钮；QF—断路器辅助触点；K—中间继电器；
KM—终端动合、动断触点；HL—指示灯

　　3）用电信息采集与监控终端和采用分励脱扣跳闸的断路器跳闸连接如图 10-9-9 所示。

　　4）终端控制输出回路连接片的投入。为了在最短时间内将用户断路器退出终端控制回路，终端接口板有禁控开关，当将开关拨至关时，切断了继电器的工作电源，终端不起控制作用。为了确保将继电器触点完全退出断路器控制回路，也有部分终端加装了具备分断与短接功能的端子，用于与跳闸回路的连接。

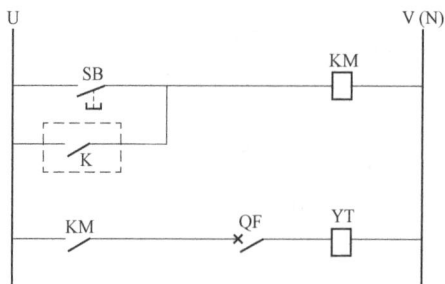

图 10-9-9   用电信息采集与监控终端和采用分励脱扣跳闸的断路器跳闸连接

当需要终端具备控制功能时，端子连接片都应在连通位置；当需要终端退出控制功能时，对于采用分励脱扣的断路器，应将连接片断开；对于采用失压脱扣的断路器，当不投入跳闸功能时，应在端子排上将跳闸回路短接，并将连接片处于分断状态。端子排的分断与短接如图 10-9-10 所示。

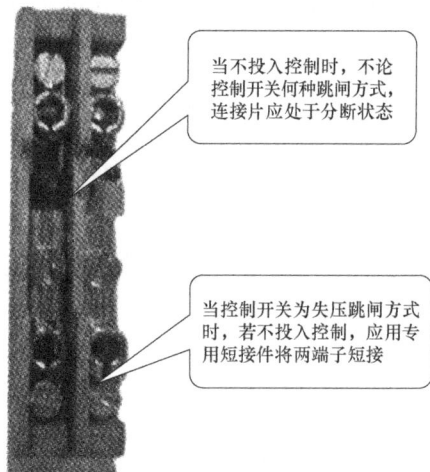

图 10-9-10   端子排的分断与短接

5）报警线的连接。终端提供一组动合触点供报警输出用，可接通用户的灯光报警系统或音响报警系统，用电信息采集与监控终端的控制和告警电路接线如图 10-9-11 所示。

（三）终端遥信功能的扩展应用（门禁）

用电信息采集与监控终端的遥信端口还可作为监测计量柜门的开关。

计量柜门禁的接入与开关遥信基本相同。当多个门禁开关接到终端同一门禁触点时，应注意门禁开关触点属性一致，若选用不同触点属性，将无法正常检测门禁状态。

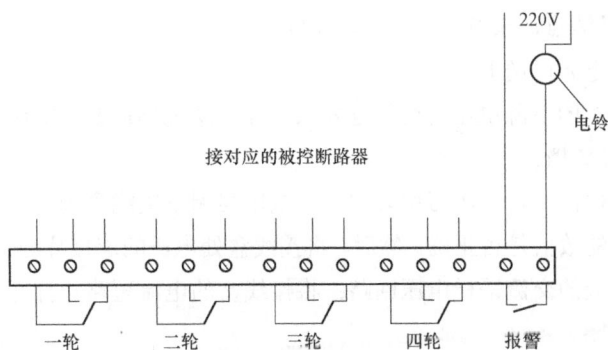

图 10-9-11　用电信息采集与监控终端的控制和告警电路接线

【思考与练习】

1. 断路器的工作原理是什么？

2. 断路器辅助触点的动合和动断属性是如何规定的？

3. 用电信息采集与监控终端和断路器的遥信回路连接时要注意什么？

4. 遥信用作门禁时的注意事项是什么？

▲ 模块 10　主站与终端联调（Z27G3010Ⅱ）

【模块描述】本模块包含终端开通联调的内容。通过要点归纳和方法介绍，熟悉主站与终端联调的条件、终端通电前的准备工作，掌握终端通电后的基本操作、调试操作的步骤和方法及其注意事项。

【正文】

一、终端通电前的准备工作

用电信息采集与监控终端本体安装完毕，各种接线连接完毕后，将进入终端与主站联调环节。

1）天馈线安装完毕。

2）表计接线完毕。

3）遥信接线完毕。

4）遥控接线完毕。

5）交流采样接线完毕。

6）接线已经经过复查，正确无误。

7）所有安装工作人员完成工作，撤出工作场地。

8）所有清扫工作完成。

9）所有工具清点，未有遗漏在工作现场。

10）客户的电源已送上。

检查测试输入的电源电压是否符合要求，并根据现场需要，将终端电压设置在电压 220V 挡或 100V 挡。

对于交流采样回路，应用万用表的交流电压挡测量接线盒的电压输入，并根据接线方式确定测量的数值是否正确；然后，将接线盒处电压的连接片与上端连接，使 TV 二次电压进入终端的交流采样电压回路；将接线盒的电流短路片打开，使电流进入终端的电流回路。

将天线电缆接至终端的天线插座中。如果有功率计，可将功率计串入终端和馈线电缆之间。

二、终端通电后的基本操作

终端接通电源后，首先检查终端自检和显示是否正常，设置通信信道、波特率和终端地址。目前 04 版终端的设置方式有硬件设置和软件设置两种方式，由于终端生产厂家众多，设置方式也不尽相同，具体的设置方法可参阅终端说明书。终端生产是按照合同进行的，终端出厂后其行政区码、通信波特率基本上已经确定，现场人员只需参照终端说明书，设置通信信道、终端地址和功能位即可；然后将终端显示的终端地址与主台核对，确保地址正确。对于开关拨动设置地址的，如果发现有的开关拨动后地址不变，则表明地址开关故障，需更换，或向主站申请调换终端地址码。

在正式调试前，需要验证终端与主站的通信质量是否满足数值信号的传递，230MHz 用电信息采集与监控终端简单的做法是与主站进行通话，如果通话双方的讲话声音比较清晰、背景噪声小，表明无线通信一切正常，这是保证数据传输的基本条件，否则说明收到的信号弱、信噪比低，则应检查天馈线接头，转动定向天线方向及观察有无近距离阻挡。GPRS 终端则可通过终端面板显示的 GPRS 信号强度来简单判断。

通话的基本操作是：查看终端面板上的"通话"指示灯是否亮，"通话"指示灯亮表示允许通话，如不亮可按一下主控板上强制通话开关（强制通话的操作方式因终端而异，需要参阅终端说明书）。在允许通话状态下，将手持送话器插头插入"MIC"插座，按送话器开关，可与主台通话。松开送话器开关，可从喇叭中听到主台方面的通话，这时表明电台已开始正常工作。

三、终端调试

终端调试是终端人员在现场开通终端设备后，配合主站下发的命令，检查终端的执行，对于出现的异常进行相应的处理。

1. 通话功能调试（230MHz 终端）

在确认通话效果较好的前提下，可请主台值班人员发送允许通话命令，如果终端正常接收，则通话指示灯点亮，带有外置 Modem 的终端 DTR 信号变化，并发出报警声，带有语音功能的终端发出"主站要与你厂通话，请回答"的语音提醒，无语音功能的终端发出"嘟嘟"报警声。终端向主站发送打开通话的确认信息，表明上下行数据传送正常，并且终端的报警功能和通话正常，可进入下一项调试。

2. 对时功能调试

主台下发对时命令，如正常接收，终端应显示与主台下发的时间相同。

3. 复位功能调试

主台下发硬件区、参数区和数据区的复位清空指令，终端应有相应复位信息显示。此时，终端内除时钟等出厂信息外，将无任何终端运行参数和数据。

4. 脉冲功能调试（部分终端的功率可取自 RS485 口，无需单独接脉冲线）

主站根据客户勘察记录等信息将 TV、TA、电能表常数 K 等脉冲运行参数下发至终端，一般将有功功率设置在 1、3、5、7 路，无功功率设置在 2、4、6、8 路。核对终端参数并确认无误，主台将脉冲参数召回验证，确保主台与终端参数一致。此时如果客户用电正常，终端的脉冲指示灯将闪动，通过对 $I_{\min}$ 收到的脉冲数进行计算后，终端总有功、无功功率和分路功率都应显示。如果只显示分路功率，则可能分路总加指针没有发，需要主台重发该参数。如果脉冲灯不闪，可将 12V 的 GND 接入终端脉冲负端，并将 12V 的正端点接终端脉冲正端，终端脉冲指示灯应同步闪亮，则终端脉冲回路工作正常，否则应重点检查接线是否正常，计量装置是否正常及是否有用电负荷。如果脉冲灯不亮，检查 12V 是否正常，如果正常则接口板坏，如无 12V 电压，则电源坏。

终端显示功率后，采用瓦秒法核对负荷并与终端显示的功率比较，如果负荷相差较大（因终端的功率显示是 $I_{\min}$ 刷新一次，指示仪表是动态显示且使用的回路也可能不同），需要核查 TV、TA 和 K 参数是否与现场一致或计量回路是否有异常。

5. 抄表功能调试

主站下发了表类型（规约）、表地址等参数后，现场核对参数并确认无误，主台再召测一遍，确保主台与终端参数一致，注意查看抄表的指示灯。如果发送灯闪烁后，收信灯亮，则表明抄表成功，过几分钟后可查看到终端的抄表数据，并与现场表计核对是否正确，此时主台也能抄表；如果发送灯不闪，则表参数未发下，或终端未收到，重发表参数；如果发送灯闪后，收灯不闪，可能表计或表计接线有问题。

6. 交流采样调试

抄交流采样数据、相位角，保证三相三线的相位角为：I_{u} 相位角 30°，I_{w} 相位角

270°，U_{wv} 相位角 300°，三相四线电压和电流的相位角保持一致。交流采样调试正确的标准是交流采样有、无功功率乘变比后，与脉冲功率相近。

交流采样调试中，脉冲功率和交流采样功率可能会出现以下三种情况：

（1）脉冲的有功功率、无功功率和功率因数与交流采样回路的值应相差不多，交流采样的相位角也在正常值附近（I_u 相位角 330°～359°、0°～90°，I_w 相位角 210°～330°）。

（2）脉冲和交流采样的有功功率和无功功率无法对应，但功率因数差不多，相位角也在正常值附近。这有可能是客户的负荷变化大，一时无法对应，也可能是交流采样和脉冲的参数不对。因为交流采样一般取仪表电流互感器，此电流互感器不变换相位，同时标牌不清晰，现场确定 TA 变比比较困难。

（3）脉冲和交流采样的有功功率有时差不多或差很多，无功功率对应不上，相位角也在正常值附近。此时，接线肯定存在错误，需要调整。先根据脉冲功率确定相位角的大概范围，相位角与脉冲关系见表 10-10-1。为了确保调试准确，应退出客户的电容补偿，让负荷呈感性（也能从表计读数来判断）。

表 10-10-1　　　　　　　　相位角与脉冲功率的关系

脉冲功率关系	I_u 相位角	I_w 相位角	U_{wv} 相位角	负荷特性	可能的原因
反向无功大于有功	330°～345°	210°～225°	300°	容性	负荷较小补偿电容投多
反向无功小于有功	0°～30°或 345°～359°	225°～270°	300°	容性	投补偿电容
有功大于无功	30°～75°	270°～315°	300°	感性	—
有功小于无功	>75°	>315°	300°	感性	感性负荷大，需投电容

确定相位角的大概范围后，再看实际相位角，先确定电压的相序。对地测量三相电压，无电压的一相则认为是 V 相，V 相在当中且 U_{wv} 相位角为 300° 时，电压相位正确，调整电流即可。如果 U_{wv} 相位角为 60°，则交换 U、W 相，使电压相位为 300°。

分析调整电流，先根据脉冲负荷情况预测电流相位角范围。大多数的错误为电流 U、W 错位（即 U 相位角为 270° 左右，W 相相位角为 30° 左右）或电流 U、W 反向（即 U 相位角为 210° 左右，W 相相位角为 90° 左右）。

另外，当 I_u、I_w 相位角相差 120° 或 240° 时，两个电流同极性（同正或同反）。当 I_u 和 I_w 相位角相差 60°～80° 或 270°～300° 时，两个电流极性相反，即有一相极性反了。

如果无法确定 V 相，则只能用排除法，先将 U_{wv} 相位角调为 300°，并假定为正确相序，试着用互换电流、反向等方式，看是否能得出与脉冲负荷相对应的相位角。如果可以，则先调整，看功率是否对应；如果调不出，则旋转 120°、240° 重复上述步骤。

7. 遥信调试

如果接入的遥信触点属性为动合，则当开关合闸后对应此轮次遥信的指示灯应该亮，否则调整属性或查看接线，如怀疑遥信故障，可短接遥信触点，遥信指示灯会亮，表明终端正常，此时可判定遥信触点不好或线未接好，否则终端接线板故障。

8. 遥控调试

先让主台解除保电状态，再发送所接轮次的遥控跳闸，查看终端是否报警，观察开关是否动作。注意，此时终端上电应超过 10min，否则跳闸不会执行。每跳完一轮后，立即让主台合闸，最后将保电投入。

9. 中文信息显示功能调试

由主台发送一些常用的中文信息，如"该终端已起用，如有问题请联系用电信息采集与监控中心，电话×××××××××"，终端应发出"信息已更改，请注意查看"的语音或报警声。

10. 参数保存调试

关闭终端电源 5min 后，打开电源，观察终端参数是否丢失，如果参数丢失，表示主板存在故障。

四、调试过程的注意事项

1）在调试过程中，各种终端参照说明书对所具有的功能进行调试。

2）为了保证终端初始化时的时钟正确，终端的复位操作必须在对时以后进行。

3）禁止在调试时使用群组控制命令。

4）试验跳闸时，必须确认所操作的客户无误，可采用再次发送允许通话的命令来确认用户。

5）试验跳闸机构时，必须得到客户同意，以免造成客户损失。

6）调试完毕让主台关闭通话，锁上终端门，并加封印。

【思考与练习】

1. 终端调试需要具备哪些条件？

2. 终端调试过程中的注意事项是什么？

3. 终端调试主要有哪些项目？

第四部分

电能表现场校验

第十一章

互感器极性判断和变比测量

▲ 模块1 互感器极性判断（Z27H1001 Ⅱ）

【模块描述】本模块包含互感器极性判断操作程序及注意事项、三相电压互感器组别试验方法及注意事项。通过操作程序介绍、图解说明，掌握互感器加、减极性的判断方法。

【正文】

一、概述

互感器在工作时，瞬间流过一、二次绕组的电流方向称为互感器的极性。当电流方向确定，极性与绕组绕制的方向有关。为了互感器两侧绕组的极性端一致，将互感器两侧绕组的关系制作成当一次从首端流入时，二次从首端流出（相减的关系），这样获得 I_1（U_1）、I_2（U_2）之间幅值不同，但两侧相位相同的关系，这就是电能计量互感器采用减极性关系的原因。

所谓减极性，对于电流互感器，一次电流 $\dot{I}_1$ 与二次电流 $\dot{I}_2$ 瞬时方向相对于同名端正好相反，即若 $\dot{I}_1$ 从 P1 端流入，$\dot{I}_2$ 此时一定从 S1 端流出，如图 11-1-1 所示。

对于电压互感器，一次绕组 $\dot{U}_1$ 与二次绕组 $\dot{U}_2$ 瞬时极性相对于同名端恰好相同，即若"A"端为"+"，"a"端此时也一定为"+"，反之称为加极性，如图 11-1-2 所示。

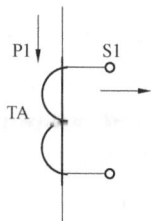

图 11-1-1 电流互感器极性示意图

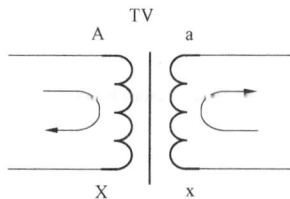

图 11-1-2 电压互感器极性示意图

在互感器投入运行以前，必须进行一、二次绕组极性试验，由此判断互感器绕组的极性关系，验证电流互感器中 P1（或 P2）端的同名端 S1（或 S2）端；电压互感器中 A（或 X）端的同名端 a（或 x）端标注是否正确。

测试互感器的极性非常重要，如果极性判断错误，会使接入电能表的电压或电流的相位相差 180°，会导致出现计量差错。

二、安全和技术要求

互感器极性测试分现场和实验室两种。现场对运行设备开展互感器极性测试应遵照以下规定：

1）按规定办理第一种工作票。

2）至少有两人一起工作，专人进行监护。

3）勘察现场，在工作区范围设立标示牌或护栏。

4）工作时，按规定着装，戴手套、安全帽，穿绝缘鞋，并站在绝缘垫上，操作工具绝缘良好。

5）拆、接试验接线前，应将被试互感器对地充分放电，以防止剩余电荷、感应电压伤人及影响测量结果。

6）严格按作业指导书开展工作。

三、测试接线及步骤

互感器极性测试方法一般有直流法、交流法和比较法等。比较法是利用互感器校验仪，来确定被试互感器绕组的极性，通常在互感器检定时同时进行。直流法和交流法方法简单，容易操作，交流法主要是用于检查电压互感器的极性。

（一）直流法

1. 单相电压互感器

（1）试验用工器具有直流毫伏表 1 只，开关 1 只，1.5V 直流电源 1 只，导线若干。

（2）接线。将直流毫伏表接入电压互感器二次绕组中，仪表正端接预判的"a"，负端接预判"x"。将开关断开和直流电源串联用导线接入电压互感器一次绕组中，直流电源的正极接预判"A"端，负极接预判"X"端，接线如图 11-1-3 所示，并检查接线是否牢固可靠。

（3）极性判断。用"点合"（刚合上，立即断开）的方式操作开关。合上开关的瞬间，仪表指针正向摆动，断开开关的瞬

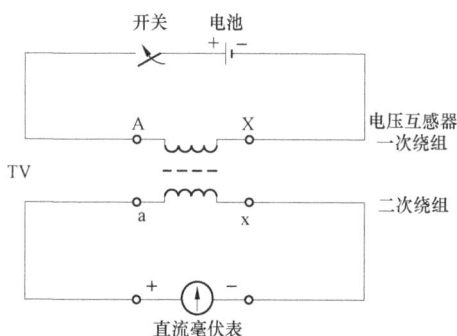

图 11-1-3 单相电压互感器
直流法极性试验接线图

间，仪表指针反向摆动，则电压互感器为减极性，电压互感器一次绕组预判的"A"端和二次绕组"a"端与实际极性相同，为同名端。

若偏转方向与上述方向相反，则电压互感器为加极性，电压互感器一次绕组预判的"A"端和二次绕组预判的"x"端为同名端。

试验时，若电压表指针偏转不明显，电池也可放在二次侧，但是直流电压表应放在较高的挡位。

接线时要注意电源正极、仪表正端与绕组之间的对应，切勿接错，如果对应关系错误将会造成极性判断错误。

2. 电流互感器

电流互感器极性试验基本上和电压互感器极性试验方法一样，不同的是电流互感器一次绕组的匝数少，有的甚至只有一匝，而电压互感器一次绕组匝数多，所以试验时注意仪表量程的选用。

（1）试验用工器具有直流微安表（也可用万用表直流毫安挡代替）1 只，开关 1 只，1.5V 直流电源 1 只，导线若干。

（2）接线。将直流微安表接入电流互感器二次绕组中，仪表正端接预判的"S1"，负端接预判的"S2"。将开关断开和直流电源串联用导线接入电流互感器一次绕组中，直流电源的正极接预判的"P1"端，负极接预判的"P2"端。接线如图 11-1-4 所示，并检查接线是否牢固可靠。

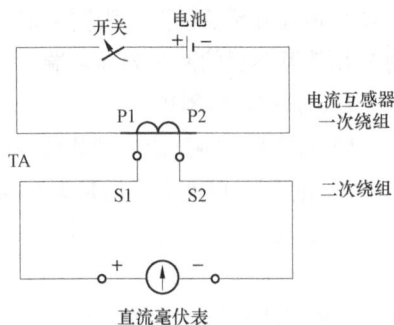

图 11-1-4 单相电流互感器直流法极性试验接线图

（3）极性判断。用"点合"（刚合上，立即断开）的方式操作开关。当合上开关的瞬间，仪表指针正向摆动，断开开关的瞬间，仪表指针反向摆动，则电流互感器为减极性，电流互感器一次绕组 P1 端和二次绕组 S1 端为同名端。

若偏转方向与上述方向相反，则电流互感器为加极性，电流互感器一次绕组 P1 端和二次绕组 S2 端为同名端。

接线时要注意电源正极、仪表正端与绕组之间的对应，切勿接错，如果对应关系错误将会造成极性判断错误。

（二）交流法

主要用于电压互感器极性判定。

（1）试验用工器具有交流电压表（也可用万用表电压挡代替）2 只，试验交流电源，导线若干。

（2）接线。在电压互感器一、二次侧各选一个端子，用导线直接连接起来，将电压表 V 接在剩余的两个端子之间，将电压表 V1 连接在一次侧两端子间，然后加适于测量的交流电压，接线图如图 11-1-5 所示。

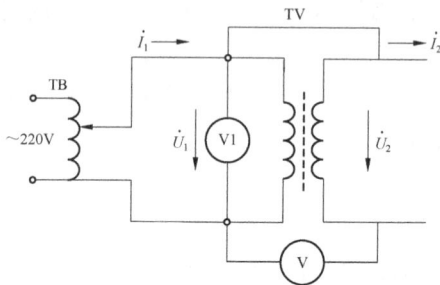

图 11-1-5　交流法检查电压互感器的极性

（3）极性判断。若电压表 V 测得的电压为一、二次电压之差（$U=U_1-U_2$），则电压表 V 所连互感器的两端为同名端；若测得的电压为一、二次电压之和（$U=U_1+U_2$），则 V 所连互感器的两端为异名端。

四、试验注意事项

1）测试时要将直流电源和仪表的同极性端接绕组的同名端。拉、合开关时都应有一个时间间隔，以便观察清楚表针摆动的真实方向。

2）试验时应反复操作几次，以免误判试验结果。

3）操作时要先接通测量回路，然后再接通电源回路。读完数后，要先断开电源回路，然后再断开测量回路仪表。

4）测量变比大的电压互感器时，应加较高电压的同时选用小量程仪表，以便仪表有明显的指示。

5）测试过程中不要用手触及绕组的高压侧接线端头，以防触电。

6）使用交流法判断电压互感器极性时，严禁电压互感器二次回路短路。

【思考与练习】

1. 互感器极试验时的注意事项是什么？

2. 如何开展单相 TV 的极性试验？

3. 如何开展单相 TA 的极性试验？

4. 检查互感器的极性有哪些方法？为什么要检查互感器的极性？

模块 2　互感器变比测量（Z27H1002Ⅱ）

【模块描述】本模块包含互感器变比检查内容、互感器变比现场测试方法。通过操作程序介绍、图解说明，掌握互感器变比的检查方法。

【正文】

一、概述

电压互感器的变比是指额定一次电压与额定二次电压之比，也等于电压互感器一次绕组匝数与二次绕组匝数之比。

电流互感器的变比是指额定一次电流与额定二次电流之比，也等于电流互感器一次绕组匝数与二次绕组匝数之比的倒数。现场运行的电压、电流互感器不一定是额定条件，互感器的实际运行变比就等于一、二侧电压或电流之比。现场做互感器更换时或对倍率产生怀疑时应进行变比检查。测量变比可检查计量倍率的准确性。根据电压、电流互感器变比的定义可知测量电压比和测量电流比就可得出电压、电流互感器的变比。

二、安全和技术要求

1）现场对运行设备开展互感器变比测试应按规定办理第一种工作票。

2）至少有两人一起工作，专人进行监护。

3）勘察现场，在工作区范围设立标示牌或护栏。

4）工作时，按规定着装，戴手套、安全帽，穿绝缘鞋，并站在绝缘垫上，操作工具绝缘良好。

5）拆、接试验接线前，应将被试电压互感器对地充分放电，以防止剩余电荷、感应电压伤人及影响测量结果。

6）严格按作业指导书开展工作。

三、带电测试低压电流互感器变比

1. 测试前的准备

（1）查勘被试电流互感器现场情况及试验条件，办理工作票并做好试验现场安全和技术措施。

（2）选择测试用仪表。多量程钳形电流表 1 只，根据被测电流互感器的一、二次电流大小选择合适的量程。

（3）检查被试电流互感器一、二次接线的正确性，检查接线端子是否牢固可靠。

2. 测试方法

将钳形电流表分别接入被测电流互感器的一、二次回路，记录读数，根据测试的

一、二次侧电流之比得出被测电流互感器的变比。测试完成后，取下钳形电流表，确认无误后撤离现场。

3. 测试注意事项

（1）装表接电工不得使用钳形电流表在高压系统中测量高压电流互感器一次电流。

（2）操作者和带电导线保持一定的安全距离，防止人员触电。

（3）一次电流测量应在绝缘导体上进行。

（4）测试中应特别注意不能使电流互感器二次回路开路。

（5）钳形电流表使用前必须检查钳口是否清洁，如不清洁则清理后再使用，否则会带来较大的测量误差。

（6）测量时钳口要接触良好，不要用手挪动钳口，或用手夹紧钳头。

四、停电测试高压电压、电流互感器变比

（一）电流法测试电流互感器变比

1. 测试前的准备

（1）办理工作票并做好安全和技术措施。

（2）选择测试用设备和仪表。电流互感器一、二次电流的测试导线，普通电流表（可用万用表代替），钳形电流表，试验电源，升流器。

（3）电流互感器从系统中隔离，对电流互感器一、二次端子进行放电，并在一次侧两端挂接地线。

（4）确认电流互感器二次有关保护回路已退出，电流互感器除被测二次绕组外其他二次绕组应可靠短路。

2. 测试方法

（1）在电流互感器被测二次回路接入普通电流表，将其他二次绕组短接。

（2）在电流互感器一次回路中接入升流器和钳形电流表。接线图如图 11-2-1 所示。

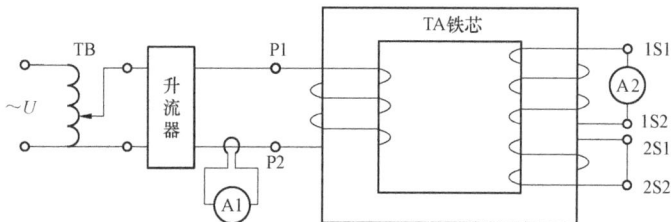

图 11-2-1 电流法检查电流互感器的变比

（3）对被测试电流互感器一、二次回路进行检查核对，确认无误后，调节升流器使施加的电流在一、二次电流表上有足够的分辨率，并保持电流稳定。

（4）读取电流互感器一、二次侧电流表的读数并记录，计算电流互感器的变比。

（5）将升流器降至零，然后拆除测试导线。

按照上述方法测量其他二次绕组的变比。

3．测试注意事项

（1）试验中禁止电流互感器二次回路开路。

（2）短路电流互感器二次绕组时，必须使用专用短路片或短路线，短路应妥善可靠，严禁用导线缠绕。

（3）施加在电流互感器一次电流稳定后，同时读取一、二次侧电流值。

（4）注意测试导线不能太长，接触应良好，否则将产生测量误差。

（二）比较法测试电压互感器变比

1．测试前的准备

（1）办理工作票并做好试验安全和技术措施。

（2）选择测试用设备和仪表。标准电压互感器（或已知变比的电压互感器），电压互感器一、二次电压的测试导线，普通电压表（可用万用表代替），试验电源，调压器。

（3）电压互感器从系统中隔离，对电压互感器一、二次端子进行放电，并在一次侧两端挂接地线。

2．测试方法

（1）将被试电压互感器 TV 和标准互感器 TV 二次回路分别接入电压表 V1 和 V2。

（2）将被试电压互感器和标准电压互感器一次绕组并联，接到调压器两输出端，接线图如图 11-2-2 所示。

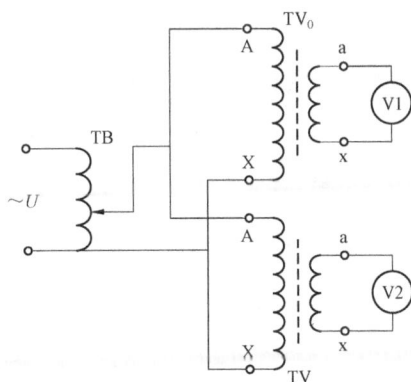

图 11-2-2　比较法测试电压互感器变比

（3）对一、二次回路进行检查核对，确认无误后，使调压器从零开始升压，升至被试电压互感器额定电压的 20%~70%，并保持电压稳定。

（4）读取电压表 V1、V2 的读数并记录，按照下述公式计算被试电压互感器的实际变比

$$K_x = \frac{K_n U_n}{U_x} \qquad\qquad （11-2-1）$$

式中：K_n 为标准互感器的变比；U_n 为标准互感器二次回路电压，即电压表 V2 的读数，V；U_x 为被试互感器二次回路电压，即电压表 V1 的读数，V；

（5）将调压器降至零，对电压互感器放电，然后拆除测试导线。

3. 测试注意事项

（1）试验中禁止电压互感器二次回路短路。

（2）施加的电压不应低于被试电压互感器额定电压的 20%，并尽可能保持稳定，读数时低压侧两只电压表应同时进行。

【思考与练习】

1. 用直流法测试电流互感器变比注意哪些问题？

2. 绘制用比较法测试电压互感器变比的接线图，并给出被试互感器实际变比的计算公式。

3. 带电测试低压电流互感器变比的注意事项。

第十二章

电能表现场检验

▲ 模块1　电流互感器现场检验（Z27H2001Ⅲ）

【模块描述】本模块包含电流互感器现场检验的目的及内容、危险点分析及控制措施、作业前准备工作、现场检验步骤及要求、检验结果分析及检验报告编写、现场检验注意事项等内容。通过概念描述、术语说明、流程介绍、图解示意、要点归纳，掌握电流互感器现场检验的方法。

【正文】

一、现场检验的目的及内容

电流互感器起到电流变换的作用，一次电流按变比折算到二次侧后与理论二次电流存在一定的误差，这个误差包括比差和角差两部分。电流互感器的比值差和相位差均需按互感器的准确度等级控制在一定范围内，即要求电流互感器必须满足测控、保护、计量等不同用途的要求。因此需对新装后、运行中的电流互感器开展首次检定、后续检定和使用中的检验，确保互感器的变比正确、误差合格。

电流互感器现场检验的主要内容有外观及标志检查、绝缘试验、绕组极性检查、现场误差测试、稳定性试验、运行变差试验、磁饱和裕度试验。

二、危险点分析及控制措施

安全工作要求主要参照《国家电网公司电力安全工作规程》有关规定执行，重点做好以下安全措施：

1）现场工作负责人应指定一名有一定工作经验的人员担任安全监护人，安全监护人负责检查全部工作过程的安全性，一旦发现不安全因素，应立即通知暂停工作并向现场工作负责人报告，安全监护人不得从事现场实际操作。

2）电流互感器从系统中隔离，并在一次侧挂接地线。

3）对被检验设备一、二次回路进行检查核对，确认无误后方可工作。

4）现场检验过程中严禁将电流互感器二次侧开路。

5）短路电流互感器二次绕组，必须使用短路片或短路线，短路应妥善可靠，严禁用导线缠绕,不得将回路的永久接地点断开。

6)当工作人员在距离地面 2m 以上作业时,严格遵守高空作业的安全要求,同时与周围带电的高压设备保持安全距离。

7)检验工作完毕后应按原样恢复所有接线,工作负责人会同工作许可人共同检查无误后,交回工作票并立即撤离工作现场。

三、现场检测前的准备工作

依据 JJG 1021—2007《电力互感器检定规程》的规定,开展电流互感器现场检验时,必须满足以下条件。

(1)环境条件。环境气温–25～55℃,相对湿度不大于 95%,周围无强电、磁场干扰。

(2)试验电源。试验电源频率为(50±0.5)Hz,波形畸变系数不大于 5%。

(3)所需工器具、检验设备。现场检验用设备包括:标准电流互感器,互感器校验仪,电流负荷箱,电源控制箱(调压器),电源盘,升流器,钳形电流表,万用表,检验用一、二次导线,压接件等。工器具包括:组合工具、绝缘手套、绝缘梯、安全带等。

(4)准备工作。

1)检验前应了解现场主接线方式、工作内容以及停电范围、现场安全措施等。

2)熟知检验用仪器设备工作原理、功能用途。

3)搜集整理被试电流互感器以往检验报告、缺陷记录。

4)准备现场用作业方案、工作票、作业指导书、记录本等。

四、现场检验步骤及要求

电流互感器现场检验项目包括外观及标志检查、绝缘试验、绕组极性检查、基本误差测量、稳定性试验、运行变差试验、磁饱和裕度试验。现场针对不同的现场检验类别开展相应的检验项目。

1. 外观检查

如有下列缺陷之一者,需修复后方予检测。

1)铭牌及必要的标志不完整(包括技术参数、极性标志、额定绝缘水平、互感器型号、出厂序号、制造年月、准确度等级等)。

2)接线端钮缺少、损坏或无标记,穿心式电流互感器没有极性标记。

3)多变比电流互感器在铭牌或面板上未标有不同电流比的接线方式。

4)严重影响检测工作进行的其他缺陷。

2. 绝缘试验

首次检测的计量用电流互感器检测项目如下(注:应在做完绝缘强度试验,确保被测设备绝缘性能良好后,方能进行。试验按有关的标准和规程的规定进行):

测量绝缘电阻应使用 2500V 绝缘电阻表，一次对二次绝缘电阻大于 1500MΩ，二次绕组之间绝缘电阻大于 500MΩ，二次绕组对地绝缘电阻大于 500MΩ。

工频耐压试验前短接电流互感器所有二次绕组，试验电压测量误差不大于 3%，试验时应从接近零的电压平稳上升，在规定耐压值停留 1min，然后平稳下降到接近零电压。试验时应无异响、异味，无击穿和表面放电，绝缘保持完好，误差无可觉察的变化。

3. 绕组的极性检查。

电流互感器应为减极性，一般用电流互感器检测仪进行极性检查。标准互感器有极性是已知的，当按规定的标记接好线通电时，如发现检测仪的极性指示器动作而又排除是由于变化比接错、误差过大等因素所致，则可确认试品与标准电流互感器的极性相反。

4. 计量绕组的误差检测（包括在现场实际二次负荷下按实际接线对互感器误差的检测）

使用标准电流互感器的比较法线路原理进行。

（1）正确接线。如图 12-1-1 所示进行检定电流互感器误差接线。

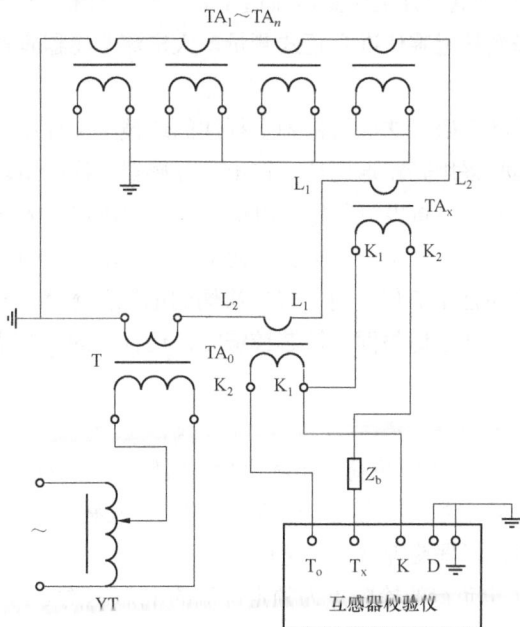

图 12-1-1　检定电流互感器误差接线

T—升流器；YT—调压器；Z_b—电流负荷箱；TA_0—标准电流互感器；

TA_x—试品电流互感器；$TA_1 \sim TA_n$—被检电流互感器保护和测量绕组

1）一次回路的连接。把被试品的一次 L_1 与标准电流互感器的 L_1 端（同名端）相连，另外两端与升流器输出端连接。

连接一次导线时应尽量减小一次连线的长度，必要时采取措施将标准互感器和升流器置于被试电流互感器最小距离范围内。检验用电流互感器一次电流导线应采用多股软铜芯电缆，其截面应能满足试验电流容量和升流器输出的要求。

2）二次回路的连接。相应二次绕组的同名端 K_1 连接在一起接入校验仪的差流公共端 K（校验仪内部 K 端子与 D 端子之间测差流），被试品的 K_2 经串联负载箱后接入校验仪的 T_x，标准电流互感器的 K_2 接入校验仪的 T_0。

标准与被试电流互感器二次输出作为校验仪（T_0、T_x）的参考电流，共用一次导体的其他电流互感器二次绕组端子用导线短路接线。

电流互感器二次尽量在本体接线盒上接线，当电流互感器接线盒无法打开时，也可在电流互感器端子箱接线。

（2）通电检查。

1）接线完成后，工作负责人应检查一、二次回路接线是否正确。

2）通电时先将一次电流升至额定电流值 1%～5%，如未发现异常，将电流升至最大电流测量点，再降到接近零值准备正式测量，大电流互感器宜在至少一次全量程升降之后读取检验数据。

（3）退磁。最佳的退磁方法应按标牌上标注的或技术文件中所规定的退磁方法和要求为宜。没有明确时采用开路退磁法，在电流互感器二次绕组均开路的情况下，一次绕组通以工频交流电流，将电流从零平滑地升至一次额定电流值的 10%，再将电流均匀缓慢地降至零。退磁过程中应在电流互感器二次两端接峰值电压表，当示值超过 2600V 时，则应减小所加电流值。对于多二次侧的电流互感器，其余铁芯的二次绕组此时均应短路。当二次绕组均与同一铁芯铰链时，运行中的二次绕组接退磁电阻，其余的二次绕组开路。

（4）误差测量。

1）分别在额定负荷、下限负荷、实际负荷下检验，二次额定电流 5A 的电流互感器，下限负荷按 3.75VA 选取，二次额定电流 1A 的电流互感器，下限负荷按 1VA 选取，二次负荷的功率因数应根据铭牌规定值选取。

2）电流互感器额定负荷的检验点为额定电流的 1%（只对 S 级）、5%、20%、100%、120%，下限负荷检验点为额定电流的 1%（只对 S 级）、5%、20%、100%。

3）在额定负荷下检验，将电流依次从小到大升至各检验点，待数值稳定后读取相应误差值，记录。完成所有检验点后把电流降至零位，观察监视仪表确认。

4）下限负荷的检验方法重复步骤3）。

5）现场条件允许或必要时，电流互感器实际二次回路负荷时的误差检验方法重复步骤3）。

6）拆除一、二次接线，恢复被检电流互感器接线。

（5）稳定性试验。开展后续检验时，进行电流互感器的稳定性试验，取上次检验结果与当前检验结果，分别计算两次检验结果中比值差的差值和相位差的差值，互感器在连续两次检验中，其误差的变化，不得大于基本误差限值的2/3。

（6）电流互感器运行变差试验。电流互感器运行变差定义为互感器误差受运行环境的影响而发生的变化，它可由运行状态如环境温度、剩磁、邻近效应引起。

（7）磁饱和裕度。电流互感器铁芯磁通密度在相当于额定电流和额定负荷状态下的1.5倍时，误差应不大于额定电流及额定负荷下误差限值的1.5倍。

五、检验结果分析及检验报告编写

1. 检验记录

1）检验数据应按规定格式做好原始记录，原始记录应至少保持两个检验周期。

2）原始记录填写应用签字笔或钢笔书写，不得任意修改。

3）检验准确度级别0.1级和0.2级的互感器，检验时读取的比值差保留到0.001%，相位差保留到0.01′。检验准确度0.5级和1级的互感器，读取的比值差保留到0.01%，相位差保留到0.1′。

2. 结果分析与处理

1）按检验方法得到的被检互感器在全部检验点的误差，如果不超出见表12-1-1的基本误差限值范围且稳定性、运行变差和磁饱和裕度符合规定，则认为误差合格。如果一项或多项运行变差超差，但实际误差绝对值加上超差的各项运行变差绝对值没有超过基本误差限值，也认为互感器误差合格。

表 12-1-1　　　　　　　　　　　　　　**电流互感器基本误差限值**

准确等级	$I_\mathrm{p}/I_\mathrm{n}$（%）	1	5	20	100	120
0.2	比值差（±%）	—	0.75	0.35	0.2	0.2
	相位差（±′）	—	30	15	10	10
0.5S	比值差（±%）	1.5	0.75	0.5	0.5	0.5
	相位差（±′）	90	45	30	30	30
0.2S	比值差（±%）	0.75	0.35	0.2	0.2	0.2
	相位差（±′）	30	15	10	10	10

2）得到的被检互感器在一个或多个检验点的误差，如果超出基本误差限值范围，或稳定性、运行变差和磁饱和裕度超出规定值且实际误差绝对值加上超差的各项运行

变差绝对值超对基本误差限值，则认为误差不合格。不合格互感器允许在规定条件下进行复检，并根据复检的结果做出误差是否合格的结论。复检的参比条件参照 JJG 1021—2007《电力互感器检定规程》。

3）如果现场检验不合格，现场检验人员当场查明原因，在工作单上注明并告知客户。

4）当天上报业务受理部门，互感器误差超差应在 1 个月内处理完毕。

电磁式电流互感器的检验周期不得超过 10 年。

六、检验注意事项

1）检验接线引起被检互感器的变化不大于被检互感器基本误差限值的 1/10，应注意校验仪 D 端子务必与接地端子短接并接地。

2）接电流一次线时，应首先检查被试品一次接线端（排）否存在氧化或污垢等现象，否则应用砂纸或其他工具清洁后再连接，采用线夹和端子板连接电流一次线时，应尽量保持较大的接触面，严禁点接触。

3）电流互感器除被测二次回路外其他二次回路应可靠短路。对于多绕组多变比的互感器，每个二次绕组短接一个变比即可，短路电流互感器二次绕组时，必须使用短路片或短路线，短路应妥可靠，严禁用导线缠绕。

4）工作电源接线，校验仪的供电电源与升压器电源通常使用不同电源点或同一电源点的不同相别，以免试验中电压变化干扰校验仪正常工作；另一方面，也可防止升流过程中电源电压降低，校验仪不能正常显示。试验设备接试验电源时，应通过开关控制，并有监视仪表和保护装置等。

5）检验过程中，升压与接线人员应相互高声呼应，并经工作负责人下令后，方可进行升流操作。

【思考与练习】

1. 电流互感器现场检验用的设备有哪些？

2. 电流互感器现场检验注意事项有哪些？

3. 电流互感器基本误差测试步骤有哪些？

4. 画出电流互感器测差流接线原理图。

◢ 模块 2　电磁式电压互感器现场检验（Z27H2002Ⅲ）

【**模块描述**】本模块包含电磁式电压互感器现场检验的目的及内容、危险点分析及控制措施、作业前准备工作、现场检验步骤及要求、检验结果分析及检验报告编写、现场检验注意事项等内容。通过概念描述、术语说明、流程介绍、图解示意、要点归纳，掌握电磁式电压互感器现场检验的方法。

【正文】

一、现场检验的目的及内容

电磁式电压互感器的作用是将一次额定的高电压转换标准、便于测量的二次低电压，实现一、二次系统的隔离，电压变换过程中造成一次和对应的二次电压与理论二次电压存在一定的误差，这个误差包括比差和角差两部分，产生的比值差和相位差均需按互感器的准确度等级控制在一定范围内，即要求电压互感器必须满足测控、保护、计量等不同用途的要求。因此需对新装后、运行中的电压互感器开展首次检定、后续检定和使用中的检验，确保互感器的变比正确、误差合格。

电磁式电压互感器现场检验的主要内容有外观及标志检查、绝缘试验、绕组极性检查、现场误差测试、稳定性试验、运行变差试验等。

二、危险点分析及控制措施

安全工作要求主要参照《国家电网公司电力安全工作规程》有关规定执行，重点做好以下安全措施：

1）现场工作负责人应指定一名有工作经验的人员担任安全监护人，安全监护人负责检查全部工作过程的安全性，一旦发现不安全因素，应立即通知暂停工作并向现场工作负责人报告，安全监护人不得从事现场实际操作。

2）试品顶部到高压架空线的高压引线必须有明显的断开点，进行隔离或拆除，把被试品独立于电网之外。拆除时须用专用接地线把架空线和试品接地，拆除后的架空线用绝缘绳紧固，与试品的距离 500kV 等级不小于 2m，330kV 等级不小于 1.5m，220kV 等级不小于 1m，110kV 等级及以下不小于 0.5m。

3）如果带避雷器和隔离开关升压，应把避雷器低端妥善接地，母线改用专用接地线接地，隔离开关与地断开。

4）工作人员在接一次高压试验线时，必须戴绝缘手套，在电压互感器高压侧采取可靠接地措施，以防高压静电。

5）电压等级在 110kV 及以上时，禁用硬导线做一次线。

6）电压互感器现场误差检验前、后都必须用专用放电棒对一次试验线放电。

三、作业前准备工作

依据 JJG 1021—2007《电力互感器检定规程》的规定，开展电磁式电压互感器现场检验时，必须满足以下条件：

（1）环境条件。环境气温–25～55℃，相对湿度不大于 95%，周围无强电、磁场干扰。

（2）试验电源。试验电源频率为（50±0.5）Hz，波形畸变系数不大于 5%。

（3）所需工器具、检验设备。现场检验用设备包括：标准电压互感器、互感器校验仪、电压负荷箱、电源控制箱（调压器）、感应分压器、电源盘、升压变压器、万用表、专用测试一、二次线。工器具包括：放电棒、组合工具、绝缘手套、绝缘梯、安全带、绝缘塑料带等。

（4）准备工作。

1）检验前应了解现场主接线方式、工作内容以及停电范围、现场安全措施等。

2）熟知检验用仪器设备工作原理、功能用途。

3）搜集整理被试电压互感器以往检验报告和缺陷记录。

4）准备现场用作业方案、工作票、作业指导书、记录本等。

四、现场检验步骤及要求

依据 JJG1021—2007《电力互感器检定规程》规定，电压互感器现场检验项目包括外观及标志检查、绝缘试验、绕组极性检查、基本误差测量、稳定性试验、运行变差试验等，现场针对不同的现场检验类别开展相应项目的检验。

（一）外观检查

电压互感器的器身上应有铭牌和标志，铭牌上应有接线图或接线方式说明，有技术参数、极性标志、额定绝缘水平、互感器型号、出厂序号、制造年月、准确度等级等明显标示。一次和二次接线端子上应有电压接线符号标志，接地端子上应有接地标志。

（二）绝缘试验

有些单位将互感器的绝缘试验安排在高压试验项目内，此项内容可根据现场实际情况进行选作。

测量绝缘电阻应使用 2500V 绝缘电阻表，一次对二次绝缘电阻大于 1000MΩ，二次绕组之间绝缘电阻大于 500MΩ，二次绕组对地绝缘电阻大于 500MΩ。

工频耐压试验，试验电压测量误差不大于 3%。试验时应从接近零的电压平稳上升，在规定耐压值停留 1min，然后平稳下降到接近零电压。试验时应无异响、异味，无击穿和表面放电，绝缘保持完好，误差无可觉察的变化。

一次对二次及地工频耐压试验按出厂试验电压的 85% 进行，二次绕组之间及对地工频耐压试验为 2kV。试验接线图如图 12-2-1 所示。

（三）绕组极性检查

推荐使用互感器校验仪检查绕组的极性。根据互感器的接线标记，按比较法线路完成测量接线后，升起电压至额定值的 5% 以下试测，用校验仪的极性指示功能或误差测量功能，确定互感器的极性。

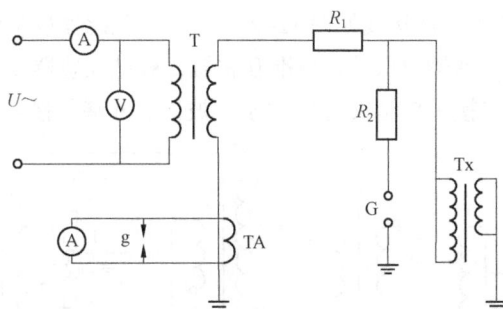

图 12-2-1 互感器工频耐压试验接线图

T—试验变压器；R_1—限流电阻；R_2—阻尼电阻；G—保护间隙；Tx—被试互感器；TA—电流互感器

（四）基本误差测试步骤

1. 正确接线

（1）一次回路的连接。被试品的一次接线端子与升压变压器、标准电压互感器的A端（高端）相连，对于封闭式开关设备的电压互感器，从出线套管上连接一次导线。高压引线推荐使用直径（1.5～2.5）mm² 或 4mm² 软铜裸线，完成上述连接后，取下接在被试电压互感器高压侧的接地线。

（2）二次回路的连接。

1）先将标准电压互感器的二次输出端（a、x）接入校验仪的 a、x 端，作为校验仪的参考电压。

2）采用高端电压测差法接线如图 12-2-2 所示，互感器校验仪测差回路（K、D）分别连接标准互感器与被试互感器的二次输出高端，标准互感器、被试互感器二次输出低端连接接地。

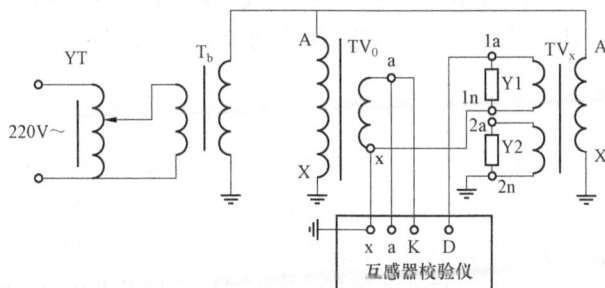

图 12-2-2 高端电压测差法接线图

YT—调压器；T_b—升压器；TV_0—标准电压互感器；TV_x—被试电压互感器；Y1、Y2—电压负荷箱；A、X（A、N）—电压互感器一次的对应端子；a、x（1a、1n、2a、2n）—电压互感器二次的对应端子

3）采用低端电压测差法接线如图 12-2-3 所示，互感器校验仪测差回路（K、D）分别接标准与被试的二次输出低端，标准互感器、被试互感器二次输出低端连接接地标准互感器的 x 端子引接至校验仪的 K 端子，被试品 n 端子接入校验仪的 D 端子。

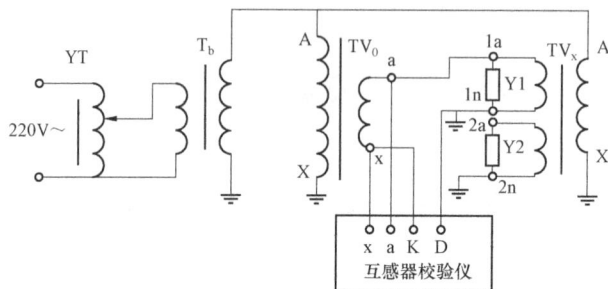

图 12-2-3 低端电压测差法接线图

YT—调压器；T_b—升压器；TV_0—标准电压互感器；TV_x—被试电压互感器；Y1、Y2—电压负荷箱；A、X（A、N）—电压互感器一次的对应端子；a、x（1a、1n、2a、2n）—电压互感器二次的对应端子

高端测差法可让两台电压互感器都工作在接地状态而不改变设备的接地方式，有利于测量的安全。

低端测差法由于一些互感器校验仪的差值回路不具有对称输入功能，必须一端接地，在测量电压互感器误差时就需要把电压互感器的高电位端对接，在低电位端取出差压信号，这样就会使一台电压互感器工作在不接地状态，改变了工作方式。

2. 通电检查

（1）接线完成后，工作负责人应检查高压回路的绝缘距离是否符合要求，接线是否正确。

（2）预通电。平稳地升起一次电压至额定值 5%～10% 之间的某一值，测取误差。如未发现异常，可升到最大电压百分点，再降到接近零的值准备正式测量，如有异常，应排除后再试测。

3. 误差检验

（1）负荷的选择。有多个二次绕组的电压互感器，除剩余绕组外，各绕组接入规定的上下限负荷，上限负荷为额定负荷，下限负荷按 2.5VA 选取，电压互感器有多个二次绕组时，下限负荷分配给被检二次绕组，其他二次绕组空载。

（2）检验点的选择。电压互感器在上限负荷下的检验点为 80%、100%、110%（适用于 330kV 和 500kV 电压互感器）、115%（适用于 220kV 及以下电压互感器）。下限负荷下的检验点为 80%、100%。测量时可从最大的百分数开始，也可从最小的百分数开始，高电压互感器宜在至少一次全量程升降之后读取检验数据。

（3）在额定负荷下检验，将电压依次从小到大升至各检验点，待数值稳定后读取相应误差值并记录，完成所有检验点后把电压降至零位，并观察监视仪表确认。

（4）在下限负荷下的检验重复步骤（3）。

（5）现场条件允许或必要时在实际负荷下的检验重复步骤（3）。

（6）拆除一、二次接线，恢复被检电压互感器接线。

4. 稳定性试验

电压互感器的稳定性取上次检验结果与当前检验结果，分别计算两次检验结果中比值差的差值和相位差的差值。互感器在连续两次检验中，其误差的变化，不得大于基本误差限值的2/3。

5. 电压互感器运行变差试验

电压互感器运行变差定义为互感器误差受运行环境的影响而发生的变化。影响因素包括环境温度影响、组合互感器一次导体磁场影响、工作接线影响、频率影响等。

五、检验结果的处理

1. 检验记录

检验数据应按规定格式做好原始记录。原始记录应至少保持两个检验周期。

1）原始记录填写应用签字笔或钢笔书写，不得任意修改。

2）电压互感器现场测试误差原始记录应妥善保管。

3）电压互感器故障或更新时，应在资产卡卡记录。

4）检验准确度级别0.1级和0.2级的互感器，检验时读取的比值差保留到0.001%，相位差保留到0.01′。检验准确度0.5级和1级的互感器，读取的比值差保留到0.01%，相位差保留到0.1′。

2. 结果分析与处理

按检验方法得到的被检互感器在全部检验点的误差，如果不超出表12-2-1的基本误差限值范围且稳定性、运行变差符合规定，则认为误差合格。如果一项或多项运行变差超差，但实际误差绝对值加上超差的各项运行变差绝对值没有超过基本误差限值，也认为互感器误差合格。

表 12-2-1　　　　　　　　　　　电压互感器基本误差限值

准确等级	U_p/U_n（%）	80	100	120
0.2	比值差（±%）	0.2	0.2	0.2
	相位差（±′）	10	10	10

得到的被检互感器在一个或多个检验点的误差，如果超出基本误差限值范围，或

稳定性、运行变差超出规定值且实际误差绝对值加上超差的各项运行变差绝对值超过基本误差限值，则认为误差不合格。不合格互感器允许在规定条件下进行复检，并根据复检的结果作出误差是否合格的结论。复检的参比条件参照 JJG 1021—2007《电力互感器》检定规程。如果现场检验不合格，现场检验人员当场查明原因，在工作单上注明并告知客户。当天上报业务受理部门，互感器误差超差应在 1 个月内处理完毕。

电磁式电压互感器的检验周期不得超过 10 年。

六、检验注意事项

1）校验仪的供电电源与升压器电源通常使用电源的不同相别，以免电源压降干扰仪器工作。

2）电源引线接到测量工作区时，应通过开关给工作设备供电。

3）检验过程中，升压与接线人员应相互高声呼应，并经工作负责人下令后，方可进行升压操作。

4）一次导线应紧固在试品一次接线端子上。为了使一次导线与试品有适当的安全距离，引下线应与试品至少成 45°角，必要时可使用绝缘绳牵引导线绕过障碍物，最后把一次引下线固定在高压电源的高压端子上。用一次导线连接标准电压互感器和试验电源的高压接线端子并适当张紧。

5）接线前，先打开电压互感器底座上的接线盒，拆下计量绕组及其他（测量、保护等）绕组的二次引线，并做相应的标记和绝缘措施后（防止接地短路和恢复接线时接错），再进行回路接线。

6）检验电磁式电压互感器可使用相应电压等级的试验变压器，试验变压器应符合 JB/T 9641—1999 要求。调压器的容量应与试验变压器的额定电压和实际输出容量匹配，调压装置应有输出电压指示和过电流保护机构。

【思考与练习】

1. 电磁式电压互感器现场检验用的设备有哪些？

2. 电磁式电压互感器现场检验注意事项有哪些？

3. 电磁式电压互感器基本误差测试步骤有哪些？

4. 画出电磁式电压互感器低端测差压原理接线图。

◢ 模块 3 电容式电压互感器现场检验（Z27H2003Ⅲ）

【**模块描述**】本模块包含电容式电压互感器现场检验的目的及内容、危险点分析及控制措施、作业前准备工作、现场检验步骤及要求、检验结果分析及检验报告编写、现场检验注意事项等内容。通过概念描述、术语说明、流程介绍、图解示意、要点归纳，掌握电容式电压互感器现场检验的方法。

【正文】

一、电容式电压互感器现场检验方法概述

电容式电压互感器广泛应用在 110kV 及以上的电力系统中，由于电容式电压互感器本身结构特点，在对电压互感器进行比、角差试验时，对试验电源的容量要求很高，采用常规升压变压器无法满足升压要求，因此使用电抗器与励磁变压器产生串联谐振升压。

电容式电压互感器现场检验中使用的标准电压互感器，330kV 以下较多使用电磁式标准电压互感器；330kV 及以上电压等级，由于电磁式标准互感器体积较大，运输及现场工作很不方便，较多采用标准电容分压。本模块分别讲述使用标准电磁式电压互感器、标准电容式电压互感器对电容式电压互感器以及 GIS 内电压互感器进行现场检验的方法。

二、危险点分析及控制措施

由于本模块需要带电进行作业，安全工作要求主要参照《国家电网公司电力安全工作规程》有关规定执行。这里主要强调，由于电容式电压互感器存在内部电容，每次升压完毕，必须进行放电，防止发生人员、设备触电事故。在升压过程中一次导线采用裸铜线，注意导线与人员、设备的安全距离，重点做好以下内容的安全工作技术措施：

（1）被试电压互感器顶部到高压架空线的高压引线必须拆除（特殊情况下允许把拆除点移到相邻的杆塔上），拆除时必须用专用接地线把架空线和试品接地。拆除后的架空线用绝缘绳紧固，与试品的距离 500kV 等级不小于 2m，330kV 等级不小于 1.5m，220kV 等级不小于 1m，110kV 等级不小于 0.5m。

（2）如果带避雷器和隔离开关升压，应把避雷器低端妥善接地，母线改用专用接地线接地，隔离开关与地断开。

（3）测试前和测试后电压互感器都必须用专用放电棒放电。

（4）工作人员在接一次高压线时，必须戴绝缘手套且电压互感器高压必须可靠接地，以防高压静电。

（5）电压等级在 110kV 及以上时，禁用硬导线作为一次线。

（6）工作负责人应指定一名或若干名具有　定工作经验的人员担任安全监护人。安全监护人负责检查全部工作过程的安全性，发现不安全因素，应立即通知暂停工作并向工作负责人报告。

三、作业前准备工作

依据 JJG 1021—2007《电力互感器检定规程》的规定，电容式电压互感器开展现场检验时，必须满足以下条件：

（1）环境条件。在现场检验时，环境气温-25～55℃，相对湿度不大于95%，周围无强电、磁场干扰。

（2）试验电源。试验电源频率为（50±0.5）Hz，波形畸变系数不大于5%。

（3）所需工器具、检验设备的准备。现场检验工作前需要准备的检验设备包括：标准电容器、标准电容分压箱、标准电压互感器、互感器校验仪、电压负荷箱、电源控制箱（调压器）、串联谐振升压装置（含励磁变）、感应分压器、电源盘、钳形电流表、万用表、专用测试一、二次线。需要准备的工器具包括：放电棒、组合工具、绝缘手套、绝缘梯、安全带、绝缘塑料带等。

（4）准备工作和检验前检查。检验前了解仪器、仪表、互感器的工作原理、内部构造、性能和接线方式，检验前应搜集整理被试品以往试验报告、缺陷记录、作业指导书、作业方案、工作票等，对检验环境温湿度做好相应记录。

四、现场检验步骤及要求

JJG 1021—2007《电力互感器检定规程》规定，电压互感器现场检验项目包括外观及标志检查、绝缘试验、绕组极性检查、基本误差测量、稳定性试验、运行变差试验等，现场针对不同的现场检验类别开展相应项目的检验。

（一）外观检查

电容式电压互感器的器身上应有铭牌和标志。铭牌上应有接线图或接线方式说明，有技术参数、极性标志、额定绝缘水平、互感器型号、出厂序号、制造年月、准确度等级、电容值等明显标示，一次和二次接线端子上应有电压接线符号标志，接地端子上应有接地标志。

（二）绕组极性检查

推荐使用互感器校验仪检查绕组的极性。根据互感器的接线标记，按比较法线路完成测量接线后，升起电压至额定值的5%以下试验或试测，用校验仪的极性指示功能或误差测量功能，确定互感器的极性。

（三）基本误差检验步骤

1. 用电磁式标准电压互感器检验电容式电压互感器

110kV电磁标准技术成熟，应用广泛，对110kV及以下电容式电压互感器的现场检验，推荐直接使用电磁式标准电压互感器，检验接线图如图12-3-1所示。除升压装置使用电抗器与被试品产生串联谐振以外，检验方法同电磁式电压互感器。

如图12-3-1（b）所示，互感器校验仪HE使用高端电压测差接法。高端测差法不改变设备的接地方式，有利于测量安全，应优先采用。如果使用低端测差，可用如图12-3-1（a）所示线路接线。

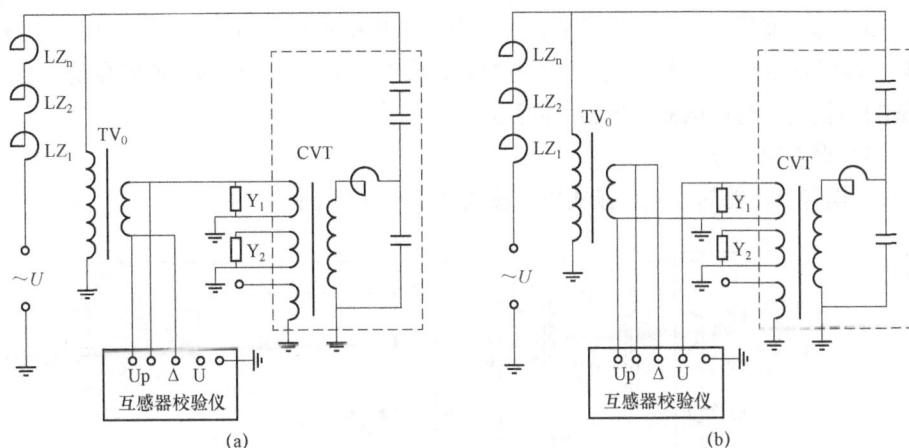

图 12-3-1　电磁式标准电压互感器检定电容式电压互感器接线图
（a）低端测差法；（b）高端测差法

LZ₁～LZₙ—电抗器；TV₀—电磁式标准电压互感器；Y₁　Y₂—负载箱；CVT—被试互感器

2. 用标准电容检验电容式电压互感器

由于 330kV 及以上电磁式标准电压互感器体积大、质量大，运输使用都不方便，因此不便于开展现场检验工作，对 330kV 及以上系统推荐使用电容式电压互感器。

现场检验 330kV 及以上电容式电压互感器的误差时，应采用 JJG 1021—2007《电力互感器检验规程》提供的电容式比例标准器外推法，用轻便型 SF₆ 压缩气体标准电容器和电容分压箱以及 110kV 标准电压互感器组成电容式电压比例标准装置，来实现对 330kV 电容式电压互感器的误差试验。

下面以 330kV 电容式电压互感器的误差试验为例进行说明。

（1）一次回路的连接。一次导线应紧固在试品一次接线端子上。为了使一次导线与试品有适当的安全距离，引下线应与试品至少成 45°，把一次引下线固定在串联谐振装置的高压端子以及标准电容器的高压端上，用一次导线连接标准电压互感器和串联谐振装置的高压接线端子时适当张紧，完成上述连接后，取下高压接地线。

高压引线推荐使用直径 1.5～2.5mm² 软铜裸线，封闭式开关设备的电压互感器从出线套管上连接一次导线。

（2）二次回路的连接。如图 12-3-2 所示接线，接线前，先打开电压互感器底座上的接线盒，拆下计量绕组及其他（测量、保护等）绕组的二次引线，并做相应的标记和绝缘措施后（防止接地短路和恢复接线时接错），再进行回路接线。用于载波通信的电容式电压互感器，还应短接载波接入端子，通常可合上载波短路隔离开关，没有隔离开关时可用导线短接载波保护球隙。接线时，注意测试导线截面不小于 2.5mm²。

（3）通电前检查。接线完成后，工作负责人应检查高压回路的绝缘距离是否符合要求，接线是否正确。使用谐振升压电源时，核查选用的电抗值和电流容量是否合适，选取的电抗值应与被试品的电容值匹配。

（4）误差检验分步介绍。

1）电容分压箱的校准。接线原理图如图 12-3-2 所示。

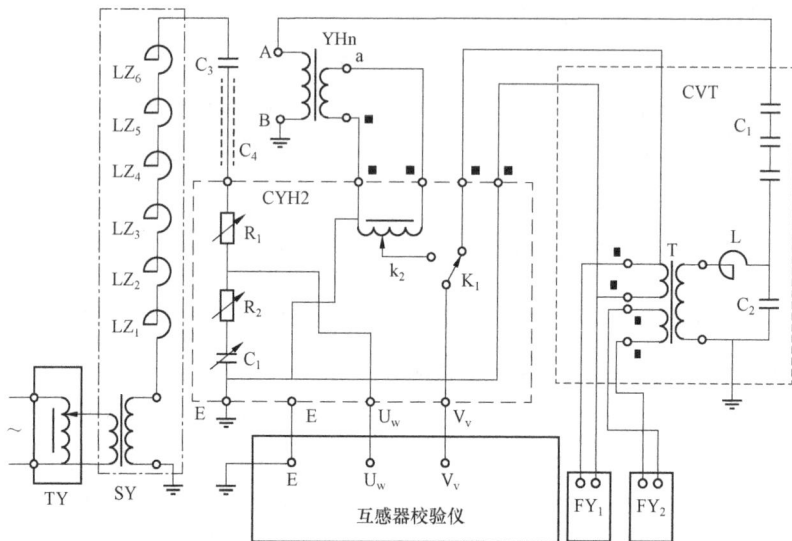

图 12-3-2 电容式电压互感器的误差试验接线原理图

SY—励磁升压器；LZ1～LZ5—电抗器；YHn—110kV 标准电压互感器；

C_S—标准电容；C_{VB2}—电容分压箱；CVT—被试互感器

① 如图 12-3-2 所示，将 110kV 标准电压互感器接入校准回路，110kV 标准电压互感器的二次输出电压经图中 K_2 的感应分压箱后按比例转换为对应于 330kV/100V 的二次输出值，然后接入电流比较仪原理的互感器校验仪的测差回路。

② 把电容分压箱置为"校准"挡位，电流比较仪原理的互感器校验仪误差调节盘拨轮至"0"。

③ 通过调压器、励磁变压器对一次升压，升压过程中注意观察有无异常，电压最高升至 110kV 标准电压互感器的额定值为 $110/\sqrt{3}$ kV，此时，110kV 标准电压互感器的二次输出值经感应分压箱转换后实际二次电压为 $100/\sqrt{3} \times 0.333\,33 = 19.214$V，被试互感器的二次输出值也与之接近或相同。

④ 配合调节标准电容分压箱的 R_1、C_1 值，使电流比较仪原理的互感器校验仪检流计为"0"，此时检流计的灵敏度越高越好，即对 110kV 标准电压互感器对电容分压

箱进行调节，完成标准电容在工况下的电容量微调整。至此，利用 110kV 标准电压互感器作为被试，完成标准电容及标准电容分压箱比对与调节。

2）CVT 误差测试。

① 升压回路断电，放电后拆除 110kV 标准电压互感器的所有一、二次接线，将电容分压箱置为"测量"挡位，把被试互感器二次引入校验仪测差回路。

② 其余测试步骤同电磁式电压互感器的现场检验。

③ 负荷的选择。有多个二次绕组的电压互感器，除剩余绕组外，各绕组接入规定的上下限负荷，上限负荷为额定负荷，下限负荷按 2.5VA 选取，电压互感器有多个二次绕组时，下限负荷分配给被检二次绕组，其他二次绕组空载。

④ 检验点的选择。电压互感器在上限负荷下的检验点为 80%、100%、110%（适用于 330kV 和 500kV 电压互感器）、115%（适用于 220kV 及以下电压互感器）；下限负荷下的检验点为 80%、100%。

⑤ 根据被检互感器的变比和准确度等级，按要求选用标准器，使用规定的线路测量误差。测量时可从最大的百分数开始，也可从最小的百分数开始，高电压互感器宜在至少一次全量程升降之后读取检验数据。除非用户有要求，电压互感器都只对实际使用的变比进行检验。

⑥ 在额定负荷下检验，将电压依次从小到大升至各检验点，待数值稳定后读取相应误差值并记录。完成所有检验点后把电压降至零位，并观察监视仪表确认。

⑦ 在下限负荷下的检验重复步骤③。

⑧ 现场条件允许或必要时在实际负荷下的检验重复步骤③。

⑨ 拆除一、二次接线，恢复被检电压互感器接线。

3. GIS 设备内电压互感器的检验

实际工作中，对 GIS 设备内电压互感器进行的角、比差试验时，由于 GIS 设备结构特点，罐体内三相母线间及母线对罐体外壳间存在寄生电容，罐体外升压点至罐体内被试电压互感器之间的回路阻抗增大，常规升压变压器无法满足对被试电压互感器升压要求。

开展现场检验时的方法是利用 GIS 设备内母线的寄生电容，把 GIS 设备内的被试电压互感器及其连接的一次母线整体。运用对电容式电压互感器试验时的升压原理，通过调节升压电抗器电感量使 GIS 设备内一次母线间及对罐体之间的寄生电容产生串联谐振，在 GIS 设备外部套管进行升压，解决被试电压互感器无法进行常规升压的问题，保证了电压互感器进行 80%～120%额定电压范围内的相位差、比差试验。

（四）稳定性试验

电压互感器的稳定性取上次检验结果与当前检验结果，分别计算两次检验结果中比值差的差值和相位差的差值。互感器在连续两次检验中，其误差的变化，不得大于基本误差限值的 2/3。

（五）电压互感器运行变差试验

电压互感器运行变差定义为互感器误差受运行环境的影响而发生的变化。它可由运行状态如环境温度影响、电容式电压互感器外电场影响、频率影响等构成。

五、检验结果的处理

1. 检验记录

检验数据应按规定格式做好原始记录。原始记录应至少保持两个检验周期。

（1）原始记录填写应用签字笔或钢笔书写，不得任意修改。

（2）电压互感器现场测试误差原始记录应妥善保管。

（3）电压互感器故障或更新时，应在资产卡上记录。

（4）检验准确度级别 0.1 级和 0.2 级的互感器，检验时读取的比值差保留到 0.001%，相位差保留到 0.01′。检验准确度 0.5 级和 1 级的互感器，读取的比值差保留到 0.01%，相位差保留到 0.1′。

2. 结果分析与处理

按检验方法得到的被检互感器在全部检验点的误差，如果不超出表 12-3-1 的基本误差限值范围且稳定性、运行变差和磁饱和裕度符合规定，则认为误差合格。如果一项或多项运行变差超差，但实际误差绝对值加上超差的各项运行变差绝对值没有超过基本误差限值，也认为互感器误差合格。复检的参比条件参照 JJG 1021《电力互感器检定规程》。如果现场检验不合格，现场检验人员当场查明原因，在工作单上注明并告知客户。当天上报业务受理部门，互感器误差超差应在 1 个月内处理完毕。

表 12-3-1　　　　　　　　　　电压互感器基本误差限值

准确等级	U_n/U_n（%）	80	100	120
0.2	比值差（±%）	0.2	0.2	0.2
	相位差（±′）	10	10	10

电容式电压互感器的检验周期不得超过 4 年。

六、现场检验注意事项

（1）电容式电压互感器受到邻近效应与外电场的影响，将产生附加误差，电容分压器与周边物体之间通过空间电容耦合，会改变分压器的分压比，从而会使互感器误差发生变化，为此需采取下述措施，以减小邻近效应和外电场的影响。

1）在电容分压器顶部装设足够大的屏蔽罩，以抵消周边物体的影响。

2）分压器远离邻近物体，保持大的距离。

3）分压器应在现场实际工作环境条件下校准。

（2）谐振电抗器气隙易变，引起误差变化。运输受振或受电磁力作用使谐振电抗器气隙改变，电抗值变化，导致谐振点改变，引起误差变化。谐振电抗器气隙改变对互感器误差的影响是很大的。为此，必须对谐振电抗器的结构加以改进，防止气隙的改变。

（3）工作电源接线校验仪的供电电源与升压器电源通常使用电源的不同相别，以免电源压降干扰仪器工作。电源引线接到测量工作区时，应通过开关给工作设备供电。

【思考与练习】

1. 110kV 电容式电压互感器现场检验时用的设备有哪些？

2. 画出串联电抗器低端测差法检验电容式电压互感器原理接线图。

3. 电容式电压互感器的工作原理是什么？

4. 电容式电压互感器在试验过程中容易出现的技术问题有哪些？

▲ 模块 4　识读电子式多功能电能表（Z27H2004 I）

【模块描述】本模块介绍电子式多功能电能表各种显示信息内容，通过图形举例，掌握电子式多功能电能表各种参数识读。以下内容还涉及智能表相关参数介绍。

【正文】

一、概述

电子式多功能电能表是在电子式电能表的基础上发展形成的一种除同时计量正向有功、反向有功、感性无功和容性无功外，还具有分时、测量需量等两种以上功能，并能显示、储存和输出数据的电能表。随着技术的进步，其功能又有较多的扩展，如实时测量电压、电流、功率、功率因数、需量以及电能表运行事件记录等功能。在国家电网有限公司运行的电子式多功能电能表款式众多，都要求满足 DL/T 614—2007《多功能电能表》技术要求。费控智能电能表是采用大规模集成电路，应用数字采样处理技术及 SMT 工艺，根据工业用户实际用电状况所设计、制造的具有现代先进水平的仪表。性能指标符合 GB/T 17215.323—2008《交流电测量设备　特殊要求　第 23 部分：静止式无功电能表（2 级和 3 级）》、GB/T 17215.321—2008《交流电测量设备　特殊要求　第 21 部分：静止式无功电能表（1 级和 2 级）》和 DL/T 614—2007《多功能电能表》对多功能电能表的各项技术要求，其通信符合 DL/T 645—2007《多功能表通信协议》的要求。能计量各个方向的有功、无功电量及需量，分相计量有功、无功电能，具有双路 RS485 和调制式红外通信、按键及红外停电唤醒抄表等功能，它性能稳定、准确度高、操作方便。

二、常规测量信息

（一）电子式多功能电能表介绍

1. 电能计量

（1）电子式多功能电能表一般将当前电量以"本月"电量的形式，设置在轮流显示界面上供人工抄读。显示信息一般有：① 正向尖、峰、平、谷、总有功电量；② 反向尖、峰、平、谷、总有功电量；③ 正向尖、峰、平、谷、总无功电量；④ 反向尖、峰、平、谷、总无功电量。

每组电量信息轮显顺序有可能不同，比如，先显示总电量，再连续显示时段电量；同时，将上月、上上月以及前六个月（至少）以上的电量信息记录存储，供需要时调取。

（2）冻结功能。具有数据冻结功能，通过程序设置，可在任意时间"冻结"当前各费率。由于冻结电量数据相对较多，所有表计都不在轮显信息中反映该类信息，大多数电能表的冻结电量需要利用抄表器或读表程序读取相关电量信息。

2. 需量测量

所有正向、反向有功、无功电量轮显都跟随最大需量及需量发生时间。需量的单位是千瓦，实际反映的是表计测量的电能计量装置的二次功率。

在测量电能的同时，电子式多功能电能表还要将各方向最大需量（功率）计算并存储在表中，供需要时读取。

3. 电网监测

电子式多功能电能表一般都能检测当前电能表线（相）电压、电流、功率、功能因数等运行参数。

大多数电能表都在读表界面左下角显示以下符号，表示当前接入电能表的各相电压、电流：$U_a U_b U_c$ 或 $I_a I_b I_c$，$U_a U_b U_c$ 或 $I_a I_c$，$L_1 L_2 L_3$ 或① ② ③；在轮显信息中显示当前接入电能表的各相电压、电流的具体数值。

各相有功、无功功率一般在轮显信息中显示具体数值，功率方向则在"潮流方向"部分详细介绍。

功能因数一般在读表界面下方以 A、B、C 与 φ 组合显示，表示电能表各元件功率因数，在读表界面右下方显示具体数值。需要说明的是：有的三相三线电能表显示的功能因数值并非 U 相或 W 相功率因数，而是电能表一元件或二元件电压、电流相位角的余弦。

4. 潮流方向

电子式多功能电能表的功率测量功能是以在线实时测量的方式实现的。以设定时间间隔刷新并显示在电能表的界面上，通过观察，即可获得当前电能表的运行基本参数。

当电能表外部接线形式确定后，流经电能表的功率方向即被确定。比如：接线方式满足从电网流入客户方向，称之为"下网潮流"（用电模式）；由客户方向流入电网，可称之为"上网潮流"（发电模式）。电子式多功能电能表会自动计算并判定当前接入电能表的有功功率和无功功率的方向，常见的显示方式有以下几种：

（1）用水平箭头表示当前有功、无功潮流方向，如图 12-4-1 所示。

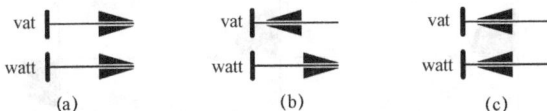

图 12-4-1　电子式多功能电能表功率方向指示

（a）有、无功处于下网潮流；（b）无功上网（容性无功）、有功下网潮流；（c）有、无功均处于上网潮流

vat—无功潮流；watt—有功潮流

（2）用坐标箭头表示当前有功、无功潮流方向，如图 12-4-2 所示。

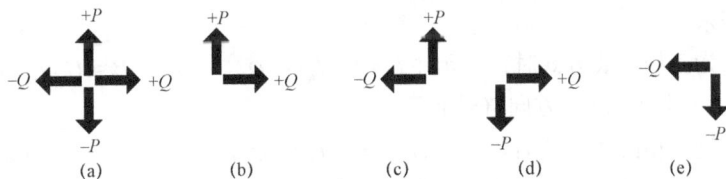

图 12-4-2　电子式多功能电能表用坐标箭头表示当前有功、无功潮流方向

（a）液晶屏预设四个箭头状态；（b）有、无功下网潮流；（c）有功下网、无功上网潮流（容性无功）；

（d）无功下网、有功上网潮流；（e）有、无功上网潮流

（3）有功、无功潮流还可用坐标圆的形式表示当前有功、无功潮流方向，如图 12-4-3 所示。图 12-4-3（a）～（c）表示当前有功、无功均处于下网潮流，运行在 I 象限。图 12-4-3（d）表示当前，有功、无功运行在 II 象限，至于到底属于有功上网还是无功上网并不重要，分析的思路是：当按照本模块设置的前提，感性负载下网潮流应夹 I 象限，感性负载上网潮流应夹 III 象限，对于当前运行在 II 象限的原因，可观察客户负载性质及电容补偿情况，判断是否是容性无功运行，引起的 II 象限运行。必要时，使用现场校验仪器，核查该装置的实负荷向量图，是否属于异常接线。

（4）用点亮不同字符表示当前有功、无功潮流方向（上、下排各点亮一个字符）。

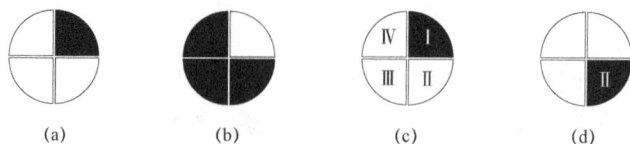

图 12-4-3 电子式多功能电能表用坐标圆表示当前有功、无功潮流方向

（5）用坐标表示当前有功、无功潮流方向，如图 12-4-4 所示。图（a）、（b）表示当前有功、无功均处于下网潮流，运行在Ⅰ象限。图（c）表示当前无功处于上网潮流（容性无功）。

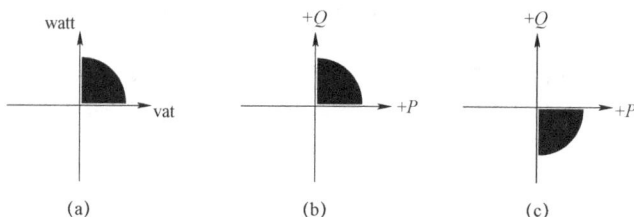

图 12-4-4 电子式多功能电能表用坐标表示当前有功、无功潮流方向
（a）、（b）有、无功下网潮流；（c）无功上网潮流（容性无功）

（6）部分电能表除具有坐标指示功能外，还有当前功率方向指示，如图 12-4-5 中虚框内所示。

当接入为三相三线方式时，一元件 $P_1 = U_{ab}I_a\cos\varphi_a$，二元件 $P_2 = U_{cb}I_c\cos\varphi_c$，当 P_1 或 P_2 为负时，对应的功率方向符号显示。

当接入为三相四线方式时，一元件 $P_1 = U_aI_a\cos\varphi_a$，二元件 $P_2 = U_bI_b\cos\varphi_b$，三元件 $P_3 = U_cI_c\cos\varphi_c$，当 P_1 或 P_2 或 P_3 为负时，对应的功率方向符号显示。当对应的功率方向为正时该符号不显示。

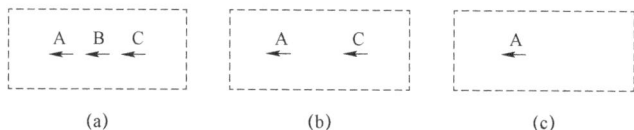

图 12-4-5 电子式多功能电能表界面信息中的元件功率方向指示
（a）三相功率均为负值（或称功率反向）；（b）A、C 相功率均为负值；（c）A 相功率为负值

5. 当前运行时段

所有电子式多功能电能表都具有复费率功能，各时段划分按照当地电价政策设置。大多数表计界面上都有运行时段指示信息，与主电量信息存在明显的区别。常见形式如图 12-4-6 中箭头所示。运行时，分别显示相应的符号，表示当前电能表的运行时段。

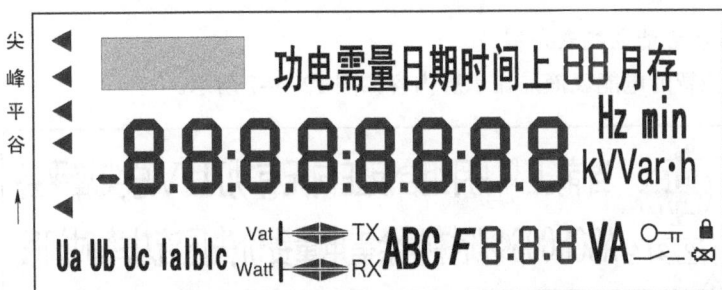

(a)

(b)

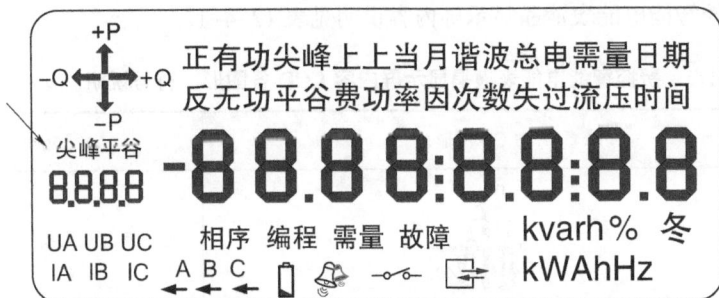

(c)

(d)

图 12-4-6 电子式多功能电能表界面信息中的时段设置显示

（a）形式一；（b）形式二；（c）形式三；（d）形式四

（二）费控智能电能表介绍

（1）费控智能电能表液晶显示屏内容如图 12-4-7 所示。

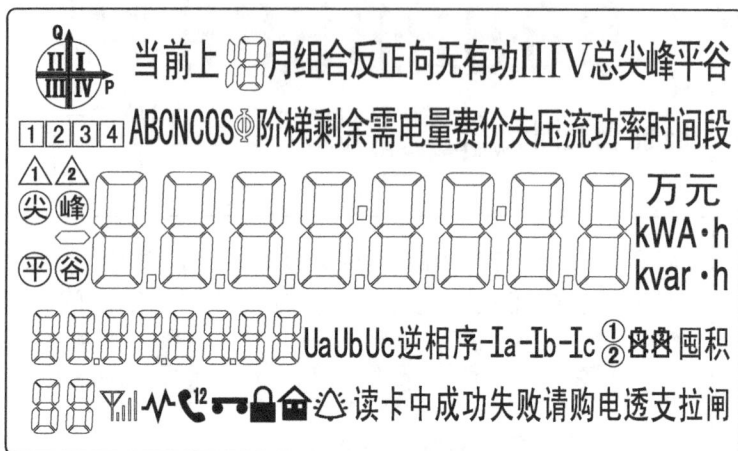

图 12-4-7　费控智能电能表液晶显示屏内容

（2）费控智能电能表液晶显示屏内容说明见表 12-4-1。

表 12-4-1　　费控智能电能表液晶显示屏内容 LCD 各图形、符号说明

序号	LCD 图形	说明
1		当前运行象限指示
2		汉字字符，可指示： 1）当前、上 1 月～上 12 月的正反向有功电量，组合有功或无功电量，Ⅰ、Ⅱ、Ⅲ、Ⅳ象限无功电量，最大需量，最大需量发生时间。 2）时间、时段。 3）分相电压、电流、功率、功率因数。 4）失压、失流事件记录。 5）阶梯电价、电量 1234。 6）剩余电量（费），尖、峰、平、谷、电价
3		数据显示及对应的单位符号

续表

序号	LCD 图形	说明
4	88.88.88.88 88	上排显示轮显/键显数据对应的数据标识，下排显示轮显/键显数据在对应数据标识的组成序号，具体见 DL/T 645—2007
5	①② ⊠ ⊠ ▽⊪ ∿ ☎12 ⊷ 🔒 ⌂ 🔔	从左向右依次为： 1）①②代表第 1、2 套时段。 2）时钟电池欠电压指示。 3）停电抄表电池欠电压指示。 4）无线通信在线及信号强弱指示。 5）载波通信。 6）红外通信。如果同时显示"1"表示第 1 路 485 通信，显示"2"表示第 2 路 485 通信。 7）允许编程状态指示。 8）三次密码验证错误指示。 9）实验室状态。 10）报警指示
6	囦积 读卡中成功失败请购电透支拉闸	1）IC 卡"读卡中"提示符。 2）IC 卡读卡"成功"提示符。 3）IC 卡读卡"失败"提示符。 4）"请购电"剩余金额偏低时闪烁。 5）透支状态指示。 6）继电器拉闸状态指示。 7）IC 卡金额超过最大费控金额时的状态指示（囦积）
7	UaUbUc逆相序-Ia-Ib-Ic	从左到右依次为： 1）三相实时电压状态指示，U_a、U_b、U_c 分别对于 A、B、C 相电压，某相失压时，该相对应的字符闪烁，某相断相时则不显示。 2）电压电流逆相序指示。 3）三相实时电流状态指示，I_a、I_b、I_c 分别对于 A、B、C 相电流。某相失流时，该相对应的字符闪烁；某相电流小于启动电流时则不显示。某相功率反向时，显示该相对应符号前的"_"
8	1 2 3 4	指示当前运行第"1、2、3、4"阶梯电价
9	⚠1 ⚠2 尖 峰 平 谷	1）指示当前费率状态（尖峰平谷）。 2）"⚠1 ⚠2"指示当前使用第 1、2 套阶梯电价

三、异常信息

电子式多功能电能表以及智能电能表根据运行情况在对接入电压、电流量值的采样分析中，表计自动检测采样参数的技术关系，当关系不能满足正常运行范围时，表计程序要在读表界面上反映提示信息。

1. 失压、断压信息

按照 DL/T 566—1995《电压失压计时器技术条件》的规定，失压故障判定的启动电压应为电能表参比电压的 78%±2V。当电压恢复时的返回电压为参比电压的 85%±2V，"计时器"应停止计时。该定值可通过多功能电能表后台程序设置。

当电能表发生失压故障时，凡是具有"$U_a U_b U_c$"或"$L_1 L_2 L_3$"电压符号的界面，处于低电压相的符号应不停的闪烁。当某相电压趋于零时，该符号应消失。在此时，电压轮显的数值也会反映出故障相的具体电压数值。

对于图 12-4-6（a）所示界面类电能表，它的元件电压、电流、功率因数在界面下侧轮显，当发生某相失压时，轮显会停在故障相电压信息栏并不停显示，提示此时电能表处于失压状态。

2. 失流、断流信息

按照 DL/T 566—1995《电压失压计时器技术条件》的规定，起动电流为额定电流的 0.5%。一般程序设置为"当电能表的最大相电流大于 5%（可设置），并且（最大相一某相电流）/最大相电流>30%（可设置），电能表判定此相为电流不平衡，其对应电流符号闪烁。当某相电流趋于零时，该符号应消失。

3. 相序错误

常用电能表有两种表示形式：①"$U_a U_b U_c$"（或 $L_1 L_2 L_3$）三个符号同时闪烁；② 中文"相序"点亮。

4. 三相电流接入顺序与三相电压接入顺序不对应

当三相电流与三相电压接入顺序不对应时，"I_1、I_2、I_3"同时闪烁。

四、报警信息

1. 费控智能电能表显示自检报警代码

此类异常一旦发生需要在循环显示第一屏插入显示该异常代码。自检报警代码包括下列故障，见表 12-4-2。

表 12-4-2　　　　　　　　费控智能电能表显示自检报警代码

异常名称	异常类型	异常代码
过载	事件类异常	Err-51
电流严重不平衡	事件类异常	Err-52

续表

异常名称	异常类型	异常代码
过电压	事件类异常	Err-53
功率因数超限		Err-54
超有功需量报警事件	事件类异常	Err-55
有功电能方向改变（双向计量除外）	事件类异常	Err-56

2. 费控智能电能表显示自检出错代码

此类异常一旦发生需要将显示的循环显示功能暂停，液晶屏固定显示该异常代码，但按键显示可改变当前代码，来显示其他选项。自检出错代码包括下列故障，见表 12-4-3。

表 12-4-3　　　　　费控智能电能表显示自检出错代码

异常名称	异常类型	异常代码
控制回路错误	电能表故障	Err-01
ESAM 错误	电能表故障	Err-02
内卡初始化错误	电能表故障	Err-03
时钟电池电压低	电能表故障	Err-04
存储器故障或损坏	电能表故障	Err-06
时钟故障	电能表故障	Err-07

当前电能表存在异常时，电能表还应发出其他报警信息。

3. 事件报警提示

报警"警铃"符号闪烁。如图 12-4-6（c）所示界面中下警铃符号。

4. 电池低电压报警

电池符号点亮，如图 12-4-8 所示。

图 12-4-8　电能表电池低电压报警符号

5. 程序出错

"故障"类中文字符点亮。

6. 中文显示报错信息，如"故障""相序"等。分别提示，当前表计内部存在故障及异常等信息

五、其他信息

电子式多功能电能表、费控智能表还应具备以下显示功能：

1. 日历、时钟

一般在轮显信息中表现。

2. 负荷曲线、超限执行信息等

需要通过 485 接口外传至上位机显示或配套软件读取。

3. 通信状态

有一些电能表具有通信指示，如图 12-4-6（a）所示中的 TX、RX 符号，TX 表示电能表接收到数据，RX 表示电能表发送数据。这两个符号闪烁，只与通信状态有关，不代表异常信息。还有图 12-4-6（c）所示中的"⇆"符号闪烁时，也表示电能表当前正在通信。

【思考与练习】

1. 如何识别电子式多功能电能表当前有功、无功潮流方向？

2. 如何判断电能表失流、断流信息？

3. 描述费控智能表电表故障的异常代码及含义。

◢ 模块 5　电子式多功能电能表功能检查（Z27H2005Ⅲ）

【模块描述】本模块包含电子式多功能电能表外观检查项目及要求、电子式多功能电能表基本功能检查项目及要求。通过操作过程介绍，掌握电子式多功能电能表外观检查和基本功能检查方法。

【正文】

一、电能表现场检验概述

经试验室检定合格的电能计量器具在安装、运输过程中，因人为因素或环境条件有可能发生量值偏移，在现场条件下也有可能不能正常工作，特别是在运行一段时间后，由于受运行条件、负荷变化等因素影响，有可能引起误差发生变化，为了确保这一环节不出现问题，同时为了考核电能计量装置实际运行状况下的技术性能，保证其在运行状态下准确计量，开展电能表现场检验工作非常必要。

电能表现场检验是在实负荷运行状态下，利用电能表现场校验仪对运行中电能表实施的在线检测。此项工作不仅在现场检验电能表误差，还要求检查计量方式、运行状态等，具体包括电能表外观检查、功能检查、带电接线检查、电压互感器二次回路

压降测试、电流互感器二次负载测试、计量差错和不合理的计量方式检查等内容。

二、电能表现场检验项目和内容

1. 外观检查

外观检查主要检查电能表外表有无损坏，读表窗口是否整洁完好，数字显示器是否正常工作，与导线的连接是否可靠、有无过热变形迹象，电能表所有封印是否完好（如接线盒封印、电能表盖封印、编程及需量回零机构封印等），合格证是否在有效期内，线路标示是否正确，计量柜（箱）的封印是否完整，电能计量柜（箱）防止非许可的措施是否完好等。

2. 电能表带电接线检查

电能表带电接线检查，即电能表在运行状态下，对其接线正确性所进行的检查。

（1）使用验电笔（器）对计量柜（箱）、采集器箱金属裸露部分进行验电，并检查计量柜（箱）接地是否可靠。

（2）核查计量柜（箱）外观是否正常，封印是否完好。

（3）按键核查电能表时钟、时段、电压、电流、相序、功率、功率因数等信息是否正常。本地费控电能表应核查表内剩余金额。

（4）拆除联合接线盒封印并做好记录，用钳形万用表测量电能表电压、电流。

（5）用现场校验仪核查电能表接线。校验前，应检查电能表现场校验仪的电压、电流线绝缘良好，无破损；根据电能表接线方式，正确接入电能表现场校验仪；进行校验，确认计量装置接线是否正常、电能表误差是否在合格范围内。

（6）测试过程中防止电流互感器二次回路开路，电压互感器二次回路短路或接地。

（7）经互感器接入式三相四线电能表现场检验接线图如图 12-5-1 所示。

3. 电压互感器二次回路压降测试

（1）办理工作票签发。依据工作任务填写工作票。在客户高压电气设备上工作时应由供电公司与客户方进行双签发。供电方安全负责人对工作的必要性和安全性、工作票上安全措施的正确性、所安排工作负责人和工作人员是否合适等内容负责；客户方工作票签发人对工作的必要性和安全性、工作票上安全措施的正确性等内容审核确认。

（2）办理工作票许可手续。在客户电气设备上工作时应由供电公司与客户方进行双许可，双方在工作票上签字确认。客户方由具备资质的电气工作人员许可，并对工作票中安全措施的正确性、完备性，现场安全措施的完善性以及现场停电设备有无突然来电的危险负责。

（3）检查并确认安全工作措施。在高、低压设备上工作，应至少由两人进行，专人监护，并完成保证安全的组织措施和技术措施。工作人员应正确使用合格的安全绝缘工器具和个人劳动防护用品。

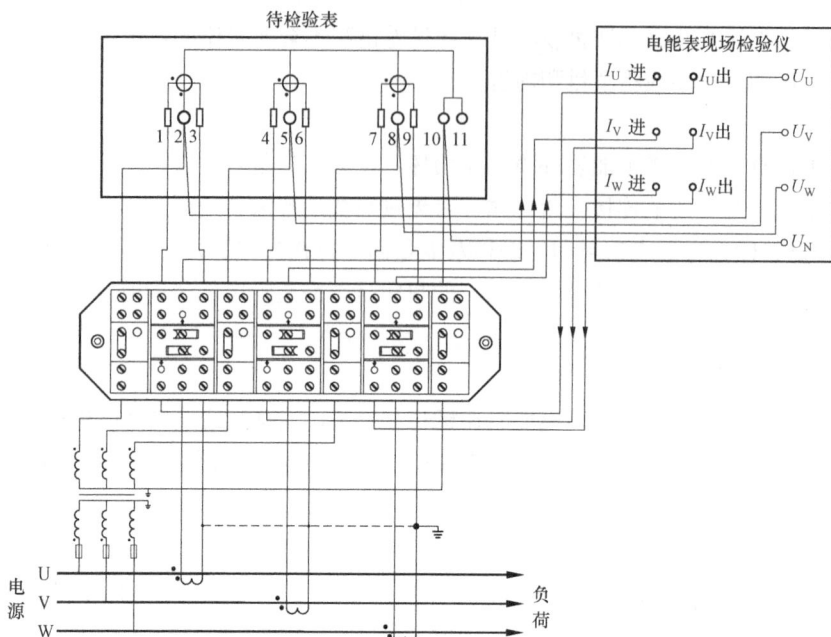

图 12-5-1 经互感器接入式三相四线电能表现场检验接线图

（4）进行资料核对。包括开关编号、被检测电能计量装置的互感器容量、二次回路长度、二次回路导线的截面积、电能表型号等是否与作业工单所列信息一致。

（5）计量装置外观检查。检查电能计量柜（箱）是否有防止非许可操作的措施，观察窗是否清洁完好，各计量器具安装的环境条件是否符合要求。

（6）运行计量装置检查。检查是否有违约用电行为及故障隐患和不合理计量方式等异常现象。检查计量装置参数设置是否正确，运行情况是否存在异常，是否存在计量装置故障。

（7）测试设备准备。测试前应检查二次压降测试设备各相对地绝缘状态及导线接触情况。连接互感器二次端子和二次压降测试仪之间的导线应是专用的屏蔽导线，屏蔽层应可靠接地。检查二次压降测试仪熔断保险是否正常可用。

（8）二次压降测试仪自校。在接线完成前，按仪器自校线路和操作方法进行自校操作，严禁电压互感器二次回路短路或接地。

（9）二次压降测试及数据判断。电压互感器二次回路的压降应满足 DL/T 448 的要求。

（10）拆除测试线路，先拆除 TV 端子箱处和电能表表尾处接线，后拆除测试仪端接线。关闭测试仪电源，并取下测试仪工作电源。

（11）检测原理图如图 12-5-2 所示。

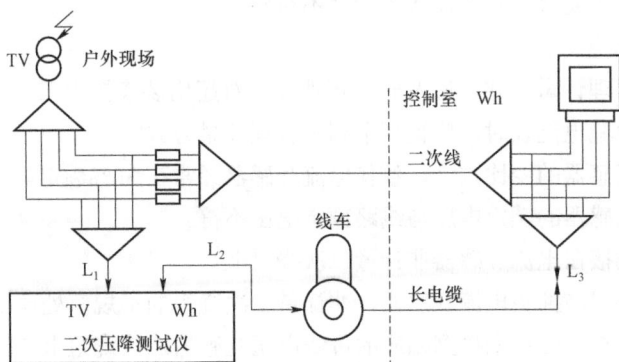

图 12-5-2　二次压降测试仪测试压降设备位置图

4. 多功能表功能检查

即对多功能电能表时钟、显示、报警等功能进行的检查，具体包含以下内容：

（1）电能计量。对有功总电量、分相有功总电量之和、费率电量之和进行校核。

（2）需量计量校核。有功正、反向总、尖、峰、平、谷最大需量功能以及无功总、尖、峰、平、谷最大需量功能。

（3）查看电能表运行出现异常（失压、电流严重不平衡、断相、缺相计量、有功反向、错相、电池欠压、内部电路故障等）。

（4）检查时钟及时段、费率功能。

（5）检查事件记录、异常代码。

5. 测量实际负荷下电能表的误差

测量实际负荷下电能表的误差即电能表在安装现场实负荷运行条件下，对电能表误差进行测试（具体参照第 2 项相关内容）。

6. 检查计量差错

对于现场计量有差错的，应及时更正处理，对超出装表接电工范围的项目应逐级上报。在现场检验电能表时，应检查下列计量差错：

（1）电能表倍率差错。电能表的计费倍率 K_G 应按下式计算。

$$K_G = K_I K_U \tag{12-5-1}$$

式中：$K_I K_U$ 为与电能表连用的计量用电流互感器和电压互感器的变比。

（2）电压互感器熔断器熔断或二次回路接触不良。

（3）电流互感器二次回路接触不良或开路。

（4）电压相序反。

（5）电流回路极性不正确。

（6）电压接入元件，与电流接入元件不对应。

7. 不合理计量方式

发现有不合理计量方式，应及时更正处理，对超出装表接电工范围的项目应逐级上报。在现场检验电能表时，应检查下列不合理计量方式：

（1）电流互感器的变比过大，致使电流互感器经常在30%额定电流以下运行的。

（2）电压互感器的额定电压与线路额定电压不符。

（3）电能表接在电流互感器非计量二次绕组上。

（4）多绕组或多抽头电流互感器，非计量二次绕组的不规范处理。

（5）电能表电压回路未接到相应的母线电压互感器二次绕组上。

三、电子式多功能电能表功能检查项目

（1）电能表显示和测量功能检查。

（2）电能表内部日历时钟检查及校对。

（3）多费率电能表的组合误差检查。

（4）报警内容检查。

四、电子式多功能电能表功能检查方法和步骤

1. 电能表显示和测量功能检查

检查电能表是否能自动轮显，显示数据是否清晰可辨，按键能否正常切换显示界面；电能表显示的实时电压、电流、功率、相位或功率因数等数值有无异常，功率方向指示是否与实际负载运行情况一致，当前运行时段是否与用电营业规定一致。

2. 电能表内部日历时钟检查及校对

（1）检查电能表内部日历时钟是否与当前日历时钟一致。通常，现场校对电能表内部时钟的方法是采用北京时间校对法。北京时间的获取方法可将便携式电脑连接在互联网上，通过登陆标准授时台网址，校对便携式电脑时钟，再用电脑中预装的电能表校时软件，对电能表内部时钟进行校准。校对前应记录电能表时间差，校对后应检查电能表时钟显示界面，确认校时成功。

实际工作中，现场校时条件受限，除了利用电能表管理软件校时外，通用手段较少。利用抄表器小偏差校时的技术，随电能表厂家和款式增多，基本上没有实用性。

当现场需要校时而不具备校时手段时，应请求技术支持或做换表处理。

（2）现场运行的电能表内部时钟与北京时间相差原则上每年不得大于 5min，校准周期每年不得少于 1 次或结合现场校验周期完成校对工作。

（3）若检查被试电能表内的日历时钟与北京时间相差在 5min 及以下，在具备时钟校准手段的前提下，可现场校对表内时间；与北京时间误差在 5min 以上，需分析原因，

必要时应更换表计。

3. 多费率电能表的组合误差检查

多费率电能表一般提供四费率或三费率设置。四费率为尖、峰、平、谷；三费率为峰、平、谷。电能表的组合误差是指各费率电量之和与总电量的相对误差。计算并记录电能表正向、反向有功电能的组合误差，DL/T 614—2007《多功能电能表》规定，各费率计度器示值的组合误差应不大于±0.1%，组合误差计算公式为

$$r = \frac{(E_j + E_f + E_p + E_g) - E_0}{E_0} \times 100\% \qquad (12\text{-}5\text{-}2)$$

式中：E_j为计度器尖时段的电能示值；E_f为计度器峰时段的电能示值；E_p为计度器平时段的电能示值；E_g为计度器谷时段的电能示值；E_0为测量单元计度器的总电能示值。以上电能示值单位均为 kW·h 或 kvar·h。

如组合误差大于±0.1%，应安排更换电能表，送专业技术机构查找原因。

JJG 1055—1997《交流电能表现场校准技术规范》技术要求中对于多计数器表型的组合误差规定为：分时记度（多费率）电能表各计度器示数之间应满足：

$$|\Delta W_F + \Delta W_P + \Delta W_G - \Delta W_Z| \times 10^a \leq 2 \qquad (12\text{-}5\text{-}3)$$

式中：a为总计度器小数窗口位数。

4. 电能表费率时段设置检查

大多数表型都需要配套软件才能设置检查此功能，鉴于营销管理权限，配套软件一般由专门机构管理，通常的现场校验工应不具备此项职权。部分表型可通过代码调读时段设置，但不具备修改功能。可利用该项功能检查时段设置是否满足当地电价政策。

5. 电能表结算（冻结时间）日检查

大多数电能表都需要通过配套软件才能设置检查此功能，部分表款可通过代码调读结算日设置，但不具备修改功能。可利用该项功能检查结算日设置是否满足当地营销规则。

6. 报警内容检查

电子式多功能电能表对运行状态有很强的监视和自检功能。一旦出现异常，会产生故障代码或报警信息。报警方式有多种，常见的有报警指示灯亮、报警符号闪烁，异常项目的标识不停闪烁或消失。现场应做详细观察，如有异常，应及时处理并做相应记录。

报警指示至少包括下列内容：① 功率方向改变；② 电压相序反；③ 失压、断压；④ 电流不平衡、断流；⑤ 电池电压不足；⑥ 自检功能报错等。

需要说明的一点是：并不是所有的报警信息都表示异常。比如，三相三线有功电能表在功率因数低于 0.5 时，一元件反映的功率为负值，电能表将发出分相功率方向改变的报警信息，但此时电能表运行情况恰恰是正常的。低压三相四线型电能表也会

因为低压配网三相负载不平衡而触及电流不平衡报警阈值，引起电流符号闪烁，所以对电能表报警内容检查时要结合电能表实际运行工况进行。

【思考与练习】

1. 三相三线有功电能表在功率因数低于 0.5 时，一元件功率反向报警，为什么？
2. 电子式多功能电能表报警指示至少包括哪些内容？
3. 如何开展多费率电能表的组合误差检查？

▲ 模块 6　测量实际负荷下电能表误差（Z27H2006Ⅲ）

【模块描述】本模块包含电能表现场检验项目、实际运行中电能表误差测试的工作程序及注意事项。通过操作程序介绍、图解列表说明，掌握实际负荷下电能表误差的测试方法。

【正文】

电能表是电能计量装置的重要组成部分，运行中的误差变化，会直接影响电能计量的准确性。为保证电能计量装置现场运行合格率，按 DL/T 1664—2016《电能计量装置现场检验规程》、JJF1055—1997《交流电能表现场校准技术规范》及相关作业指导书的规定，应在现场具有一定负荷条件下对电能表进行误差测试。鉴于计量装置的数量众多，按照计量装置月计电量的多少或装见容量的大小，将计量装置进行五类划分，在规定的时间周期内，对其中的Ⅰ～Ⅳ类高压计量装置中的电能表开展现场实负荷检验。

一、安全工作要求

1）根据计量装置安装位置办理第二种工作票或现场标准化作业指导书。

2）至少有两人一起工作，其中一人进行监护。

3）在工作区范围设立标示牌或护栏。

4）工作时，按规定着装，戴手套，穿绝缘鞋，并站在绝缘垫上，操作工具绝缘良好。

5）在接通和断开电流端子时，必须用仪表进行监视。

6）在运行中的计量装置二次回路上工作时，电压互感器二次严格防止短路和接地，电流互感器二次严禁开路。

二、现场检验条件

在现场检验时，工作条件应满足下列要求：

1）环境温度。0～35℃，相对湿度不大于 85%。

2）频率对额定值的偏差不应超过 ±2%。

3）电压对额定值的偏差不应超过 ±10%。

4）现场负载功率应为实际常用负载，当负载电流低于被检电能表标定电流的

10%（S 级的电能表为 5%）或功率因数低于 0.5 时，不宜进行现场误差检验。

5）负荷相对稳定。

三、现场检验常用仪器

电能表现场检验标准广泛采用电能表现场校验仪（以下简称现校仪）。现校仪应满足下列要求：

1）现校仪准确度等级至少应比被检电能表高两个准确度等级。现校仪的电压、电流、功率测量的准确度等级应不低于 0.5 级。现校仪的准确度等级和对电能的测量误差应符合表 12-6-1 规定。

表 12-6-1　　　　　　　　　现校仪的准确度等级和对电能的测量误差

被检电能表的准确度等级	0.2	0.5	1	2
现校仪准确度等级	0.05	0.1	0.2	0.3

2）现校仪应至少每三个月在试验室比对一次。每一年送标准检定机构做周期检定。允许使用标准钳形电流互感器（以下简称电流钳）作为现校仪的电流输入组件，校准时，现校仪与电流钳应整体校准。

在现场校验 0.5 级及以上精度电能表时，现校仪电流回路应采用直接接入方式串入计量装置二次电流回路，避免电流钳自身的误差影响检验结果。

3）现校仪应适用各种接线方式：Y 形、V 形；单相、三相三线、三相四线。

4）现校仪必须按固定相序使用且有明显的相别标志。

5）现校仪和被检计量装置之间的连接导线应有良好的绝缘，中间不允许有接头，并应有明显的极性和相别标志，其中，现校仪的电流连接端子应具有自锁功能。

6）现校仪接入电路的通电预热时间，应遵照仪器使用说明的要求。

7）现校仪必须具备运输和保管中的防尘、防潮和防震措施。

四、现场检验步骤

现场实负荷测定电能表误差时，采用标准电能表法（即现校仪）。使现校仪与受检电能表同时工作在连续条件下，利用光电采样控制或被检表校表脉冲输出控制等方式，将受检电能表转数（脉冲数）转换成脉冲数，控制现校仪计数来确定受检电能表的相对误差。

（1）现校仪引出线检查。引出线应是专用分相色测试软线，导线两端固化有通用插接头，插接头插入部分应有锁紧装置（或钢丝应力针）。在使用前，应检查导线绝缘良好无破损。

（2）打开被检电能表接线盒、试验端子盒盖，检查所有端子与导线连接应紧密、牢固。

（3）检查现校仪电源设置开关位置，应与选择的仪器电源方式匹配。可选择外接220V 电源或内接电源（100V），接通现校仪电源。

（4）按规定顺序连接测试导线，安全可靠地从接线盒（试验端子）接入与被检表相同的电流、电压回路，满足电流回路串联、电压回路并联的原则。如果仪器选择内接电源，则应先将仪器电压测试线接入计量装置，然后开启仪器电源开关，再接入电流测试信号。

（5）根据被校表形式设置校验仪工作参数。

（6）打开电流试验端子连接片，用现校仪的电流指示值界面进行监视，接线人员、监视仪表人员要前后呼唤应答。现校仪的电流指示应为流经被检电能表电流线圈的电流值。

（7）从校验仪界面上检查计量装置的向量关系和实负荷各项参数是否满足技术要求。

（8）在负荷相对稳定的状态下，采用光电采样控制或脉冲信号控制进行误差测试并记录校验条件参数和误差数据。

（9）检验结束，短接电流试验端子。用现场校验仪电流指示值界面监视并确认短接良好，流经校验仪的电流趋于零值。接线人员、监视仪表人员要前后呼唤应答。

（10）从计量装置二次回路拆除试验导线。关闭校验仪电源开关，盖好试验接线盒盖，紧固所有的封装螺钉。

（11）粘贴现场检验证，给被检表接线盒盖及装置加装封印。清理现场，恢复原状。请客户对现场检验记录、检验结果和现场计量装置恢复确认签字。

（12）电能表现场检验接线图，如图 12-6-1～图 12-6-3 所示。

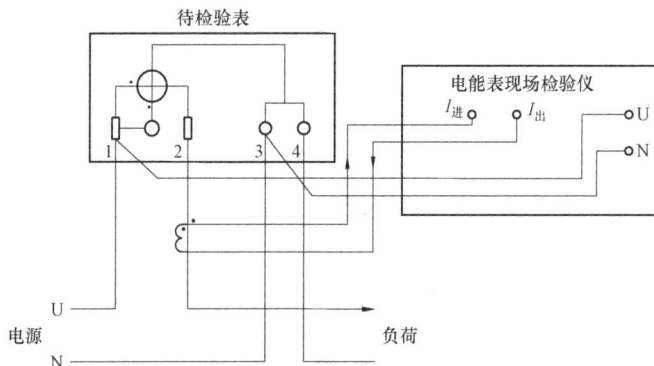

图 12-6-1 单相电能表现场检验接线图

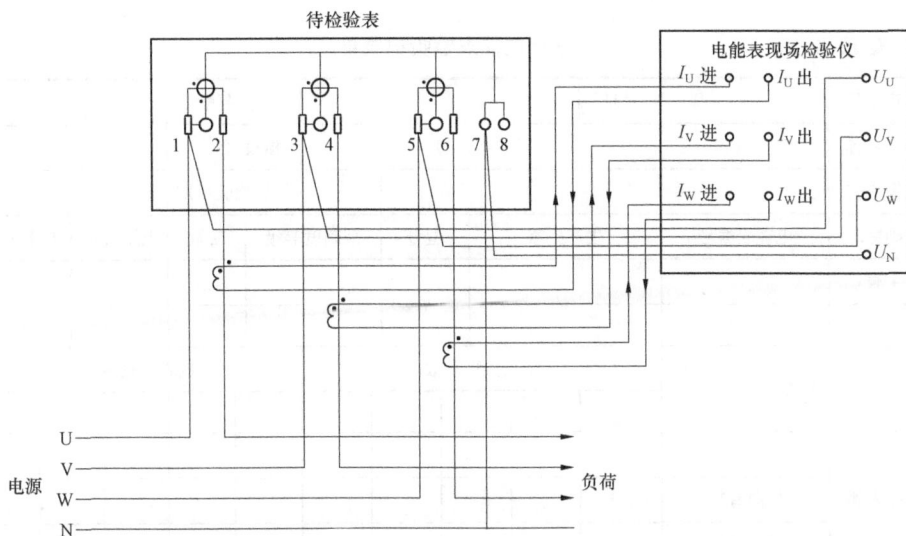

图 12-6-2　直接接入式三相四线电能表现场接线图

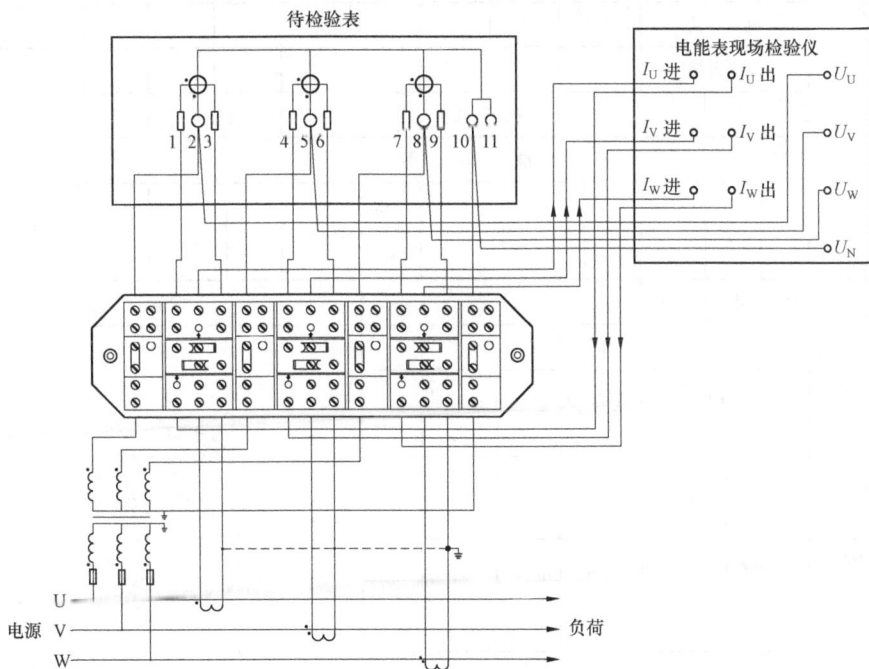

图 12-6-3　经互感器接入式三相四线电能表现场检验接线图

（13）三相电能表检验记录单见表 12-6-2。

表 12-6-2 　　　　　　　　　三相电能表检验记录单

客户编号		地址				区县码		
客户名称			温度（℃）			湿度（%）		
联系方式						计划检验日期		
主副标志	电能表编号	生产厂家		型号	准确度等级	常数	电压（V）	电流（A）
主表								

分类		主表抄见示数		副表抄见示数	
电能表侧	正向有功				
	反向有功				
	最大需量				
采集终端侧	正向有功				
	反向有功				
	最大需量				
CT 变比		PT 变比		倍率	

							检验数据					
1	二次电流（A）	I_a		I_b		I_c	二次电压（V）	U_{ab}/U_a		c_a/U_b		c_b/U_c
2	功率因数测定	$\cos\varphi$						向量图				
3	接线检查		相序									

相角		I_a		I_b		I_c	
		前	后	前	后	前	后
U_{ab}/U_a							
U_b							
U_{cb}/U_c							
标准表型号			时段检查				
标准表等级			标准表编号				

续表

误差测定	误差结果		化整误差
	γ_h（%）	γ（%）	（%）
（主）有功 电能表			
（副）有功 电能表			

封印记录	装		拆	
	封印位置	封印编号	封印位置	封印编号
	联合接线盒		联合接线盒	
	计量柜门		计量柜门	

失压记录仪	相别	失压起始时间（时分）	失压终止时间（时分）

主表记录	时钟误差		电池时间		检验结论	
	未检原因					

副表记录	时钟误差		电池 时间		检验结论	
	未检原因					

备注	

检验人		检验日期		核验人		用户签字	

五、现场检验注意事项

1）现校仪的接线要核对正确、牢固，特别要注意电压与电流不能接反。

2）现校仪的接入和拆除不应影响被检电能表的正常工作。

3）现校仪与被检电能表对应的元件接入的是同一相电压和电流。

4）接线过程中，严禁电压回路短路或接地，电流回路开路。

5）现场检验时，本工种人员无权打开电能表大表盖。

6）在打开电流端子的过程中，动作要慢，发现异常应立即停止并进行还原操作。

7）如采用校表脉冲信号控制线测试误差时，控制线在连接被检表校表脉冲输出端时，应小心谨慎，避免与其他带电体接触。控制线如有多余的金属线头，应做绝缘处理。

8）测试线连接完毕后，应有专人检查，确认无误后，方可进行检验。

9）现场检验三相三线电能表时，应将捆扎成束测试线中的空置导线做临时绝缘处理，避免误碰带电体造成事故。

10）电能表现场校验过程中不应插、拔电流钳插头。

11）电流钳使用前应检查钳口结合部是否清洁，如有污垢杂质应仔细清理后再使用，否则会带来较大的测量误差。使用时钳口闭合接触应良好，测量时不要用手挪动钳口，或用手施力夹紧钳头。

12）与现校仪配用的标准电流钳在出厂前已与现校仪一起做配对调试，使用中，必须按照原配相色使用，更不能与另外的仪器互换，否则会带来额外的测量误差。

六、现场检验结果处理

1. 电能表现场检验误差限的管理

电能表现场检验的外部条件达不到试验室规定的检定条件，因此判定现场运行的电能表是否超差，以电能表室内检定标准规定的误差限判定是不合适的。JJF 1055—1997《交流电能表现场校准技术规范》中规定，现场校验时，运行中电能表检验误差均做适当放大，电能表现场检验允许误差限见表 12-6-3～表 12-6-5。

表 12-6-3　　　　　电子式电能表现场检验时允许的工作误差限

类别	负载电流	功率因数②	工作误差限（%）			
			0.2 级	0.5 级	1 级	2 级
安装式有功电能表③	$0.1I_b \sim I_{max}$①	$\cos\varphi=1.0$	±0.3	±0.7	±1.5	±3.0
	$0.1I_b$	$\cos\varphi=0.5$（感性）	±0.5	±1.0	±2.5	±4.0
		$\cos\varphi=0.8$（容性）	±0.5	±1.0	±2.5	±4.0
	$0.2I_b \sim I_{max}$	$\cos\varphi=0.5$（感性）	±0.5	±1.0	±2.0	±3.4
		$\cos\varphi=0.8$（容性）	±0.5	±1.0	±2.0	±3.4
安装式无功电能表③	$0.1I_b \sim I_{max}$①	$\sin\varphi=1.0$（感性或容性）			±1.5	±3.0
	$0.1I_b$	$\sin\varphi=0.5$（感性或容性）			±2.0	±4.0
	$0.2I_b \sim I_{max}$	$\sin\varphi=0.5$（感性或容性）			±1.7	±3.4
	$0.5I_b \sim I_{max}$	$\sin\varphi=0.25$（感性或容性）			±2.0	±4.0

注　表中未给定值［如 1.0>$\cos\varphi$>0.5（L）］用内插法求出。

① I_b 为标定电流，I_{max} 为额定最大电流。

② 角 φ 是指相电压与相电流之间的相位差。

③ 包括由电子测量单元组成的电能表。

表 12-6-4　　　　　　　　机电式电能表现场检验时允许的工作误差限

类别	负载电流	功率因数②	工作误差限（%）			
			0.5 级	1.0 级	2 级	3 级
安装式有功电能表③	$0.1I_b \sim I_{max}$①	$\cos\varphi=1.0$	±1.0	±1.5	±3.0	
	$0.1I_b$	$\cos\varphi=0.5$（感性）	±2.0	±2.5	±4.0	
		$\cos\varphi=0.8$（容性）	±2.0	±2.5	±4.0	
	$0.2I_b \sim I_{max}$	$\cos\varphi=0.5$（感性）	±1.5	±2.0	±3.4	
		$\cos\varphi=0.8$（容性）	±1.5	±2.0	±3.4	
安装式无功电能表③	$0.1I_b$	$\sin\varphi=1.0$（感性或容性）			±4.0	±5.0
	$0.2I_b \sim I_{max}$	$\sin\varphi=1.0$（感性或容性）			±3.0	±4.0
	$0.2I_b$	$\sin\varphi=0.5$（感性或容性）			±5.0	±7.4
	$0.5I_b \sim I_{max}$	$\sin\varphi=0.5$（感性或容性）			±3.4	±5.0
	$0.5I_b \sim I_{max}$	$\sin\varphi=0.25$（感性或容性）			±6.0	±8.0

注　表中未给定值［如 $1.0>\cos\varphi>0.5$（L）］用内插法求出。

① I_b 为标定电流，I_{max} 为额定最大电流。

② 角 φ 是指相电压与相电流之间的相位差。

③ 包括由电子测量单元组成的电能表。

　　按照 JJF 1055—1997《交流电能表现场校准技术规范》的定义，对用于重要贸易结算和经济核算的电能表，经供用电双方同意，在现场校验时的工作误差，在满足现场校验条件下，可按照表 12-6-5 所示判断是否合格。

表 12-6-5　　用于重要贸易结算 Ⅰ～Ⅲ 类电能表现场检验时允许工作误差限

类别	负载电流	功率因数	工作误差限（%）		
			0.2 级	0.5 级	1 级
安装式有功电能表	$0.1I_b \sim I_{max}$	$\cos\varphi=1.0$	±0.2	±0.5	±1.0
	$0.1I_b$	$\cos\varphi=0.5$（感性）	±0.5	±1.3	±1.5
		$\cos\varphi=0.8$（容性）	±0.5	±1.3	±1.5
	$0.2I_b \sim I_{max}$	$\cos\varphi=0.5$（感性）	±0.3	±0.8	±1.0
		$\cos\varphi=0.8$（容性）	±0.3	±0.8	±1.0
安装式无功电能表	$0.1I_b$	$\sin\varphi=1.0$（感性或容性）			±1.5
	$0.2I_b \sim I_{max}$	$\sin\varphi=1.0$（感性或容性）			±1.0
	$0.2I_b$	$\sin\varphi=0.5$（感性或容性）			±2.0
	$0.5I_b \sim I_{max}$	$\sin\varphi=0.5$（感性或容性）			±1.0
	$0.5I_b \sim I_{max}$	$\sin\varphi=0.25$（感性或容性）			±2.0

在各省电力公司的电力营销管理标准中，也制订有相关的现场检验标准，以上表格中列出的现场检验时允许的工作误差限供参考。

2. 电能表现场检验误差的处理

按照 JJF 1055—1997《交流电能表现场校准技术规范》的规定，现场校准的结果应进行修约化整处理并出具校准证书。在实际运用中，由于现场检验的条件不可控，按趋势性判定检定结果更符合实际，因此，对于电能表现场检验（不是检定或校准）结果不做化整修约，不出具证书，只记录检测误差数据。原始记录填写应用签字笔或钢笔书写，不得任意修改。

电能表现场检验误差测定次数一般不得少于 2 次，取其平均值作为实际误差，对有明显错误的读数应舍去。当实际误差在最大允许值的 80%～120% 时，至少应再增加 2 次测量，取多次测量数据的平均值作为实际误差。当现场检验电能表的相对误差超过规定值时，不允许现场调整电能表误差，应在 3 个工作日内换表。

需要特别指出的是，按照《供用电营业规则》的规定，电能表现场检验获得的误差数据不得作为计算退补电量的依据。

七、现场检验周期

1）新投运或改造后的 Ⅰ、Ⅱ、Ⅲ、Ⅳ 类高压电能计量装置，应在一个月内进行首次现场检验。

2）Ⅰ 类电能表至少每 3 个月现场检验一次，Ⅱ 类电能表至少每 6 个月现场检验一次，Ⅲ 类电能表至少每年现场检验一次。

【思考与练习】

1. 电能表现场校验时主要检查内容有哪些？

2. 电能表现场校验时注意事项有哪些？

3. 采用现校仪校表时的步骤有哪些？

4. 画出用标准表对三相三线电能表进行现场校验的接线原理图。

第十三章

TV 二次回路电压和 TA 二次负荷测试

▲ 模块 1 TV 二次回路压降测试（Z27H3001Ⅲ）

【模块描述】本模块包含电压互感器二次回路压降测试程序及注意事项。通过操作程序介绍、图解说明，掌握电压互感器二次回路压降测试方法。

【正文】

一、安全工作要求

1. 工作票

进行 TV 二次回路压降的测试工作，应办理第二种工作票。

2. 安全和技术措施

（1）至少有四人一起工作，其中两侧各一人进行监护。

（2）应在工作区范围设立标识牌或护栏。

（3）确认工作位置与工作票相符，确认测试仪接入计量装置端子。

（4）工作时，按规定着装，戴手套、安全帽，穿绝缘鞋，并站在绝缘垫上，操作工具绝缘良好。

（5）在带电的电压互感器二次回路上工作时，严格防止短路或接地。

二、TV 二次回路压降测试设备

进行 TV 二次回路压降的测试，目前广泛采用二次压降测试仪，对其要求如下：

1）应具有经权限部门检测合格的有效证书。

2）允许误差应不低于 ±2.0%（允许误差应包含测试引线所带来的附加误差，实际使用时应进行修正。实际上仪器已达到 ±1% 比差读数 + ±1% 角差读数）。

3）分辨力参数：比差 f 应不小于 0.01%，角差 δ 应不小于 0.01（'）。

4）工作回路（接地的除外）对金属板及金属外壳之间的绝缘电阻应不小于 20MΩ，工作时不接地回路线（包括交流电源插座）对金属外壳应能承受效值为 1.5kV 的 50Hz 正弦波电压 1min 耐压试验。

5）对被测试回路带来的负荷最大不超过 0.5VA（实际仪器已做到 0.2VA）。

6）接入系统产生的冲击电流不大于 100mA。

三、TV 二次回路压降测试方法及步骤

1. 准备工作

（1）测试前用 500V 绝缘电阻表（或万用表高阻挡）检查所有测试导线（包括电缆线车）的每芯间，芯与屏蔽层之间的绝缘情况。

（2）测试导线应有明显的相别标志，连接 TV 和电能表侧的鳄鱼嘴夹绝缘护套完好。

（3）检查测试导线接头与二次压降测试仪的接触是否紧密、牢固。

（4）检查测试仪工作电源是否充电完好。

2. 二次压降测试仪自校

测试仪在现场使用时，需要在电能表与 TV 之间接入一根辅助测试电缆，利用辅助电缆获取的参数与实际计量回路的参数进行比较，得到我们需要的二次回路电压降等运行参数。然而，辅助电缆自身是有内阻的，而且这个"负载"的性质是容性的，加之测试仪两个输入端的阻抗也差别很大，将辅助电缆线车放在测试仪侧或放在电能表侧，会带来不同的测量误差。因此，要求将测试仪的连接方式所带来的附加误差先测出来，保存在仪器中，便于在实际测量时自动修正，以得到正确的测量数据，这项工作叫"自校"。

一般仪器在出厂时，按照配置的一个测试线车标准长度（如 200m）自检并将误差存入仪器内，实际使用时，若辅助电缆长度发生变化或更换电缆时必须重新测量。三相三线始端自校接线如图 13-1-1 所示。按照图 13-1-1 连接好导线，开机，选择自校界面，再选择"始端方式"，确认，仪器自动开始自校，提示完毕时，按"Yes"保存。

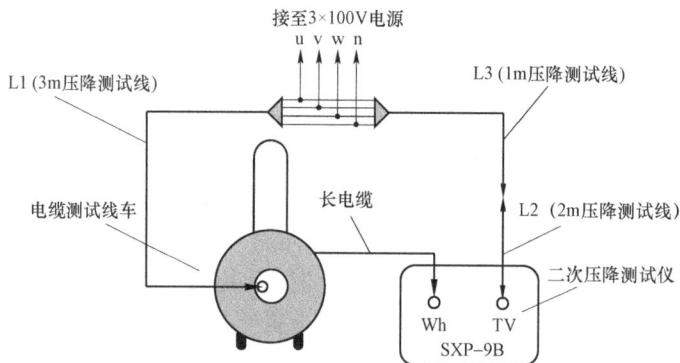

图 13-1-1　测试仪始端自校接线

三相四线自校，在连接好电源后，选择四线模式，按"Yes"键即可完成自校。

自校工作可在有三相 100（57.7）V 工作电源的室内进行（如校表台），也可在现场进行。仪器可根据接入的自检电源，选择三相三线和三相线自检模式。

如果采用预先自校模式，到现场工作后，也应保持自校时的接入模式。

末端自校的操作与连线和始端自校方式相同，不同的是此时长电缆应接仪器的 TV 输入端，而短线 L2 接仪器 Wh 输入端，如图 13-1-2 所示。

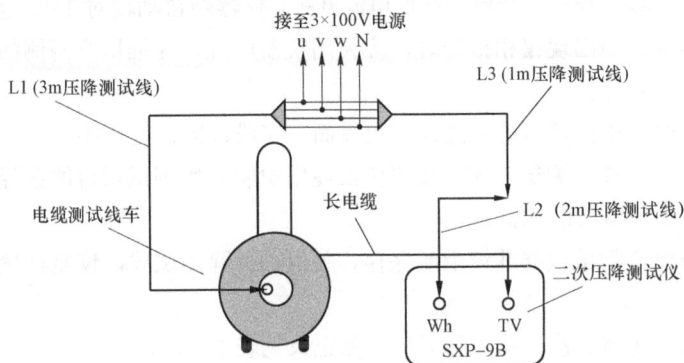

图 13-1-2　测试仪末端自校接线示意图

在实际运用中采用何种自校方式，并没有刻意要求，只是仪器自身的特性可能由于现场仪器、线车摆放位置的变化，导致附加误差产生提出的技术要求。

3. 二次压降的测试

（1）接线。按照自校时确定的模式，正确地将辅助电缆、测试短线连接在 TV 出口侧和电能表端子侧（见图 13-1-3、图 13-1-4）。

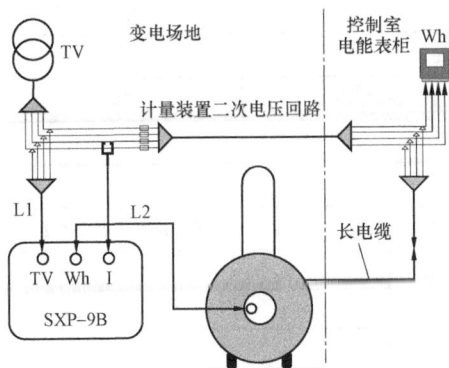

图 13-1-3　始端方式现场测量接线图
（适合测 TV 二次压降、二次负载）

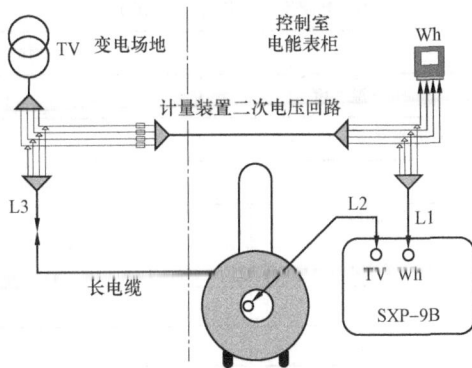

图 13-1-4　末端方式现场侧两个接线图
（仅适合测 TV 二次压降）

一般测试仪提供的接线方式有多种，使用时，应按照仪器使用说明书的要求，根据现场情况和测试需要选择合适的接线方式。

所有测试线头都按照黄、绿、红、黑分相色，接入时应根据计量装置导线编号分别接入对应的电压回路。测试线与仪器之间的连接件应按照特定方向插入并锁紧，TV、电能表侧采用带绝缘护套的鳄鱼嘴夹，夹入时应确保夹接的可靠，还应将连接鳄鱼嘴夹的电缆做临时悬挂固定，防止鳄鱼嘴夹受力脱落造成安全事故。

（2）检查接线无误时，开启测试仪电源开关，仪器会自动校对 TV、电能表两侧接入电压的一致性，当出现错相报警时，应关闭仪器电源，仔细检查两侧的对应关系，将其更正后，重新开机。

（3）需要时，根据连接方式进入自校界面，完成仪器自校程序。

（4）从主菜单选择测试方式，按照仪器使用说明开始测试项目的选择和设置，启动测试功能，完成压降的测试。

（5）检查仪器测试数据并记录或保存。关机，拆除测试线，恢复计量装置封印，结束工作票。

（6）电压互感器二次回路压降现场检测记录见表 13-1-1。

表 13-1-1　　　　　电压互感器二次回路压降现场检测记录

客户（厂站）			线路/开关号		
熔断器端电压			空气小开关端电压		
型号		规格		合成误差	
二次回路电缆					
截面积		（mm²）	长　度		（m）
电压互感器二次负荷（A/B/C）					
测试时条件					
温　度		（℃）	相对湿度		%
所用测试设备情况：					
测试结果					
相别	幅值差（%）	相位差（′）	电压降（%）	测算的回路阻抗（Ω）	
AO					
BO					
CO					
AB					
CB					

四、TV 二次回路压降测试注意事项

1）现场开展 TV 二次压降测试工作时，安全控制是排在第一位的，特别是 110kV 及以上的 TV，一次直接接入一次系统，二次出线进场地 TV 端子箱，箱内安装有熔断器或快速断路器，用于保护 TV 二次回路短路故障。从安全管理角度的要求是：二次压降测试只能在端子箱 TV 出口熔断器（开关）的出线侧进行，避免测试过程发生短接错误，危及 TV 的安全运行。采用这种方式，二次压降测量值就不包含熔断器（开关）及其接触电阻对二次压降的影响，由此可能导致测量值不真实。

在确实需要获得真实压降数据时，建议采取加强监护的方式，先测试熔断器（开关）出线侧二次压降，在测试顺利完成后，关闭仪器，小心谨慎地将测试鳄鱼嘴夹，一个一个地夹在熔断器的电源侧，检查连接可靠时，开机测取数据后，再逐项拆除鳄鱼嘴夹。

2）为了操作的安全，测试仪接线时，仪器电源关闭的状态下进行。接线的顺序应先连接仪器板面测试线和电缆车的端子，后连接被测线路。接电的顺序是先结 TV 侧，后接电能表侧。测试结束，拆除接线的顺序应与此相反。

3）绝不可将仪器的任何一输入端接地，一旦这样做，可能导致电力系统事故。

4）在三相三线模式下测试时，测试电缆的 N 相（黑色鳄鱼嘴夹）应悬空并做绝缘包扎，不允许做短接处理。

5）仪器工作时，测试电缆的屏蔽层允许不接地。当在变电场地，强电磁场环境测试数据不稳定时，应将测试电缆的屏蔽线接地。

6）对于因熔断器（开关）接触电阻明显影响二次压降的回路，应将分析结果、整改方案上报管理部门，安排技改。

7）关于压降计算中的功率因数值。在计算二次压降所带来的偏差时，需要确定计量装置所带负载的功率因数值，由此获得 φ 角，取正切值后代入压降引起的综合误差计算式，求得综合误差。一般一条线路一经投入运行，其二次压降基本不变，但是负载的功率因数却存在一个波动范围，从有限波动的角度讲，通常是采取线路的平均功率因数代入计算。为提高计算准确度，建议二次压降测试工作与电能表现场校验工作同时进行，利用校验仪接入计量二次回路所测量的 φ 角，输入测试仪，以获取更准确的误差数据。

五、TV 二次回路压降测试结果分析与处理

1）TV 二次回路压降超差，应在现场做技术分析，在原始记录上注明原因。如果涉及电量退补，应保全现场接线状态，通知用电管理部门介入处理。

2）测试数据应包含回路中全部影响因素，如果存在未包括项应在原始记录中注明。

3）测试中发现因设计原因产生的不符合项，只能上报管理部门，不允许本工种现场做任何整改。

4）判断 TV 二次回路电压降误差是否超过误差限值，应以修约后的数据为准。误差相对限值及误差的修约间距见表 13-1-2。

表 13-1-2　　　　　　　　现场电压互感器二次回路压降的相对限值

电能计量装置类型	误差相对限值（%）	修约间距
Ⅰ、Ⅱ类	0.2	0.02
其他	0.5	0.05

5）测试数据应按规定的格式和要求填写在原始记录单中，原始记录的填写应用签字笔或钢笔书写，不得任意修改。对于运用测试器完成的测试项目，还应将数据保存在仪器中。

【思考与练习】

1. 某 $3\times100V$ 三相三线电路，电压二次回路压降测试数据为：$f_{UV}=-0.1\%$，$\delta_{UV}=1'$，$f_{WV}=-0.2\%$，$\delta_{MV}=2'$，求 $\cos\varphi=0.8$ 时的电压降。

2. 光明机械厂系 10kV 客户，变压器容量为 1250kVA×2，说明计量配置 TA、TV 的二次负载和压降允许值分别为多少？

3. 在进行电压互感器二次回路的电压降测试时，其接线时的注意事项是什么？

◢ 模块 2　TA 二次负荷测试（Z27H3002Ⅲ）

【模块描述】本模块包含电流互感器二次负荷测试程序及注意事项。通过操作程序介绍，掌握电流互感器二次负荷测试方法。

【正文】

一、安全工作要求

1. 工作票

进行电流互感器（以下简称：TA）二次负荷测试工作，应办理第二种工作票。

2. 安全和技术措施

（1）至少两人一起工作，其中一人进行监护。

（2）应在工作区范围设立标识牌或护栏。

（3）工作时，按规定着装，戴手套、安全帽，穿绝缘鞋，并站在绝缘垫上，操作工具绝缘良好。

（4）在带电的TA二次回路上工作时，严禁将TA二次侧开路。

二、TA二次负荷测试设备

进行互感器二次负荷测试，广泛采用二次回路负荷在线测试仪（简称：测试仪）。对测试仪的要求如下：

1）测试仪应具有经权限部门检测合格的有效证书。

2）测试仪的允许误差应不低于±2.0%（允许误差应包含测试引线所带来的附加误差，实际使用时应进行修正。实际上仪器已达到±1%电阻读数+±1%电抗读数）。

3）测试仪的分辨力参数为：电阻读数R应不小于0.01%（单位：Ω），电抗读数X应不小于0.01%（单位：Ω）。数字电流表：±1.0%读数+末位1个字（单位：V）。

4）电流采样钳精度等级：1A、5A时，0.2级。

5）二次压降测试仪工作回路（接地的除外）对金属板及金属外壳之间的绝缘电阻应不小于20MΩ，工作时不接地回路线（包括交流电源插座）对金属外壳应能承受有效值为1.5kV的50Hz正弦波电压1min耐压试验。

三、TA二次负荷测试方法和步骤

1．准备工作

（1）测试前用绝缘电阻表（或万用表高阻挡）检查各测试导线的绝缘情况。

（2）检查测试导线接头与二次回路测试仪的接触是否紧密、牢固。

（3）检查TA二次回路接线是否正确，接线端子处连接是否牢固。

（4）检查测试仪工作电源是否充电完好。

2．测试

（1）正确的采样应靠近TA出口侧。按照测试仪要求，接入测试导线；打开二次回路测试仪电源，分别接入电压采样线和电流采样钳。注意，钳形电流表测点应在取样电压测点的前方（靠近互感器侧）。使用测试仪在线测量电流互感器实际二次负荷接线如图13-2-1所示。

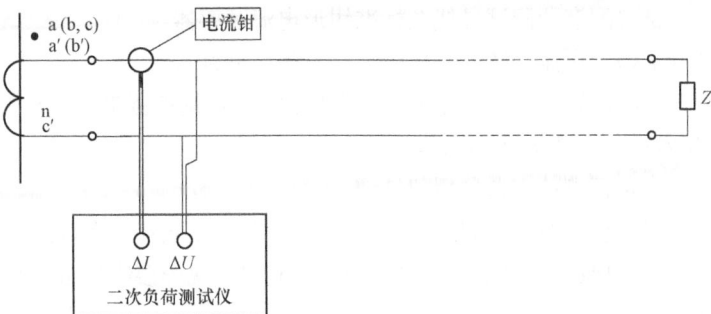

图13-2-1　在线测量电流互感器实际二次负荷接线图

（2）按照仪器使用说明书的方法，正确操作测试仪，完成测量工作，完整地记录和保存测试数据。

（3）测试工作结束，先拆除测试导线，然后关闭测试仪电源。

（4）测试完成后，清理现场，恢复原状，确认无误后方可撤离现场。

（5）电流回路二次负荷现场检测记录如下：

客户（厂站）_____　　线路名称_____

型　　号_____　　额定二次电流_____A

额定负荷_____VA　　额定功率因数_____

额定频率_____Hz　　接线方式_____

环境温度_____℃　　相对湿度_____%

标准设备编号_____

相别	A	B	C
R			
X			
功率因数			
二次负荷（VA）			

测试人员　_____

核验人员　_____

测试日期：年　　月　　日

四、TA 二次负荷测试注意事项

1）负载电流应相对稳定，二次电流不低于仪器的启动电流。

2）接线要牢固、可靠，测试过程中避免碰触接线，有防止电压采样线鳄鱼嘴夹脱落的措施。

3）使用测试仪配套的测试导线及标准钳形电流互感器。

4）保持标准钳形电流互感器钳口的清洁及闭合良好。

5）测试仪标准配置有 1、5A 钳形电流互感器，应根据被测 TA 二次电流选择适当的钳形电流互感器，以提高测量精度。

五、TA 二次负荷测试结果分析与处理

1）根据 TA 额定二次负荷和测试情况判断其实际二次负荷状态，对不符合要求的，应在原始记录上说明原因。如果涉及电量退补，应保全现场接线状态，通知用电管理部门介入处理。

2）测试中发现因设计原因产生的不符合项，只能上报管理部门，不允许本工种现场做任何整改。

3）测试数据应包含回路中全部影响因素，如果存在未包括项，应在原始记录中注明。

4）判断 TA 二次负荷是否符合要求，应以修约后的数据为准。电流互感器实际二次负荷记录值按 0.1VA 修约。

5）测试数据应按规定的格式和要求填写在原始记录单中，原始记录的填写应用签字笔或钢笔书写，不得任意修改。

【思考与练习】

1. 进行电流互感器二次负荷测量时，应注意哪些问题？

2. 技术管理规程对 TA 二次运行负载有什么要求？

3. 绘制在线测量电流互感器实际二次负荷接线图。

第十四章

电能计量装置的设计审查、安装验收

▲ 模块1 电能计量装置安装接线（Z27H4001Ⅲ）

【模块描述】 本模块包含电能计量装置安装及接线的工作内容、工艺要求及相关安全注意事项等内容。通过术语说明、流程介绍、要点归纳，掌握电能计量装置的安装接线方法。

【正文】

一、工作内容

电能计量装置的安装包括电能表、计量用电压、电流互感器以及连接它们的二次回路、计量屏（柜）的全部或其中一部分的安装。采集终端及失压计时仪的安装可参照执行。

二、安装作业危险点分析与控制措施

由于计量装置的安装与一次设备回路有关，因此，在作业前做好安全措施，确认安全措施完善无误后，方可进行工作，并应注意以下事项：

1）严格执行《电力安全工作规程》，工作负责人与工作班成员职责分明。

2）配置相应的安全工器具，包括安全帽、安全带、绝缘鞋、绝缘手套、登高工具、接地线、警示标识等，所有安全工器具应经过定期安全试验合格且在有效期限内。

3）互感器二次侧应有可靠接地，安装中严禁电流互感器二次侧开路，电压互感器二次短路或接地。

4）现场不符合安装条件时，终止工作。

5）登高安装计量装置时，执行安规中关于高空作业要求。

三、作业前准备

（一）安装资料的准备

1）接收安装任务单，确定计量装置安装项目及工作内容。安装任务单来源有新装、增容及变更用电业务、安全生产管理及项目管理等设备安装任务。

2）准备有关安装技术资料，熟悉图纸及上次安装记录。

（二）安装设备、工器具、材料的准备

1. 设备的准备

工作人员根据安装任务单到库房中领取相应的安装设备，并进行核对，核对内容包括以下：

（1）核对所领电能表和互感器的型号、规格、准确度等级。

（2）检查所领电能表、互感器外观是否完好，状态是否正确，标志是否完整。

（3）检查电能表、互感器有无检定合格标记，是否在有效期内，铅封是否完好，有无缺失。

（4）检查所领计量柜（箱）外观是否完好，有效的封闭措施是否完整。

2. 工器具的准备

安装中所需的工器具包括必要的操作工具、万用表、钳形电流表、相位表以及相应的安全工器具等。

3. 材料准备

安装中所需的材料有一次导线、二次导线、编码管、线鼻子、绝缘胶布和塑料带等。

四、操作步骤及质量要求

（一）电能表的安装

1. 安装要求

（1）低压供电，负荷电流为 60A 及以下时，宜采用直接接入式电能表；低压供电，负荷电流为 60A 以上时，宜采用经电流互感器接入式的接线方式，对经互感器接入式电能表必须与联合接线盒配套使用安装，联合接线盒安装在电能表的下方并采取水平布置方式。

（2）经电流互感器接入的电能表，其标定电流宜不超过电流互感器额定二次电流的 30%，其额定最大电流应为电流互感器额定二次电流的 120%左右。

（3）带电更换电能表时，先将联合接线盒的电流回路连片短接，电压回路连片断开并检查后方可拆除电能表连接导线。

2. 安装工艺要求

（1）单相电能表必须将相（火）线接入电流线圈，电能表的中性线必须与电源中性线直接连接，进出有序，不允许相互串联，不允许采用接地、接金属外壳等方式代替。

（2）三相电能表必须按正相序接线，经互感器接入式三相三线电能表 V 相电压端子必须可靠接地。

（3）直接接入式三相四线电能表须接中性线，经互感器接入式三相四线电能表须接地线。

（4）进表线导体裸露部分须全部插入接线盒内，并紧固牢靠，带电压连片的电能表，安装时应检查其接触是否良好。

（5）电能表安装高度一般为 0.8～1.8m，安装在墙壁三相电能表最小间距应大于 80mm，单相电能表最小间距应大于 30mm，电能表与屏边的最小间距应大于 40mm 且横平竖直、牢固可靠。电能表的安装必须牢固垂直，除挂表螺钉外至少安装一只定位螺钉，使电能表中心线向各方向的倾斜应不大于 1°。

（二）电流互感器的安装

1. 安装要求

（1）对于各种电能计量装置，宜使用专用电流互感器或计量专用二次绕组且准确度等级不低于 S 级，以满足正常负荷电流小、变化范围大（$1\%I_e$～$120\%I_e$）的回路。

（2）同组电流互感器应按照同一方向安装，以保证同组互感器一、二次电流方向一致，并应尽可能将铭牌向外，便于观察。

（3）电压互感器的二次绕组额定电压应为 100V 或 $100/\sqrt{3}$ V，对于采用 V/v 接线电压互感器 V 相二次绕组应可靠接地。

（4）35kV 以上贸易结算用电能计量装置中电压互感器二次回路，不得装设隔离开关辅助接点，但可装设熔断器或快速开关，35kV 及以下贸易结算用电能计量装置中电压互感器二次回路，应不装设任何辅助接点、熔断器或快速开关，对于二次回路中经熔断器接入式电能表，必须接入相应的失压告警回路或失压计时仪。

（5）Ⅰ、Ⅱ类用于贸易结算的电能计量装置中电压互感器二次回路电压降应不大于其额定二次电压的 0.2%，其他电能计量装置中电压互感器二次回路电压降应不大于其额定二次电压的 0.5%。

2. 安装工艺要求

（1）安装过程中严禁电流互感器二次回路开路，对二次多绕组的电流互感器，备用绕组应可靠短接并接地。

（2）对于穿芯式低压电流互感器应核对变比与一次穿芯匝数是否一致。

（3）电流互感器二次接线，宜采用分相连接且一点接地；对三相三线电能表，互感器与电能表采用四线连接；对三相四线电能表，互感器与电能表采用六线连接。

（4）互感器二次回路不得接入与电能计量无关的设备，不得任意改变互感器实际二次负荷，应保证实际二次负荷在下限值至电压互感器额定二次容量的范围以内。

（三）二次回路的安装

（1）计量二次回路应先经联合接线盒后再接入电能表，互感器、电能表二次连接采用"减极性"方式安装。

（2）互感器二次回路连接应采取铜质单芯绝缘线，U、V、W 三相导线颜色分别采用黄、绿、红色线，中性线采用黑色线，接地线为黄、绿双色线。二次回路接线端子的相位排序应自左至右或自上至下，电流回路排序为 U、V、W、N 或 U、W、N；电压回路排序为 U、V、W 或 U、V、W、N，并有明显的极性标示。

（3）计量二次回路导线应横平、竖直、整齐、美观、捆扎牢固，端子标号应清晰、不易脱落。电流二次回路导线截面最小值为 $4mm^2$，电压二次回路导线截面最小值 $2.5mm^2$。

五、安装注意事项

1）严格按《低压电气装置安装规程》《高压电气装置安装规程》和 DL/T 825—2002《电能计量装置安装接线规则》等有关工艺要求进行现场施工。

2）电能计量装置的安装应严格按通过审查的施工设计或用电客户业扩工程确定的供电方案进行，严格遵守电力工程安装规程的有关规定。

3）直观检查经过运输到现场的电能表、互感器是否完好无损，表内有无异常响动，表计外壳是否密封牢固，接线端子和接地螺钉是否齐全及无锈蚀现象，对被安装电能计量装置，做到轻拿轻放，防止撞击、损坏电能表和互感器。

4）电能计量装置安装完工应填写竣工单，整理有关的原始技术资料，做好验收交接准备。

5）供电企业在新装、换装及现场校验后应对用电计量装置加封，并请用电客户在工作凭证上签章。

6）对于带电更换的电能表，应注意记录无表计费期间的起止时间和功率值。

安装结束后对相关设备进行施封，在安装任务单上记录现场安装信息，信息内容包括电能表基本信息、互感器安装信息、失压计时仪、采集终端以及计量箱和计量柜安装信息等，并请运行管理人员对电能计量设备的安装信息及封印信息签字确认，返回后将安装信息及时录入到系统中，并将安装任务单进行归档。

计量装置安装接线图如图 14-1-1 所示。

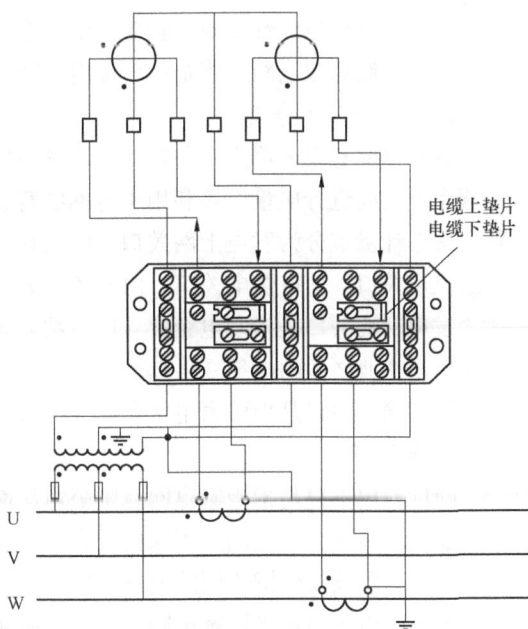

图 14-1-1　计量装置安装接线图

【思考与练习】

1. 电能表的安装要求有哪些?
2. 计量装置安装设备和材料的领用时应注意核对的事项有哪些?
3. 电能表与互感器连接二次回路的安装要求有哪些?

▲ 模块 2 电能计量点及计量方式设置（Z27H4002Ⅲ）

【模块描述】本模块包含电能计量点的定义、分类和设置原则、计量方式的分类等内容。通过概念描述、术语说明、要点归纳，掌握电能计量点、计量方式的设置。

【正文】

一、电能计量点的定义和分类

1. 电能计量点的定义

电能计量点是指在输、配电线路中装设电能计量装置的位置。

2. 电能计量点分类

电能计量点按用途可分为贸易结算用计量点和考核用计量点两大类。

（1）贸易结算用电能计量点。指电网经营企业与电力客户（上网电厂）之间进行电量贸易结算的电能计量装置安装位置。

（2）考核用电能计量点。指电网经营企业与各发电企业之间以及电网经营企业之间进行电量结算和电网经营企业内部用于经济考核的电能计量装置安装位置。

3. 关口计量点分类

国家电网有限公司规定关口计量点是指电网经营企业与各发电企业之间以及电网经营企业之间进行电量结算和用于电网经营企业内部经济考核的电能计量装置安装位置。关口计量点分为发电上网关口、跨国输电关口、跨区输电关口、跨省输电关口、省级供电关口、地市供电关口、内部考核关口、趸售供电关口和内部考核关口。

发电上网关口是指发电企业（厂、站）与国家电网有限公司系统电网经营企业或所属供电企业之间的电量交换点。

跨国输电关口是指国家电网有限公司系统与其他国家或地区电网经营企业之间的电量交换点。

跨区输电关口是指国家电网有限公司与南方电网公司之间、国家电网有限公司与其所属区域电网公司之间、国家电网有限公司所属区域电网公司之间的电量交换点，包括用于计算线损分摊比例的电量计量点。

跨省输电关口是指国家电网有限公司所属区域电网公司内部各省级电力公司之间的电量交换点。

省级供电关口是指国家电网有限公司所属区域电网公司和省级电力公司与其所属地（市）供电企业之间以及各地（市）供电企业之间的电量交换点。

地市供电关口是指地（市）供电企业与其所属县级供电企业之间以及县级供电企业之间的电量交换点。

趸售供电关口是指省级电力公司及所属地（市）供电企业地趸售电量计量点。

内部考核关口是指供电企业内部用于经济技术指标分析、考核地电量计量点。

4. 客户电能计量点分类

客户电能计量点分类根据用电性质可分为大工业客户电能计量点、非普工业客户电能计量点、农业生产客户电能计量点、商业客户电能计量点、非居民客户电能计量点、居民客户电能计量点及其他客户电能计量点。

二、计量点和计量方式的设置

计量点及计量方式的选择，应根据线路产权归属、电压等级、用电负荷容量、供电方式等因地制宜的合理选择确定。

1. 计量点的设置原则

《供电营业规则》中规定：用电计量装置原则上应装在供电设施的产权分界处。如产权分界处不适宜装表的，对专线供电的高压用户，可在供电变压器出口装表计量；对公用线路供电的高压用户，可在用户受电装置的低压侧计量。当用电计量装置不安装在产权分界处时，线路与变压器损耗的有功电量与无功电量均须由产权所有者负担。

国家电网有限公司对关口计量点设置的原则是以贸易双方的产权分界点和便于经营管理为基础，兼顾市场运营。并网发电厂（公司）的关口计量点原则上设在产权分界点，若并网线路产权属电网企业的，应设置在并网线路电厂侧；若并网线路产权属发电企业的，应设在并网线路电网侧。跨区或跨省输电联络线路，在线路两侧分别设置关口计量点，原则上以送电侧为关口计量点，受电侧为关口校核点。内部考核关口计量点的设置主要以便于经营管理为原则。下网关口计量点一般设在主变压器高压侧。母线电量平衡考核计量点和线损考核计量点按照公司线损管理等有关办法设置。

2. 计量方式的分类

电能计量方式的分类包括按供电方式和接线方式两类。

（1）按供电方式分。对于不同的供电电压等级，在选择计量点时有不同的方案可选择，按供电方式可分为：高供高计、高供低计、低供低计三种。

1）高供高计。电能计量装置设置点的电压与供电电压一致且在 10（6）kV 及以上的计量方式。对高压供电的用户，应尽量在高压侧计量。

2）高供低计。设备供电电压等级为 10（6）kV 及以上，电能计量装置设置点的电压等级为 0.4kV 及以下的计量方式。对 10kV 公用配电网供电，容量在 315kVA 及以下的或 35kV 供电，容量在 500kVA 及以下的，可在低压侧计量，即采用高供低计的方式。

3）低供低计。用电客户的供电电压和电能计量装置设置点均为 0.4kV 及以下的计量方式。低压用电客户和居民用电客户的计量点应设置在进户线附近的适当位置。

（2）按接线方式分。对于电能表与互感器之间的连接线方式，可分为单相计量、三相四线计量和三相三线计量三种。

1）单相计量。供电电压为 220V 时采用单相计量装置。

2）三相四线计量。采用三元件计量的电能表，接入非中性点绝缘系统的电能计量装置，应采用三相四线有功、无功电能表。接入非中性点绝缘系统的三台电压互感器，宜采用 Y0/y0 方式接线，其一次侧接地方式和系统接地方式相一致。

3）三相三线计量。采用两元件计量的电能表，接入中性点绝缘系统的电能计量装置，应采用三相三线有功、无功电能表。接入中性点绝缘系统的电压互感器，35kV 及以上的宜采用 Y/y 方式接线，35kV 以下的宜采用 V/v 方式接线。

【思考与练习】

1. 电能计量点的分类有哪些？
2. 计量点的设置原则有哪些？
3. 电能计量方式的分类包括哪些？

◢ 模块3 电能计量装置配置（Z27H4003Ⅲ）

【模块描述】本模块包含电能计量装置的目的和内容、分类、技术要求和配置原则内容等内容。通过条文解释、要点归纳、案例介绍，掌握电能计量装置的配置方法。

【正文】

一、配置目的及内容

电能计量装置配置是否合理、接线方式是否正确，直接关系到计量的准确性。对于各类电能计量装置的配置必须严格执行 DL/T 448《电能计量装置技术管理规程》《国家电网公司输变电工程通用设计　电能计量装置分册》及相关文件要求，使计量装置的计量做到公平、公正、公开。

电能计量装置的配置包括计量方式的选择、安装位置以及电能表、互感器、二次回路的选择等内容。

二、电能计量装置的分类、技术要求和配置原则

1. 电能计量装置的分类规则

运行中的电能计量装置按其所计量电能量的多少和计量对象的重要程度分五类（Ⅰ、Ⅱ、Ⅲ、Ⅳ、Ⅴ）进行管理。各类电能计量装置应配置的电能表，互感器的准确度等级不应低于规程的要求。

（1）Ⅰ类电能计量装置。月平均用电量 500 万 kW·h 及以上或变压器容量为 10 000kVA 及以上的高压计费用户、200MW 及以上发电机发电企业上网电量、电网经营企业之间的电量交换点、省级电网经营企业与其供电企业的供电关口计量点的电能计量装置。

（2）Ⅱ类电能计量装置。月平均用电量 100 万 kW·h 及以上或变压器容量为 2000kVA 及以上的高压计费用户、100MW 及以上发电机供电企业之间的电量交换点的电能计量装置。

（3）Ⅲ类电能计量装置。月平均用电量 10 万 kW·h 及以上或变压器容量为 315kVA 及以上的计费用户、100MW 以下发电机发电企业厂（站）用电量、供电企业内部用于承包考核的计量点、考核有功电量平衡的 110kV 及以上的送电线路电能计量装置。

（4）Ⅳ类电能计量装置。负荷容量为 315kVA 以下的计费用户、发供电企业内部经济技术指标分析、考核用的电能计量装置。

（5）Ⅴ类电能计量装置。单相供电的电力用户计费用电能计量装置。

2. 电能计量装置的接线方式

高压供电方式的按中性点接地方式分为三相三线制接线的电能计量装置和三相四线制连接的电能计量装置。低压供电方式的包括直接接入式电能表和经电流互感器接入式的接线方式。

（1）接入中性点有效接地系统的高压线路电能计量装置，宜采用三台电压互感器且按 YN，yn 方式接线。

（2）接入中性点非有效接地系统的高压线路电能计量装置，宜采用两台电压互感器且按 V，v 方式接线。

3. 电能计量装置的配置原则

（1）10~750kV 贸易结算用的电能计量装置，原则上应设置在供用电设施产权分界处。当产权分界处不适宜安装时，应由购售电双方或多方协商，确定电能计量装置安装位置。在发电企业上网线路、电网经营企业间的联络线路和专线供电线路的另一端应设置考核用电能计量装置。考核用电能计量点，根据需要设置在电网经营企业或供电企业内部用于经济技术指标考核的各电压等级的变压器侧、输电和配电线路端以

及无功补偿设备处。

（2）400V 电能计量点的设置与供电方式、进线方式、配电设备、电价等多种因素有关，应结合供电营销管理需求，因地制宜的设置计量点。

（3）220V 电能计量点的设置应遵循"一户一表"原则，每个电力客户应设置计量点，宜设置在供电设施与受电设施的产权分界处，尽量接近客户负荷中心。此外，还应考虑客户使用的便利性和供电管理部门维护的方便性。

（4）电能表应使用智能电能表以满足计费和数据采集的要求。其通信规约应符合 DL/T 645 的要求。

（5）Ⅰ、Ⅱ、Ⅲ类贸易结算用电能计量装置应按计量点配置计量专用电压、电流互感互感器或专用二次绕组。电能计量专用电压、电流互感器或专用二次绕组及其二次回路不得接入与电能计量无关的设备。电流互感器额定一次电流的确定，应尽量选择在正常运行中的实际负荷电流达到额定值的 60%左右，至少应不小于 30%。经电流互感器接入的电能表，其标定电流宜不超过电流互感器额定二次电流的 30%，其额定最大电流应为电流互感器额定二次电流的 120%左右。直接接入式电能表的标定电流应按正常运行负荷电流的 30%左右进行选择。互感器实际二次负荷应在 JJG 1021—2007《电力互感器检定规程》规定的二次负荷范围内。

（6）对电流二次回路至少应不小于 $4mm^2$，对电压二次回路至少应不小于 $2.5mm^2$。

4. 其他要求

（1）计量单机容量在 100MW 及以上发电机组上网贸易结算电量的电能计量装置和电网经营企业之间购销电量的电能计量装置，宜配置准确度等级相同的主副两套有功电能表。主副电能表的配置范围不宜扩大，应主要通过完善技术来提高电能表的可靠性，使其不易发生故障，从而保证计量的可靠性。只有在用于贸易结算电量并安装Ⅰ类电能计量装置的计量点，应采用主副电能表配置。

（2）一个半断路器接线方式下为减小穿越功率对电能计量准确性的影响，宜采用线路侧安装独立的计量装置进行计量。若必须采用"和电流"计量方式时，根据电能计量装置分类原则，宜选用高于规程要求一个准确度等级的电流互感器进行组合使用或选择误差大小相等且方向相同的两台电流互感器进行组合使用。

（3）330kV 及以上一个半断路器接线，应在每回出线和主变压器进线上装设电压互感器，330kV 及以上双母线接线方式，宜在每回出线和母线上装设电压互感器。

（4）110、220kV 的双母线接线方式，宜在主母线上装设母线电压互感器。对于220kV 及以上双母线接线的大型发变电工程，通过技术经济比较，也可在每回出线上装设电压互感器。

（5）从计量准确性和稳定性等方面考虑，电磁式电压互感器优于电容式电压互感器；但从制造成本、绝缘水平等方面考虑，电容式电压互感器优于电磁式电压互感器。因此，330kV 及以上电压等级宜采用电容式电压互感器，220kV 及以下电压等级宜采用电磁式电压互感器，220kV 及以上电压等级 SF_6 全封闭组合电器宜采用电磁式电压互感器。

（6）10～35kV 户内配电装置和户内电能计量柜，宜采用无油结构的电磁式电压互感器，35kV 及以下户外配电装置，宜采用无油结构的电流、电压组合互感器。

（7）贸易结算用电能计量装置，应按电能计量点要求配置 S 级计量专用电流互感器或具有计量专用二次绕组的电流互感器。主变压器侧电能计量装置如果采用变压器套管电流互感器，应在电流互感器配置等安匝校验绕组，校验绕组导线的额定电流密度可按 $5A/mm^2$ 设计，额定电流不小于 10A。工作电流变化范围较大时，为提高小负荷计量性能，可选用多电流比、复合电流比的电流互感器。110kV 及以上电压等级电流互感器，计量二次绕组至少应有一个中间抽头。可根据变压器容量或实际一次负荷容量选择额定变比，以保证正常运行的实际负荷电流达到额定值的 60%左右，至少应不小于 30%（对 S 级电流互感器为 20%），否则应选用高动热稳定电流互感器。

（8）35kV 及以下户内配电装置和户内电能计量柜，宜采用无油结构的电流互感器，户外配电装置必要时可采用无油结构的电流、电压组合互感器。

（9）低压供电负荷电流大于 60A 时，须经电流互感器接入；不大于 60A 时，可直接接入电能表。

（10）电压并列或切换装置。一次系统为双母线、双母线单分段或双母线双分段接线，计量用电压互感器采用母线电压互感器时，电压二次回路配置电压切换装置。一次系统为单母分段接线，计量用电压互感器采用母线电压互感器时，应根据一次运行要求，必要时电压二次回路配置电压并列装置。电压切换装置应与电能计量点对应，配置独立的电压切换插件。切换或并列装置应具有二次回路失压及继电器动作指示信号，继电器导通电流应不小于 5A。

（11）电能信息采集终端。安装在 750～10kV 系统变电站的电能计量装置，配置 1 台电能量远方终端，实现电能信息采集和远传功能。当数据传输可靠性有特殊要求，可配置两台电能量远方终端。安装在客户侧的电能计量装置，为了满足营销管理要求，采用电能信息采集与监控终端实现电能信息采集和远传功能。

（12）屏、柜、箱。系统变电站（配电站或开关站），35kV 及以上电压等级宜按电压等级分别设置电能计量屏；10kV 及以下电压等级，电能表宜安装于计量柜的计量室内。客户变电站，66kV 及以上电压等级，宜设置独立的电能计量屏；35kV 及以下高压电能计量装置的电能表主要安装于计量柜的计量室中，也可安装于计量箱内；箱式变电站，电能表装在其计量室内；400V 电能计量装置根据具体情况可将电能表安装于计量柜、配电柜和计量箱等内。220V 电能计量装置采用单体（组合）、整体组合计量箱及电源分线箱与整体计量箱组合的形式。

下面以实际配置要求为例，对某用电客户的计量装置配置进行说明。

三、举例

对某 110kV 用电客户，其用电容量为 100MVA，其内部安装有自备发电机，正常情况下，自备电厂供电无法满足用电需求，从电网内使用部分容量，用电设备检修时，自备发电机通过计量装置上网，执行两部制电价，请完善其计量装置的配置。

1. 准确度等级的确定

根据用电容量为可知 100MVA 大于 10MVA，该客户计量装置属 I 类，因此电能表、互感器的准确度等级要求见表 14-3-1。

表 14-3-1 电能表、互感器的准确度等级要求

电能计量装置类别	准确度等级			
	有功电能表	无功电能表	电压互感器	电流互感器
I	0.2S 或 0.5S	2.0	0.2	0.2S 或 0.2

I、II 类用于贸易结算的电能计量装置中电压互感器二次回路电压降应不大于其额定二次电压的 0.2%

2. 接线方式选择

110kV 系统属中性点非绝缘系统，接入非中性点绝缘系统的电能计量装置，应采用三相四线接线方式。

（1）电能表选用三相四线，规格为 3×57.7/100V、3×1.5（6）A。

（2）电流互感器的二次回路接线。对三相四线制连接的电能计量装置，电流互感器数量为三台，其二次绕组与电能表之间宜采用六线连接。

（3）电压互感器的二次回路接线。接入非中性点绝缘系统的电压互感器，数量为三台，采用 Yo/yo 方式接线。其一次侧接地方式和系统接地方式相一致。

3. 电能表的选用

对于执行两部制电价及实行复费率的客户，电能表宜选用全电子式多功能电能表。

该客户执行两部制电价，电能表至少具备电能量计量和最大需量、复费率等功能。因此选用 0.2S 级全电子式多功能电能表，采用主副表计量，数量两只，满足最大需量、分时电量以及功率因数调整电费等需求。

电能表具备数据通信功能，其通信规约应符合 DL/T 645 的要求。

由于该户潮流方向为双方向，因此电能表应具备双向计量以及分别计量四象限无

功电量和组合计量无功功能的电能表。

4. 电流互感器的选择

（1）电流互感器额定一次电流的确定。根据用电容量计算互感器的变比。

电流互感器选用 100 000/（1.732×110×0.9）=583A，根据"互感器一次电流应保证其在正常运行中的实际负荷电流达到额定值的 60%左右，至少应不小于 30%。否则应选用高动热稳定电流互感器以减小变化"，因此选用 600A/5A 的电流互感器。

（2）准确度等级的确定。依据"为提高小负荷计量性能，宜选用 S 级电流互感器，工作电流变化范围较大时，可选用多电流比、复合电流比的电流互感器"，选用准确度等级为 0.2S 级的电流互感器。

5. 电压互感器的选择

由于电压互感器一次电压与系统电压相符，二次电压为100V 或 57.7V，电压互感器额定变比为110kV/$\sqrt{3}$ /100V/$\sqrt{3}$，准确度等级为 0.2 级。

6. 互感器二次容量的选择及二次导线截面选择

（1）对于贸易结算用电能计量装置，应按计量点要求配置计量专用电流、电压互感器或具有计量专用二次绕组的互感器。

（2）互感器二次回路的连接导线应采用铜质单芯绝缘线。对电流二次回路，连接导线截面积应按电流互感器的额定二次负荷计算确定，至少应不小于 4mm²；对电压二次回路，连接导线截面积应按允许的电压降计算确定，至少应不小于 2.5mm²。

（3）计量专用互感器或计量专用二次绕组的额定二次负荷的取值应根据实际二次负荷（包括电能表、连接导线及接触电阻）计算后选择，通常计量专用电压互感器的额定二次负荷选取为实际二次负荷的 1.5～2.0 倍，计量专用电流互感器额定二次负荷选取为实际二次负荷的二倍。除非用户有要求，二次额定电流 5A 的电流互感器，下限负荷按 3.75VA 选取；二次额定电流 1A 的电流互感器，下限负荷按 1VA 选取，电压互感器的下限负荷按 2.5VA 选取。

7. 计量柜的选择

系统变电站，35kV 及以上电能计量装置宜设置独立的电能计量屏安装电能表，10kV 及以下电能计量装置的电能表主要安装于计量柜的计量小室内。客户变电站，66kV 及以上的电能计量装置，宜设置独立的电能计量屏；35kV 及以下高压电能计量装置的电能表主要安装于计量柜的计量小室中，也可安装于计量箱内。

电能量采集终端宜单独组屏，负荷管理终端宜安装在计量屏、计量柜计量小室或计量箱内。

【思考与练习】

1. 对某 10kV 供电、容量为 8000kVA 的用电客户进行计量装置配置说明。

2. 35kV 中性点非有效接地系统的高压电能计量装置应采用哪种计量方式？

3. 按所计量电能量的多少和计量对象的重要程度，电能计量装置的分类规则？

▲ 模块 4　电能计量装置设计审查、投运前验收
（Z27H4004Ⅲ）

【**模块描述**】本模块包含电能计量装置设计审查的依据和内容、投运前验收的项目和内容、验收结果的处理等内容。通过概念描述、术语说明、流程介绍、要点归纳，掌握电能计量装置设计审查和投运验收方法。

【**正文**】

一、电能计量装置的设计审查

电能计量装置的设计审查是指对电力工程建设、技术改造项目中有关电能计量部分的设计评审，主要是对电能计量设计方案中有关计量点设置、计量方式、计量装置的配置进行确认。

（一）设计的审查的依据

电能计量装置设计审查必须严格依据 GB/T 50063—2017《电力装置电测量仪表装置设计规范》、DL/T 5137—2001《电测量及电能计量装置设计技术规程》、DL/T 5136—2012《火力发电厂、变电站二次接线设计技术规程》、DL/T 866—2015《电流互感器和电压互感器选择及计算规程》、DL/T 448—2016《电能计量装置技术管理规程》以及用电营业相关管理规定和《国家电网公司输变电工程通用设计——电能计量装置通用设计》等相关内容。

（二）设计审查的内容

设计审查人员收到设计方案审查通知后，对计量装置设计方案中计量点设置、计量方式的确定、计量装置配置等有关内容进行审查，主要如下：

（1）计量点设置的位置、数量、是否符合 DL 448—2016《电能计量装置技术管理规程》、供电方案批复、是否满足电费计算的需要，对于执行两部制电价的计量点是否存在穿越功率，能否准确计量最大需量。

（2）计量点计量方式是否满足设计规范及用电类别的算费要求，运行算费时是否发生线损与变损计算。

（3）电能表类型、技术参数、准确度等级、通信规约、配置套数等是否符合配置规范要求。

（4）互感器类型、技术参数、准确度等级、计量二次回路的配置等是否符合配置规范要求。

（5）计量用互感器（或计量绕组）是否专用、互感器二次容量是否合适。

（6）计量点是否安装电能信息采集终端及通信规约是否满足要求。

（7）计量柜（屏、箱）是否符合相关规范要求。

对审查不合格的，明确不合格内容，提出整改意见，整改后重新提交审查。设计审查人员根据审查情况，在设计审查会签单上会签审查意见。

二、电能计量装置投运前的验收及处理

（一）验收的项目及内容

电能计量装置投运前应进行全面的验收，竣工验收人员收到竣工验收申请后，严格按照 DL 448—2016《电能计量装置技术管理规程》的有关要求，验收内容包括技术资料、现场核查、现场试验（重复客户确认、整改）三部分。

1. 验收的技术资料

（1）电能计量装置计量方式原理接线图，一、二次接线图，竣工图和施工变更资料。

（2）电压、电流互感器安装使用说明书、出厂检验报告、法定计量检定机构的检定证书。

（3）计量柜（箱）的出厂检验报告、说明书。

（4）二次回路导线或电缆的型号、规格及长度。

（5）电压互感器二次回路中的熔断器、接线端子的说明书等。

（6）高压电气设备的接地及绝缘试验报告。

（7）施工过程中需要说明的其他资料。

2. 现场核查

（1）计量器具型号、规格、计量法制标志、出厂编号应与计量检定证书和技术资料的内容相符。

（2）产品外观质量应无明显瑕疵和受损。

（3）安装工艺质量应符合有关标准要求，检查电能表、互感器安装是否牢固，位置是否适当，外壳是否根据要求正确接地或接零等。

（4）电能表、互感器及其二次回路接线情况应和竣工图一致。检查电能表、互感器一、二次接线及专用接线盒，接线是否正确，接线盒内连接片位置是否正确，连接是否可靠，有无碰线的可能，安全距离是否足够，各接点是否坚固牢靠。

（5）检查进户装置是否按设计要求安装，进户熔断器熔体选用是否符合要求，检查有无工具等物件遗留在设备上。

（6）按工单要求抄录电能表、互感器的铭牌参数数据，记录电能表起止码及进户装置材料等。

3. 验收试验

（1）检查二次回路中间触点、熔断器、试验接线盒的接触情况。

（2）电流、电压互感器实际二次负载及电坟互感器二次回路压降的测量。

（3）接线正确性检查。

（4）电流、电压互感器现场检验，电流（电压）互感器投运前检验率应为 100%。

（二）验收结果的处理

（1）经验收的电能计量装置应由验收人员及时实施封印，封印的位置为互感器二次回路的各接线端子、电能表接线端子、计量柜（箱）门等，实施铅封后应由运行人员或用电客户对铅封的完好签字认可。

（2）经验收的电能计量装置应由验收人员填写验收报告，注明"计量装置验收合格"或"计量装置验收不合格"及整改意见，整改后再行验收。

（3）验收不合格的电能计量装置需经整改后再验收，验收合格后建立计量点台账。验收不合格的电能计量装置禁止投入使用。

（4）对竣工验收报告、验收试验数据、技术资料、计量点档案进行归档。

（5）归档时，确定电能计量装置分类信息。

【思考与练习】

1. 电能计量装置设计审查的内容有哪些？

2. 电能计量装置投运前验收的技术资料有哪些？

3. 电能计量装置投运前的现场验收内容有哪些？

▲ 模块 5 电能计量装置竣工验收（Z27H4005Ⅲ）

【模块描述】本模块包含电能计量装置竣工验收的工作程序及相关注意事项。通过要点讲解、列表说明，掌握电能计量装置竣工验收方法和要求。

【正文】

一、电能计量装置投运前应由相关管理部门组织专业人员进行全面的验收

其目的是：及时发现和纠正安装工作中可能出现的差错，检查各种设备的安装质量及布线工艺是否符合要求；核准有关的技术管理参数，为建立客户档案提供准确的技术资料。

电能计量装置竣工验收的依据是 DL/T 448—2016《电能计量装置技术管理规程》第 6 章第 6.5 节，除此之外，还应根据现场施工的具体形式以及运用范围做适当增减。

二、竣工验收项目和内容

1. 现场核查（即送电前检查）

（1）计量器具型号、规格、计量法定标志、出厂编号等应与计量检定证书和技术资料的内容相符。

（2）产品外观质量应无明显瑕疵和受损。

（3）安装工艺质量应符合有关标准要求，检查电能表、互感器安装是否牢固，位置是否适当，外壳是否根据要求正确接地或接零等。

（4）电能表、互感器及其二次回路接线情况应和竣工图一致。检查电能表、互感器一、二次接线及专用接线盒，接线是否正确，接线盒内连接片位置是否正确，连接是否可靠，有无碰线的可能，安全距离是否足够，各接点是否坚固牢靠等。

（5）检查进户装置是否按设计要求安装，进户熔断器熔体选用是否符合要求，检查有无工具等物件遗留在设备上。

（6）按工单要求抄录电能表、互感器的铭牌参数数据，记录电能表起止码及进户装置材料等，并告知客户核对。

2. 验收试验（即通电检查）

（1）检查二次回路中间触点、熔断器、试验接线盒的接触情况。对电能计量装置通以工作电压，观察其工作是否正常；用万用表（或电压表）在电能表端钮盒内测量电压是否正常（相对地、相对相），用试电笔核对相线和中性线，观察其接触是否良好。

（2）进行电流、电压互感器实际二次负载及电压互感器二次回路压降的测量。通过对某客户变电站计量装置的测评实例发现，当电流互感器带额定二次负载时，测得其比差和角差均能满足规程要求；而当电流互感器带实际二次负载时，虽然此时二次实际负载值在额定范围之内，但其角差仍超标。由此可见，高压互感器必须经现场实际负载下误差试验合格。

（3）接线正确性检查。用相序表核对相序，引入电源相序应与计量装置相序标志一致。带上负荷后观察电能表运行情况，用相量图法核对接线的正确性及对电能表进行现场检验（对低压计量装置该工作需在专用端子盒上进行）。

（4）对计量电流、电压互感器按规程进行现场误差及二次负荷等试验。

（5）对最大需量表应进行需量清零，对多费率电能表应核对时针是否准确和各个时段是否整定正确。

（6）安装工作完毕后的通电检查，有时因电力负荷很小，使有些项目（如六角图法分析等）不能进行，或是多费率表、需量表、多功能表等比较复杂的计量装置，均需在竣工后三天内至现场进行一次核对检查。

3. 验收结果处理

（1）经验收的电能计量装置应由验收人员及时实施封印。封印的位置为互感器二次回路的各接线端子、电能表端钮盒、封闭式接线盒、计量柜（箱）门等，实施铅封后应由运行人员或客户对铅封的完好签字认可。

（2）检查工作凭证记录内容是否正确、齐全，有无遗漏；施工人、封表人、客户是否已签字盖章。以上全部齐整后将工作凭证转交营业部门归档立户。转交前应将有关内容登记在电能计量装置台账上，填写电能计量装置账、册、卡。

（3）经验收的电能计量装置应由验收人员填写验收报告，注明"计量装置验收合格"或"计量装置验收不合格"及整改意见，整改后再行验收。验收不合格的电能计量装置禁止投入使用。

（4）在进行竣工检查的同时，应按《高、低压电能计量装置评级标准》对计量装置进行等级评定工作，达不到Ⅰ级装置标准，不能投入使用。电能计量装置评级是计量技术管理的一项基层工作，通过评级既可全面掌握设备的技术状况，又可加强对设备的维修和改进。所有验收报告及验收资料应归档。

4. 验收技术资料核查

应核对以下技术资料：

（1）电能计量装置计量方式原理接线图，一、二次接线图，施工设计图和施工变更资料。

（2）电压、电流互感器安装使用说明书、出厂检验报告、法定计量检定机构检定证书。

（3）计量柜（箱）的出厂检验报告、说明书。

（4）二次回路导线或电缆的型号、规格及长度。

（5）电压互感器二次回路中的熔断器、接线端子的说明书等。

（6）高压电气设备的接地及绝缘试验报告。

（7）施工过程中需要说明的其他资料。

三、成套计量装置验收时重点检查项目

（1）计量装置的设计应符合 DL/T 448—2016《电能计量装置技术管理规程》的要求。

（2）计量装置所使用的设备、器材，均应符合国家标准和电力行业标准件，各种铭牌标志清晰并附有合格证。

（3）电能表、互感器的安装位置应便于抄表、检查及更换，操作空间距离、安全距离足够。

（4）计量屏（箱）可开启门应能加封。

（5）一、二次接线的相序、极性标志应正确一致求，引入电源相序应与计量装置相序标志一致。固定支持间距、导线截面应符合要求。

（6）核对二次回路导通情况及二次接线端子标致是否正确一致、计量二次回路是否专用。

（7）检查接地及接零系统。

（8）测量一、二次回路绝缘电阻。

（9）各种图纸、资料应齐全。检查绝缘耐压试验记录。

四、计量装置验收评价表

除变电站安装竣工验收必须按照规程规定开展外，一般的现场安装施工则可以编制竣工验收表的方式进行。例如编制计量装置安装验收表，将涉及本项工作的项目逐项列在表中，由装表接电人员在安装工作完成后，逐项检查确认。

电能计量装置验收评价表见表 14-5-1。

表 14-5-1　　　　　　　　　　电能计量装置验收评价表

客户名称：			安装地址：		
线路（公变）名称：			装接容量：	kVA（kW）	
装置接线	相　　　　线		装置类别		
电压互感器	变比：/0.1kV		接线方式：/		
	型号		出厂编号	生产厂家	
	精度等级		有效日期		
	专用 TV□　专用绕组□　回路其他设备：				
电流互感器	变比：/5A		接线方式：		
	型　号		出厂编号	生产厂家	
	精度等级		有效日期		
	专用 TA□　专用绕组□　回路其他设备：				
电能表	型　号	规格	精度等级	出厂编号	有效期	生产厂家
计量装置封闭	加封部位：组合互感器二次端盖□　联合接线盒□　计量表箱□ 计量箱柜□　电能表大盖□　电能表表尾盖□ 其他：				
结论与说明：					
验收人：			验收时间：年　月　日		

　　小结：本模块主要讲述电能计量装置竣工验收时验收技术资料的具体内容，为日后电能计量运行管理规范收集基础资料，并对送电前检查、通电检查、验收结果的处理提出了一些要求。对成套电能计量装置，验收时应重点检查的项目。

　　【思考与练习】

　　1. 试证明为什么三相三线计量方式可准确计量变压器中心点不接地系统的电量。

　　2. 电能表联合接线时应遵守哪些基本规则？

　　3. 对 10kV 电能计量装置中的 TA、TV，其接地电阻和工频耐压试验有哪些要求？

　　4. 如何确定 V/v12 型三相电压互感器二次 bc 相绕组极性接反？

　　5. 在高供高计电能计量装置中，如何分别确定 TA、TV 的二次侧接地点？

第十五章

用电信息采集系统应用

▲ 模块 1 终端日常维护（Z27H5001Ⅲ）

【模块描述】本模块包含终端日常维护的内容，通过要点归纳和方法介绍，掌握对终端本体、天馈线、防雷与接地、连接线日常巡视与维护的内容、要求、注意事项及其常见故障的处理方法。

【正文】

一、终端日常巡视维护的主要内容

用电信息采集与监控终端设备包括用电信息采集与监控终端本体、终端箱、外置交流采样装置（针对分体机）、天馈线避雷器及控制客户开关的输入、输出相关回路等设备。用电信息采集与监控终端是用电信息采集与监控系统的重要组成部分，其运行是长时间连续性的，为确保其稳定可靠运行，对其进行日常维护检查是非常重要的。

1. 终端设备巡视维护检查周期

终端设备运行中，应定期对终端设备进行巡视检查，当接到通过主站系统或现场发现设备异常通知时，要及时做出相应的处理。

终端的巡视一般分为正常情况下的定期巡视和设备异常时的故障巡视。

（1）定期巡视。一般终端故障率在 5%以下时，巡视周期为半年一次；当终端故障率大于 5%，根据故障率情况，依次递增巡视次数。

（2）故障巡视。根据终端异常情况通知在规定期限内到达现场对设备进行维修或更换。终端故障维护期限：市区范围内 48h 内、郊区 96h 内，节假日除外。

2. 定期巡视检查项目

在日常定期巡视维护中，以外观、环境、功能、电源检查为主，并不定期将主站操作记录、客户信息与现场记录进行核对。对终端设备主要从以下各项进行巡视检查：

（1）查看终端、终端箱、天馈线、天线支架等设备是否安装牢固、整洁，及时清理终端内外灰尘和污垢。

（2）查看终端及其相关设备环境是否有危及设备运行和通信的异常状况。不得在终端相关设备上乱挂、堆放任何东西，设备附近不得放置火炉、易燃物、易爆物品。

（3）与主站通话和数据传输是否良好，面板数据显示是否正常，各种信号指示是否正常，天线方向是否正确，公网通信方式终端应检查信号强度是否满足要求。

（4）核对终端现场参数与主站参数是否一致。

（5）核对客户现场与档案记录是否一致，包括户名、地址、终端设备资产信息、表型、表号、TA、TV、变压器容量、负荷控制的开关轮次等内容。

（6）铅封及门锁是否完好，终端至各屏、柜的电缆及小线、接地端子等有无异常。

（7）终端机壳是否清洁，有无污垢、水渍或损伤，接地是否松脱。

（8）检查终端元器件有无过热、损坏，接插件有无接触不良等异常现象。

（9）核对现场负荷与终端采集实时负荷是否一致，电能表止度与终端抄表止度是否一致。

3. 巡视维护中应注意事项

（1）巡视中发现的异常情况，应及时处理并上报系统主站人员登记。

（2）终端设备定期巡视的情况，包括异常情况和处理结果都应做详细记录，并录入系统中。

（3）进行故障维修时，如果用户正常生产，注意保证用户的跳闸回路不发生动作。如果需要停电，应及时与用户进行沟通。

（4）进行故障维修更换部件时，严禁带电插拔，应将电源关闭后再进行更换。

（5）检查可疑部件时，请先确定给它供电的电源正常。

（6）如果怀疑是复杂的故障，则应用排除法，缩小可疑的范围。

（7）维修结束时，除对故障功能检测外，最后应对终端的通信和其他功能进行粗略检测，以免在维修后，引起其他的故障。

（8）进入配电室应注意观察周围环境的安全状况，确认无危险后方可进入。带电检查高压设备时应保持足够的安全距离。

（9）开关的操作要由有操作权的人员操作，现场工作人员不得越权擅自操作。通常，变、配电站开关由运行人员操作，客户侧开关原则上由客户电工操作。若无电工在场，应先检查开关的完好情况和了解设备的主接线，在确认有把握并征得客户同意后方可操作，否则，应通知客户电工到场操作。操作时应注意正确的操作步骤和使用合格的绝缘工具。

二、终端本体维护

终端本体的组成一般由用电信息采集与监控终端、终端接线扩展箱等组成。扩展箱也可作为辅助元件来对待。由于终端型号多样，各种型号的终端在电路设计上有较大区别，但组成单元与工作原理基本相同。用电信息采集与监控终端一般由电源、交流采样单元、主控制单元、显示单元、通信单元、输入单元、输出单元等组成。

日常维护内容如下：

（1）每隔半年至一年，应清除终端外壳上部和机内的积尘。

（2）工作电源应在交流额定电压±20%范围内，如电源熔丝熔断则需更换熔丝。

（3）终端通信不正常或功能工作不正常时，首先要检查终端外部电源、天线以及天线接头是否正常，检查操动机构和一次仪表及连接线头是否正常，检查主台操作命令和终端参数是否正常。

（4）终端出现故障时，应由专业人员处理。在更换故障部件时，应先断开交流电源，再拔插各有关插头和部件，维修结束后需按产品技术要求进行必要调整。

（5）在安装、维修设备时，人体切勿接触带有高压的部件，以免造成人身事故。

230MHz 终端常见故障及排除方法见表 15-1-1。

表 15-1-1　　　　　　　　　230MHz 终端常见故障及排除方法

序号	现象	原因	排除故障方法
1	开机后"运行"灯不亮	无交流电源	检查交流电源插座及熔丝
		开关电源输出电压不正常	更换开关电源
2	终端显示屏在终端召测时出现闪屏现象	终端电源损坏或外部电源故障	检查电源插座电压情况，若电压在召测时无变化，则更换终端电源；若有变化，则处理外部电源故障
3	主控单元工作正常，但显示不正常	显示线断开或接触不良	连接显示线或查、紧显示线
		显示单元故障	更换显示单元
4	电台接收不到主台信号	天线接触不良	检查天线方向及电缆接头
		电台频道不对	调整频道
		电台损坏	更换电台
5	电台能通话，但收不到主台指令	地址开关位置不对	按要求设置地址开关
6	终端有回码，但主台收不到	电台发射部分损坏	更换电台
		近距离有阻挡物	调整天线高度和方向
7	实时数据有，但历史数据无	时钟不对或主板损坏	对时或更换主板
8	交流采样数据不正常	接线不正常	检查接线
		交流采样单元元件损坏	换元件或换交流采样单元
		参数不对	主台重发参数

续表

序号	现象	原因	排除故障方法
9	遥控灯不亮且不动作	遥控 12V 电源无输出或输入、输出单元损坏	换电源或输入、输出单元
10	遥控灯亮但继电器不动作	继电器损坏	换输入、输出单元
11	脉冲数据错误	线缆脱落或断开	检查脉冲对应指示灯是否闪亮,如灯不闪亮,则考虑线缆问题
		极性接反	检查脉冲极性
		脉冲参数发错	主台重发参数
12	遥信数据错误	线缆脱落或断开	检查脉冲对应指示灯是否闪亮,如灯不闪亮,则考虑线缆问题
13	抄表错误	线缆脱落或断开	重新接线
		抄表参数发错	主台重发参数

GPRS 终端常见故障及排除方法见表 15–1–2。

表 15–1–2 　　　　　　　　　GPRS 终端常见故障及排除方法

序号	现象	原因	排除故障方法
1	开机后"运行"灯不亮或显示屏不显示	无交流电源	检查交流电源接线
		主板工作异常	更换终端
		终端电源工作不正常	更换终端
2	网络指示灯不亮	天线故障	检查天线
		GPRS 模块坏	更换 GPRS 模块
		GPRS 模块插座接触不良	检查插座及插头有否氧化,接触是否良好
3	网络指示灯亮,但收发灯不亮	TCPflP 配置不对	重新配置终端地址、子网掩码、主站地址及端口等网络参数
		终端地址及地区码不对	重新配置终端地址及地区码等参数
		SIM 卡插座接触不良	检查插座及 SIM 卡有否氧化,接触是否良好
		天线有强干扰	重新布线,天线屏蔽单独接地,避开强电流区
		SIM 卡损坏或故障	利用各厂家指示灯及面板指示查看 SIM 卡是否损坏

续表

序号	现象	原因	排除故障方法
4	终端抄表不正常	抄表线未接好或极性不对	重接抄表线并检查极性，查抄表线是否有断相或短路故障
		终端抄表口损坏	更换终端
		主站抄表报文类型不对	选择合适的规约类型重发
		表计 RS485 口损坏	用抄表测试仪测试终端和表计 RS485 口，若查为表计故障，通知计量人员现场查看
5	终端功率数据不正常	脉冲线未接好	重接脉冲线，检查脉冲是否正常
		脉冲性质不对	检查脉冲是否无源，脉宽、幅度、极性是否正确
		接口电路元件损坏	更换终端
		脉冲常数不对	主台重发参数
6	跳闸灯亮，控制灯亮，但继电器不动作	继电器供电不正常	更换终端
		继电器损坏	更换终端
7	断电无法维持工作	GPRS 模块插座接触不良	检查插座及插头有否氧化，接触是否良好
		终端电池损坏	检查并更换电池
		充电电路故障	更换 GPRS 模块

三、天馈线维护

230MHz 天线采用定向天线，由一根龙骨、三根引向振子、一根反射振子和一根有源振子组成。230MHz 天线组成结构及安装如图 15-1-1、图 15-1-2 所示。

天线通过固定夹与支撑杆相接，松动固定夹可调整天线方向，维护时应注意天线方向是否松动、是否与中继站偏离，一般偏离中继站方向的角度应在 10°以内，同时注意天线所对的方向应避开近距离建筑物和其他物体的阻挡。巡查定向天线的振子是否与地面保持垂直，倾斜度应小于 5°，若出现不垂直或倾斜度大于 5°的，应立即纠正。巡查终端引向振子、反射振子排列是否正确，不正确的要立即纠正。巡查固定支撑杆（架）、固定盘等是否出现锈损，固定膨胀螺钉是否松动，支撑杆（架）与固定盘是否固定牢固，支架的固定拉锁是否松动，出现不牢固的应予以纠正。

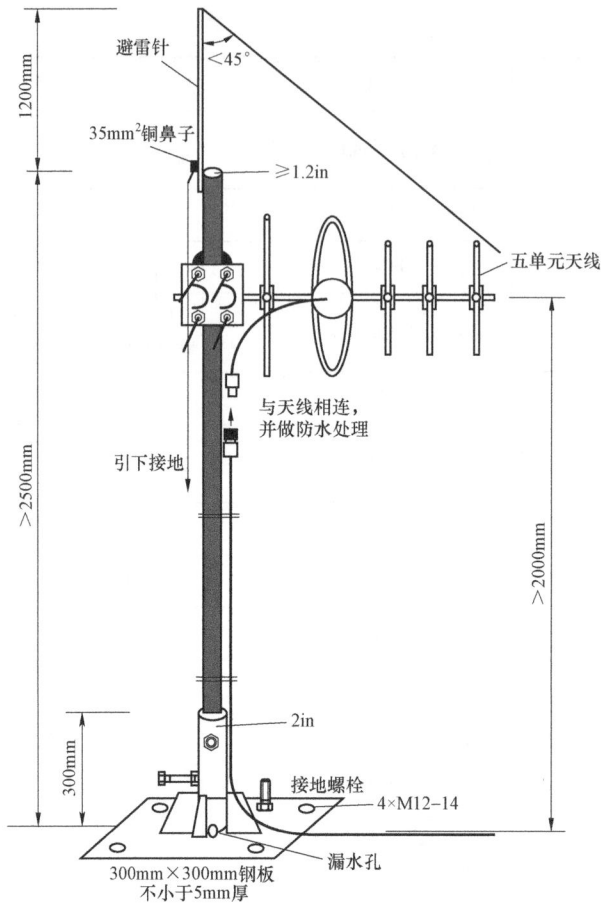

图 15-1-1 230MHz 天线组成结构及平面安装示意图

巡查天线有源振子与馈线接头是否拧紧、密封，出现松动的应拧紧、密封，以防渗水。巡查天线端引下来的馈线每隔 1.5m 左右是否有用尼龙线捆扎固定在支架及其他物件上，以及是否松动或过紧，太松则固定不牢，太紧则损伤馈线。巡查馈线在转弯处是否保留有足够的曲率半径，一般应不小于 300mm，以免弯曲过度而损伤电缆；发现小于 300mm 的，应及时纠正。巡查馈线进入配电室处的回水弯（U 形弯）是否过平，应保持有一定弧度的回水弯，以防雨水进入屋内。

天线由于长期暴露在户外，可能会引起一些故障，可用功率计测试天线及其馈线是否故障，从而引起终端的通信故障。

若天线驻波比大于 1.5，则可能为天线或天馈线故障引起，可进一步检查天线与天馈线之间测试情况，判断是天线故障还是天馈线故障。

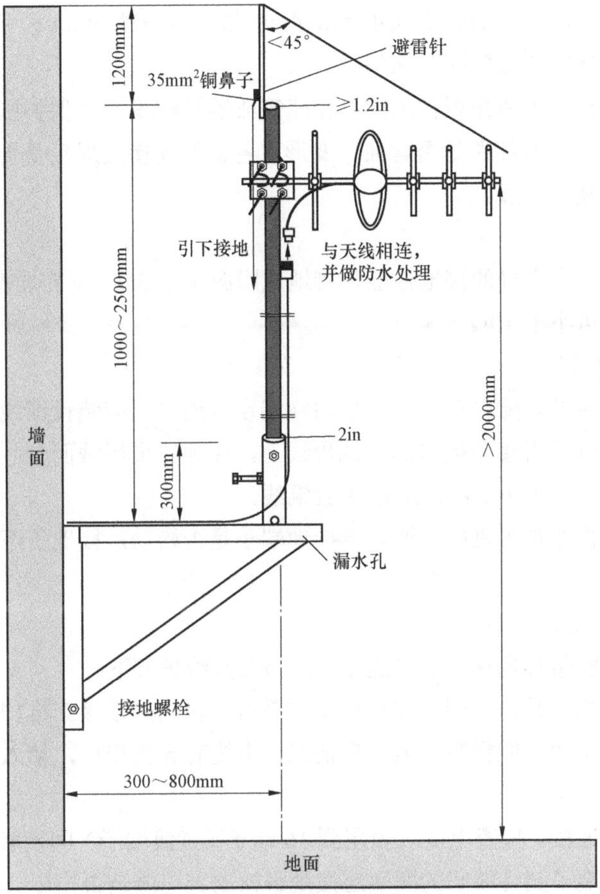

图 15-1-2 230MHz 天线组成结构及靠墙安装示意图

　　若天线驻波比无功率，则可把天线从电台输入端卸下，用万用表测量馈线屏蔽层和芯是否短路。若馈线短路，则更换馈线；若不短路，馈线开路，则可能是馈线头没做好或馈线断，重做馈线头或更换馈线。

　　若天线驻波比全反射，再判断天线有源振子输入端与地之间是否存在短路现象，如存在，则可能是天线存在短路现象，更换天线。

四、防雷与接地维护

1. 天线

　　天线的安装高度，应确保在周围高大建筑或避雷针（线）45°保护区范围内。可以采用加长的天线支撑杆作为避雷针，如图 15-1-1 和图 15-1-2 所示。避雷针的高度应确保天线处于其 45°保护区范围内。支撑杆及支架应装设可靠接地线，接地线规格应不小于以下数值：10mm² 铜芯线或 40mm×4mm 镀锌扁铁或 8mm 镀锌圆钢。不能以房屋的防雷接地条作为固定馈线的支架。

维护时应检查：天线是否在周围高大建筑或避雷针线 45° 保护区范围内，支撑杆作避雷针（线）的金属部件是否弯曲、变形，各部件连接及焊接是否变形、锈蚀，接地引下线是否断裂、断股。

2. 避雷线

避雷装置应具有良好的接地性能，接地电阻应小于 5Ω。对年雷暴日小于 20 天的地区，接地电阻可小于 10Ω。

3. 同轴电缆馈线

同轴电缆馈线进入配电室（所）后与终端设备连接处应装设馈线避雷器，馈线避雷器接地端子应就近引接到机房的接地母线上，接地线采用截面参照馈线避雷器安装说明，一般为截面不小于 25.0mm² 的多股铜线。

检查馈线避雷器是否良好，避雷器接地端子是否松动，接地引下线与接地母线连接是否完好。

五、各连接线维护

终端连接线回路有多种，主要连接线回路及其维护如下：

（1）电源连接。是指终端工作用电源与系统电源间的连接。维护时，应检查电源侧的连接是否有松动、烧损等接触不良情况，电缆有无被损坏，接入终端接线盒处是否有松动、脱落。

（2）RS485 连接。检查电能表表尾到 16 端子（过渡端子）间接触是否松动、电缆是否损坏，过渡端子到终端间的两端连接是否松动、电缆是否损坏。

（3）脉冲线连接。检查电能表表尾到 16 端子（过渡端子）间接触是否松动、电缆是否损坏，过渡端子到终端间的两端连接是否松动、电缆是否损坏。

（4）控制回路连接。检查终端到连接片间接触是否松动、电缆是否损坏，控制连接片投入（或解除）是否正确、连接是否可靠、控制电缆是否损坏、与开关操动机构的连接是否松动。

（5）馈线连接。检查馈线与天线的连接是否松动、漏水，防雨罩是否损坏，馈线固定是否牢固，馈线途径警示标识是否清晰，馈线进入机房的回水弯是否良好，是否有雨水进入屋内，馈线、天线和同轴避雷器的连接是否旋紧、密封处理，所有接头伸缩胶带密封是否严密，馈线弯曲和扭转角度是否变形并超出馈线指标要求。

【思考与练习】

1. 终端日常巡视周期及故障巡视的期限有什么要求？

2. 日常巡视有哪些主要内容？

3. 日常维护内容由有几部分组成？

4. 避雷装置接地电阻有什么要求？

◢ 模块 2　通信异常消缺（Z27H5002Ⅲ）

【模块描述】本模块包含系统通信异常消缺的内容。通过方法介绍，掌握 230MHz 终端、GPRS 终端常见的通信故障及其处理方法。

【正文】

一、230MHz 终端通信异常消缺

230MHz 终端通信相关要素有电源、主板、调制解调板、电台、馈线、避雷器放电管、天线。电台、馈线和天线可使用功率计检测，利用功率计判别天馈线系统故障，主板和调制解调板可观察状态指示和采用替换法进行故障排除。如果怀疑是复杂的故障，则应用排除法，缩小可疑范围。

230MHz 终端通信常见的故障原因及处理方法见表 15-2-1。

表 15-2-1　　　　　230MHz 终端通信常见的故障原因及处理方法

故障	现象	故障原因	处理方法
终端收不到主站信号	电台工作正常，终端收不到主站信号（主站发送后，终端上 CD、RD 状态指示灯没有任何反应）	电台电源无输出或电台供电电源故障	检查电台电源指示是否正常或测试电台的供电电源是否正常，如果不正常，则更换电源
		电台的工作频道错误	查终端电台频点设置，调整终端电台频点
		天线或天馈线故障	利用功率计测试、解决故障
		Modem 解调部分工作不正常	更换调制解调器（调制解调器独立）
		电台接收机故障	更换电台
		避雷器放电管击穿	更换避雷器放电管
终端不产生回码信号	终端接收到主站信号，但不产生回码信号（主站发送后，终端上 CD、RD 状态指示灯闪烁后，RTS 和 TD 信号无反应）	终端地址错误（地址开关拨错或地址开关损坏引起、终端地址设置错误）、终端密钥与主站不一致	核对终端地址，重设地址，更换终端的地址开关，重设密钥参数
		区域码错误	更改终端的软件区域码代码设置
		电台数据传输速率不匹配	更改主台串口速率配置
		Modem 解调部分工作不正常	更换调制解调器（调制解调器独立），如解调器与电台一体化，则更换电台
		主板的串口工作不正常	更换主板

续表

故障	现象	故障原因	处理方法
主站接收信号失败	终端产生回码信号，但主站接收信号失败（终端接收主站命令后，由接收状态转为发送状态，终端 RTS 状态指示灯闪亮，与此同时数据发送状态指示灯 TD 灯也闪动，数据经过调制解调器解调之后发送出来）	终端侧产生近场阻挡，传输至主站接收天线的信号电平极弱，不足以保证主站接收机正常工作	选择天线安装位置，调整天线高度，应尽量避开近处阻挡
		电台或主板故障	通过功率计测试发射功率，如果无发射，在电台接口上人为将 RTS 信号短接到 GND 上，强制电台数据发射，如果仍然无发射则表明电台故障，更换电台；如果有发射，表明主板串口故障，更换主板
		终端电台调制器故障	召测终端数据，此时主站一般仅收到载波信号，更换终端调制解调器
		电台 Modem 板频偏控制不当，频偏太大或太小	召测终端数据，主站电台听到回码数声，但主台软件显示接收出错或超时，听到的数码声音不清晰，更换终端调制解调器
		主站软件对终端设置的 RTS 延时时间不当	当数传频偏调整至正常值时，主站接收到的终端回码或信息仍然出错或超时，适当增大 RTS 延时时间（如延迟时间设置）

二、GPRS 终端通信异常消缺

GPRS 终端通信由于涉及移动 GPRS 网络、Radius 认证系统等，当终端无法与主站通信时，常见的故障原因及处理方法见表 15–2–2。

表 15–2–2　　　　　　　**GPRS 终端常见的故障原因及处理方法**

故障	现象	故障原因	处理方法
设备故障	终端不能拨号，无法附着到 GPRS 网络且终端无法连接到主站	GPRS 模块损坏	更换 GPRS 模块
	终端无 GPRS 网络信号且终端无法连接到主站	SIM 卡损坏或故障	更换 SIM 卡
设备故障	终端正常通过认证，但无法登录主站且系统内所有或部分终端都无法通信	主站前置机（软件）故障	重新启动前置机
	终端液晶屏无显示	未上电、终端内部接线松动或元件损坏	确认电源接线正确，终端电源开关处于"开"位置。若电源电压正常，则可能为终端故障，更换终端
	终端有连接却无法正常通信	终端内部软件"死机"	对终端进行复位重启

续表

故障	现象	故障原因	处理方法
设备故障	主站及前置机工作正常，但部分或全部 GPRS 终端通信故障	移动、Radius 认证系统、GPRS 通信网络某个环节出现网络通路故障	通知相关部门解决网络通路故障
接触故障	终端不能附着到 GPRS 网络且终端无法连接到主站	SIM 卡接触不好	重新安装 SIM 卡
	终端未连接到主站且未附着通信网络	天线松动或安装不到位	重新安装天线
参数设置出错	终端网络通信指示灯或相关面板指示显示通信网络正常，但无法连接	终端通信参数（主站 IP 及端口 APN、用户名、密码、区域码等）设置不正确	重新设置
	终端容易掉线	心跳间隔设置道长	重新设置
	终端信号强度正常，但无法通过认证	Radius 认证系统中未设置用户名、密码或设置错误	重新设置
移动通信	终端网络无信号，终端的网络灯长亮且终端的状态灯灭	当地无移动网络覆盖或未开通 GPRS 网络	联系移动进行扫盲或不在该点安装 GPRS 终端
	信号强度指示不稳定（1～2格），忽高忽低，主站通信时断时续	当地信号强度较弱	更换外置天线或高增益天线，或调整外置天线位置
	信号强度正常，但终端无法与主站建立连接，终端无法获得 IP	SIM 卡未开通相关业务或欠费	通知移动开通相关业务或进行充值

GPRS 公网终端一般可从网络指示灯、状态指示灯或面板上看到相关网络情况，现场排查故障可结合指示灯或面板显示查找问题。

【思考与练习】

1. 230MHz 终端通信异常有哪几种？

2. GPRS 终端通信异常有哪几种？

3. 主站接收信号失败主要由哪些情况引起？

▲ 模块 3 电能表采集异常消缺（Z27H5003Ⅲ）

【模块描述】本模块包含电能表采集的异常消缺内容。通过方法介绍，掌握脉冲方面和抄表方面异常的消缺方法。

【正文】

一、脉冲方面异常消缺

与脉冲相关的要素有终端的脉冲口、连线、表计的脉冲口、表计与终端的脉冲连接方式和表计的脉冲参数正确设置。

电能表脉冲输出方式主要有集电极输出、发射极输出、OC 门输出和空触点输出等几种。就其输出电路特征而言，可分成正脉冲输出和负脉冲输出两种：① 正脉冲输出：发射极输出方式和空触点输出方式输出脉冲为正脉冲；② 负脉冲输出：集电极输出方式和 OC 门输出方式输出脉冲为负脉冲。由于脉冲输出方式不同，故在用电信息采集与监控系统中，电能表脉冲与终端的脉冲输入端子的连接方法也有所不同。

脉冲出现故障有两种——脉冲功率为零或脉冲功率与实际不符，其故障检查、原因及处理方法见表 15-3-1。

表 15-3-1　　　　　　　　　　脉冲故障的故障检查、原因及处理方法

故障	现象	故障原因	处理方法
终端脉冲功率为零	召测用户脉冲参数（TA、TV 和电能表常数 k 值以及总加组配置）是否与主站一致	参数丢失或未发送完全	重发参数
	现场检查接线板脉冲输入指示灯正常闪烁	可能故障点为接线板故障、主板到接线板的连线故障或主板故障	依次更换测试,定位解决故障
	现场检查接线板脉冲输入指示灯不闪烁	可能故障点为终端故障,接线方式有误,表计故障,接线断	应先确认脉冲接线方式与表计脉冲输出方式一致。可利用负荷管理终端现场测试仪的脉冲采集输出功能判断终端、表计、接线等问题
脉冲功率与实际不符	核实用户变压器的 TV、TA 值及对应电能表的电能表常数值是否设置正确	参数有误	重发下发参数
	检查发现有功、无功脉冲指示是否同时闪动,有功、无功脉冲指示是否与表计有功、无功脉冲指示相反	接线错误或有功、无功脉冲接线相反	重新接线
	检查发现脉冲指示灯闪动频率太快或一直亮	脉冲数量太多,终端无法正常接收	若是用户过载,向相关部门反馈;若是表计问题,更换表计
	检查脉冲形状	干扰或脉冲输出宽度不够	如果是干扰,则屏蔽线单端接地;如果是脉冲输出达不到终端要求,则更换电能表

当终端脉冲功率为零时，如果脉冲指示灯不闪，也可根据以下步骤来排除：

1）若电能表输出的脉冲有源,用万用表测量表计脉冲输出口和终端侧脉冲输入口有无电压波动,若都没有电压波动则表坏；若表有电压波动而终端没有电压波动，则检查接线是否有错或断开。

2）若电能表输出的脉冲无源，检查终端接线板有无+12V 直流电压输出。如果无电压，更换电源；如果有电压，则直接采用接线板上+12V 直流电压输入至脉冲输入端（采用正脉冲输出接线方式），若脉冲灯点亮（或多点几下，查看终端是否有功率），说明脉冲输入接口正常，可能是电能表脉冲输出、接线方法错误或电能表与终端的连线错误，可用万用表的电阻挡分别测量电表脉冲输出端和接线端有无电阻变化，确定是表计故障还是连线故障。

3）若脉冲灯不亮，则说明终端接线板有故障，更换接线板。

4）检查表计和终端之间连线是否正常，可将两端都从端子上解下来，在其中一端短接，在另一端测量电阻，如果短路，表明线是好的，否则线有断路。

二、抄表方面异常消缺

终端成功抄表主要条件如下：

1）终端、电能表具备完好的 RS485 接口。

2）终端软件具备适应该种电能表通信规约的抄读程序模块。

3）主站准确设置电能表类型（通信规约）、电能表地址（通信地址）、端口号等参数。

抄表出现故障主要有终端没有抄表数据和抄表数据错误两种情况。其故障检查、原因及处理方法见表 15-3-2。

表 15-3-2　　　　　　抄表出现故障的故障检查、原因及处理方法

故障	现象	故障原因	处理方法
终端没有抄表数据	检查主站召测表计规约、通信地址、端口号、时钟等抄表参数的设置情况是否正确	抄表参数设置错误	重新下发参数
	查相关档案或现场核查	换表未重新设置参数	重新下发参数
	尝试用穿透抄表方式可抄表	终端软件问题	需设备厂家完善终端软件
终端没有抄表数据	确认表计类型，同一种表计可能由于编程原因采用的抄读程序也不一样	终端抄读程序与表计规约不匹配	将表计按统一方式编程，更换终端抄表模块（如抄表盒），完善抄表程序
	在规约支持的情况下利用终端现场测试仪抄读表计，无法抄读或抄读地址改变	表计 RS485 接口故障	更换表计
	利用终端抄读现场测试仪数据，无法抄读	终端 RS485 接口故障	更换接口板
	排除终端、表计接口问题，参数设置问题、软件问题	接线故障	重新接线

续表

故障	现象	故障原因	处理方法
终端抄表数据错误	确认表计类型，同一种表计可能由于编程原因采用的抄读程序也不一样	终端抄读程序与表计规约不匹配	将表计按统一方式编程，更换终端抄表模块（如抄表盒），完善抄表程序
	在主站重新召测或穿透抄表数据正确	偶然干扰	不处理
	非全电子式表计指示器有卡壳现象	表计指示器是否有故障	更换表计

现场也可通过观察终端 RS485 接口上收发指示灯的亮灭情况来分析，可根据终端在整分钟后 10s 内，发送指示灯（左）、接收指示灯（右）是否先后闪烁过来进行判别，如还不能判断故障，就用便携式计算机配上 RS232 至 RS485 的接口转换器，并接入 RS485 抄表总线以监视抄表通信情况。

表 15-3-3 根据 RS485 接口上收发指示灯的亮灭情况进行故障排查、判断及处理。

表 15-3-3　　　　根据 RS485 接口上收发指示灯的亮灭情况
进行故障排查、判断及处理

发送灯	接收灯	现象	排查	故障判断及处理
未闪烁	—	终端未进行抄表	再次确认表计相关参数	在表计相关参数正确的情况下，终端软件有问题
闪烁	未闪烁	终端发抄表命令，电能表无应答	用便携式计算机监视终端发出报文	有且正确，电能表故障
				有但不正确，终端软件有问题
				无，RS485 相关接口电路有故障
闪烁	闪烁	终端发抄表命令，电能表有应答	用便携式计算机监视终端、表计报文	有且正确，终端电能表之间通信配合上有问题，需提供同类型电能表，找出原因后解决
				终端报文正确，电能表报文错误，则更换电能表（修改表达）

【思考与练习】

1. 脉冲方面异常有哪几类？

2. 抄表方面异常有哪几类？

3. 终端脉冲功率为零的故障如何排查？

◢ 模块 4　跳闸回路异常消缺（Z27H5004Ⅲ）

【模块描述】本模块包含终端和断路器跳闸回路异常的内容。通过概念讲解和方法介绍，熟悉跳闸回路接线方式，掌握跳闸回路常见故障的现象、产生原因及其排查方法。

【正文】

一、跳闸回路接线方式

在电力负荷管理系统中进行遥控操作时，终端遥控输出端和被控对象跳闸机构两端的接线根据被控跳闸机构性能的不同而不同，分为以下两种方式：

（1）遥控开关为励磁跳闸方式。遥控线一端的两根线接至控制终端相应跳闸轮次继电器的动合触点，遥控线的另一端并接至遥控跳闸回路中。执行遥控操作时，终端遥控输出端由动合转为闭合接通被控对象遥控跳闸机构的分励线圈回路。

（2）遥控开关为失压跳闸方式。遥控线一端的两根线接至双向终端相应跳闸轮次继电器的动断触点，遥控线另一端并接至遥控开关失压脱扣跳闸回路中。执行遥控操作时，终端遥控输出端由动断转为打开，断开被控对象跳闸开关脱扣跳闸回路。

为保证终端执行的各种控制输出正确有效，必须根据被控对象跳闸机构的要求而采用相应接线方式。

终端现场接线常见方法为：如果现场跳闸接线端子有引至开关柜端子排，要优先按开关跳闸方式把遥控接线并接接入跳闸所对应的端子排或串接接入；否则，如果是励磁跳闸，遥控接线并接在按钮两端的相应触点在端子上的触点上；如果是失压跳闸，将遥控接线串接在按钮两端相应触点在端子上的触点上。

二、跳闸回路故障与排查

跳闸回路故障与排查见表 15-4-1。

表 15-4-1　　　　　　　　　　跳闸回路故障与排查

故障现象	核查	故障原因	处理方法
主站发送遥控后，用户开关机构无动作；跳闸指示灯亮，继电器动作	终端处于保电状态	参数设置不对	解除保电
	终端是否处于上电保电状态		退出保电状态下发控制命令
	面板跳闸指示灯亮且继电器动作（采用负荷管理终端现场测试仪可接收到控制输出信号）	跳闸机构坏或接线错误	检查更改接线或维修跳闸机构
跳闸指示灯亮，继电器不动作	面板跳闸指示灯亮，但继电器不动作（采用负荷管理终端现场测试仪未接收到控制输出信号）	终端故障	更换控制输出接口板
跳闸指示灯不亮且继电器不动作	面板跳闸指示灯不亮且继电器不动作（采用负荷管理终端现场测试仪未接收到控制输出信号）	终端故障	更换主板

三、遥信故障与排查（见表15-4-2）

表15-4-2 遥信故障与排查

故障现象	可能故障点	进一步核查	处理方法
遥信与现场停送电情况不符	动合/动断参数不对	遥信与现场情况是否相反	如相反，重发参数
	终端故障或遥信触点接触不好	用短路线短接遥信触点，遥信指示灯变化	遥信触点接触不好，更换或改造触点
		用短路线短接遥信触点，遥信指示灯不变化	更换接绒板

【思考与练习】

1. 跳闸回路接线方式有哪几种？

2. 终端跳闸回路故障主要现象有哪些？

3. 遥信故障的排查与处理？

▶ 模块5 交流采样异常消缺（Z27H5005Ⅲ）

【模块描述】 本模块包含终端交流采样异常的处理内容。通过方法介绍、步骤讲解和案例分析，掌握常见故障及其处理方法，掌握交流采样相位角调整和错接线检查的操作步骤和方法。

【正文】

一、交流采样常见故障与处理方法

交流采样常见故障与处理方法见表15-5-1。

表15-5-1 交流采样常见故障与处理方法

召测数据结果	有功功率、无功功率值	功率因数	电量曲线比较	原因	处理方法
交流采样与脉冲功率趋势相同，但数值有差	交流采样功率与脉冲总加组功率相近	相近	基本相同	正确，无误差	无需处理
	交流采样功率与脉冲功率相差很大	相近	成一定倍数关系	TA、TV等参数设置错误	确定参数，重新下发
采集与脉冲功率数值有差且趋势不同	交流采样功率与脉冲功率相差大	相差大	曲线趋势不同	接线不正确	调整交流采样接线
				交流采样数据为零。交流采样参数及地址未下发，交流采样与主板连接线脱落或故障	重发参数，固定或更换交流采样与主板间连接线

续表

召测数据结果	有功功率、无功功率值	功率因数	电量曲线比较	原因	处理方法
采集与脉冲功率数值有差且趋势不同	交流采样功率与脉冲功率相差大	相差大	曲线趋势不同	电量或电压、电流与实际值相差大，有倍数关系	TV 或 TA 参数有误，确定参数，重新下发
				交流采样电流开路、短路、分流	现场处理
				交流采样电压断相、失压	现场处理
				用户计量问题数据异常	反馈有关部门处理
				交流采样板故障	更换交流采样板

二、终端交流采样相位角

目前大部分终端具备相位角计算功能，其接法与表计接法一致，可通过相位角排查和表计查错接线方法进行交流采样查错接线。

对终端交流采样相位角的表示方式可设定如下：

对三相四线交流采样，电压和电流都是以 U_u 为参考相量，在纯阻性负载时，U_u、U_v、U_w、I_u、I_v、I_w 的相位角分别为 0°、120°、240°、0°、120°、240°。

对三相三线交流采样，电压和电流都是以 U_{uv} 为参考相量，在纯阻性负载时，U_{uv}、U_{wv}、I_u、I_w 的相位角分别为 0°、300°、30°、270°。

三、交流采样相位角调整方法

交流采样正确的标准是交流采样有、无功功率乘变比后，与脉冲功率相近。因此可先根据脉冲有功功率、无功功率算出功率因数来判断相位角的大致范围。

对于三相四线接线方式，三相四线电压和电流的相位角基本保持一致，相同相位电流和电压的相位角一般相差约 30°，极端情况也有相差 60°～70°的。

三相四线接线方式相位角调整一般较为简单，首先通过终端显示确定三相电压值及相位角是否正确，若电压断相或失压，则先排除电压接线故障；若正常，查电压相序是否正确；若错则调整三相电压接线顺序，以保证正相序接入交流采样，再查电压、电流是否接同相。一般可根据终端中电流相位角显示调整电流接线即可。

对于三相三线接线方式，三相三线相位角与脉冲关系见表 15-5-2。

表 15-5-2   三相三线相位角与脉冲关系

I_u 相位表（°）	I_w 相位表（°）	U_{wv} 相位表（°）	负荷性质	脉冲功率情况	可能发现原因
330~345	210~225	300	容性	反向无功功率大于有功功率	负荷小，投电容过多
30 或 345~359	225~270	300	容性	反向无功功率小于有功功率	误投电容
30~75	270~315	300	感性	有功功率大于无功功率	一般大多数为此情况
>75	>315	300	感性	无功功率大于有功功率	负荷感性大，未投电容

脉冲只接感性无功和容性负荷两种情况时，脉冲功率均表现为无功功率为 0。此时应将用户侧的电容断开，使负荷呈感性，然后再调试。

对于三相三线接线方式，相位角调整一般可按先确定电压相位角，再确定电流相位角方法进行，具体步骤如下：

（1）检查电压值。先确定 3 个线电压值是否接近 100V，若相近，则说明 TV 极性正确或均接反；如有某线电压接近 173V，则有一只 TV 极性接反；如某线电压明显小于 100V，则说明回路存在断相或接触不良故障。

（2）确定 V 相。对于 Vv 接法，一般认为无电压相是 V 相（为方便管理，现一般统一规定 TV、TA 二次 V 相接地）。若 V 相在当中且 U_{wv} 相位为 300°时，则电压相位已正确，调整电流即可。如果 U_{wv} 相位为 60°，则交换 U、W 相，先将电压相位调成 300°，然后再分析电流。调整电流时，根据脉冲负荷情况调整。一般当 I_u 和 I_w 位相差 120°或 240°时，两个电流同极性（同正或同反）；当 I_u 和 I_w 相位相差 60°~80°或 270°~300°时，两个电流极性相反。

（3）如果无法确定 V 相，则只能用排除法。先将 U_{wv} 相位调为 300°，假定为正确相序，试着用电流互换、反向等方式，看是否能得出与脉冲负荷相对应的相位角。如果可以，则先调整，然后看功率是否对应。如果调不出，则旋转 120°，重复上述步骤；否则，再旋转 240°，然后再重复。调整相位角时应注意以下几点：

1）开始送负荷时不要调整，等 2~3min 相位稳定后再调整。

2）负荷很小时，电流相位角变化很大，不要轻易调整，连续 3 次相位角趋势相同时调整。

3）用户有电容投入时，将电容解除后，再调整。测量（召测）电压、电流幅值。

【思考与练习】

1. 如何确定交流采样接线错误？

2. 三相三线电能表在正常情况下两个计量元件相位角一般各是多少？

3. 三相四线电能表正常情况下各个计量元件相位角一般各是多少？